建筑工人职业技能培训教材

测 量 工

（适用于中级工、高级工）

中国建筑业协会建筑企业经营和劳务管理分会 编

中国建筑工业出版社
中国城市出版社

图书在版编目（CIP）数据

测量工/中国建筑业协会建筑企业经营和劳务管理分会编. —北京：中国城市出版社，2015.11
建筑工人职业技能培训教材
ISBN 978-7-5074-3046-2

Ⅰ.①测… Ⅱ.①中… Ⅲ.①建筑测量—技术培训—教材 Ⅳ.①TU198

中国版本图书馆CIP数据核字（2015）第261163号

责任编辑：常 燕 付 娇

测量工
中国建筑业协会建筑企业经营和劳务管理分会 编
*
中国建筑工业出版社、中国城市出版社出版、发行
各地新华书店、建筑书店经销
霸州市顺浩图文科技发展有限公司制版
廊坊市海涛印刷有限公司印刷
*
开本：850×1168毫米 1/32 印张：11.5 字数：307千字
2015年11月第一版 2015年11月第一次印刷
定价：**38.00**元
ISBN 978-7-5074-3046-2
版权所有 翻印必究
如有印装质量问题，可寄本社退换
（邮政编码 100037）
本社网址：http://www.citypress.cn

《建筑工人职业技能培训教材》编写委员会

主　任： 王铁宏

副主任： 吴　涛　刘锦章

委　员：（按姓氏笔画为序）

马国荣　王秀兰　王国正　王金玉　王建国

王茂新　王桂友　尤　完　古琳娜　邢作国

向书兰　刘庆年　刘运武　刘爱循　祁仁俊

李　又　李　娟　李　蓬　李振东　李耀明

吴明燕　佟海鸥　张放明　张继胜　范越林

范魁元　周德军　单广袖　姚光恒　聂高贵

柴育麟　黄大友　曹永清　康春江　梁剑明

韩一宝　韩兴争　蔡　杰　薛迎红

办公室主任： 邢作国

办公室成员： 周德军　张　雨

序

2014年，全国建筑业企业共完成建筑业总产值17.7万亿元，相比去年增长10.9%；房屋施工面积达到125.02亿m^2，增长10.6%；房屋竣工面积达到42.31亿m^2，增长8.7%；实现利润6913亿元，增长24.0%；建筑业增加值占GDP的比重达到7.03%的历史最好水平。由此显现出，建筑业在国民经济中的支柱产业地位进一步巩固，建筑业对惠民生的贡献度不断加大。所有这些成绩的取得离不开直接从事施工生产活动的四千多万建筑工人做出的贡献。然而，现阶段我国建筑产业工人队伍在总体规模、知识水平、专业分布、年龄结构、操作技能等方面存在的问题，势必将会成为严重制约中国建筑业转变发展方式和可持续发展的薄弱环节。

“十三五”是我国经济社会转型的关键发展时期，是全面建成小康社会、实现民族复兴中国梦的重要历史阶段。随着我国工业化、信息化、城镇化、市场化、国际化深入发展，建筑业已经成为稳增长、调结构、惠民生的重点产业，更是促进经济增长的重要支撑和转变发展方式的重点领域。今后相当长时期，新型城镇化是我国现代化建设的历史任务和经济持续快速发展与扩大内需的最大潜力所在，“一带一路”战略的实施将中国的对外开放格局推向新高度，也为建筑业的持续健康发展提供了更为广阔的上升空间。在2014年的全国住房和城乡建设工作会议上，住房和城乡建设部首次提出了“促进建筑产业现代化”的新目标、新任务。综观人类发展历史特别是社会分工的发展历史，建筑业演变的进程是从原始建筑业进化到传统建筑业，再演变到现代建筑业，这是历史发展与社会进步轨迹的必然趋势。建筑产业现代化对我国建筑业的未来发展将产生重大而深远的影响。住房和城乡建设部在《建筑业发展“十二五”规划纲要》中强调要“建设稳定的建筑产业骨干工人队伍”，这仍将是建筑业在“十三五”期间要着力推进和落实的重要任务。

近几年来，住房和城乡建设部从政策引领、标准导向、资金扶持、组织协同、职业培训等多种途径，积极推动建筑业产业工人队伍的建设。例如，2014 年颁布的《建筑业企业资质管理标准》（建市［2014］159 号）、《关于加强建筑工人职业培训的指导意见》（建人［2015］43 号）等重要文献中都提出，要实行建筑工人分级分类培训、全员持证上岗，建筑施工企业应具有满足资质标准要求的施工现场管理人员和技术工人。

为了适应建筑业现代化发展进程和造就建筑业新型产业工人队伍的需要，提高建设行业施工生产第一线从业人员技能水平和综合素质，满足建筑业企业资质升级对持有职业培训合格证书技术工人数量的规定，引导和推进建筑工人全员职业培训、持证上岗工作，中国建筑业协会建筑企业经营和劳务管理分会针对广大建筑业企业对建筑工人培训教材的迫切要求，编写了这套《建筑工人职业技能培训教材》（以下简称《教材》）。本套《教材》按照住房城乡建设部颁发的《建筑工程施工职业技能标准》及培训大纲编写，共 11 册，分别是《砌筑工》、《测量工》、《架子工》、《抹灰工》、《混凝土工》、《木工》、《电焊工》、《电器设备安装调试工》、《管道工》、《通风工》、《钢筋工》。本《教材》以中级工、高级工技能实际操作为主，兼顾基础理论，内容简单实用、图文并茂，是工程建设领域建筑工人取得职业培训合格证书的必读教材，也可作为建筑施工企业、中专高职院校、培训机构进行职业技能鉴定和考核的通用培训教材。

本《教材》的编撰者为全国具有较高理论水平和丰富实践经验的专家、学者。编写过程中得到了住房和城乡建设部人事司、大型建筑施工企业、大专院校、省级建设主管部门和行业协会的大力支持和帮助，部分内容还参考了许多专家、学者的文献，在此一并表示感谢。

在《教材》编写过程中，对一些重要内容虽经推敲核证，但限于编者的专业水平和实践经验，仍难免有不妥甚至疏漏之处，恳请广大读者提出宝贵意见。

中国建筑业协会建筑企业经营和劳务管理分会

2015 年 10 月

《测量工》
编写小组

组　长：刘锦章

副组长：邢作国　柳　立

编　者：张胜良　卢德志　陆静文　焦俊娟

　　　　岳国辉　黄曙亮　代保民　王立娟

审　核：艾伟杰

前　言

本书根据住房和城乡建设部颁发的《建筑业企业资质管理标准》和新的《建筑工程施工职业技能标准》编写。全书分三篇，第一篇安全知识，第二篇理论知识，第三篇技能操作。共分十三章。第一章安全生产管理；第二章建筑工程构造与识图；第三章应用数学；第四章测量理论与误差知识；第五章坐标转换；第六章水准测量；第七章角度测量；第八章距离测量与准直测量；第九章测设工作；第十章测量技术质量标准；第十一章班组管理；第十二章测量工具设备的使用和维护；第十三章新技术推广。

本书把安全知识作为重要内容进行编写，以技能操作为主兼顾基础理论，融入了工程中的经验、方法和技术，简单实用，图文并茂，这些材料对测量工的学习具有很强的实用性、指导性和可借鉴性。

目　录

第一篇　安全知识

第一章　安全生产管理

第一节　安全生产的基础知识

安全生产是党和国家的一贯方针和基本国策，是保护劳动者的安全和健康，促进社会发展力发展的基本保障。安全事故不但造成国家财产损失和人员伤亡，而且在社会上造成非常恶劣的影响。因此必须引起高度重视，提高认识，防患于未然。

测量放线是建筑施工的重要保证，做好测量放线工作依赖于高素质的测量人员和设备，而人员和设备的安全是做好测量放线工作的前提，我们要做好测量的安全生产就必须首先认真学习国家的有关安全的法律法规，本节重点介绍相关内容。

一、测量放线工必须熟知的法律法规

1.《中华人民共和国安全生产法》

我国现行的安全生产法律是《中华人民共和国安全生产法》（以下简称《安全生产法》），自2014年12月1日起施行，其目的是为了加强安全生产监督管理，防止和减少生产安全事故，保障人民群众生命和财产安全，促进经济社会持续健康发展。《安全生产法》共7章114条，各章分别是：1. 总则；2. 生产经营单位的安全生产保障；3. 从业人员的安全生产权利义务；4. 安全生产的监督管理；5. 生产安全事故的应急救援与调查处理；6. 法律责任；7. 附则。

2.《建设工程安全生产管理条例》

《建设工程安全生产管理条例》自2004年2月1日起施行。《建设工程安全生产管理条例》共8章71条，其主要内容包括：

1. 总则；2. 建设单位的安全责任；3. 勘察、设计、工程监理及其他有关单位的安全责任；4. 施工单位的安全责任；5. 监督管理；6. 生产安全事故的应急救援和调查处理；7. 法律责任；8. 附则。

3.《中华人民共和国测绘法》

《中华人民共和国测绘法》（以下简称《测绘法》）自2002年12月1日起施行，《测绘法》共九章55条，各章分别是：1. 总则；2. 测绘基准和测绘系统；3. 基础测绘；4. 界线测绘和其他测绘；5. 测绘资质资格；6. 测绘成果；7. 测量标志保护；8. 法律责任；9. 附则。

4.《测绘作业人员安全规范》

《测绘作业人员安全规范》由国家测绘局2008年2月13日发布，自2008年3月1日实施。

二、安全施工的一般规定

1. 我国的安全生产方针

安全生产工作应当以人为本，坚持安全发展，坚持安全第一、预防为主、综合治理的方针，强化和落实生产经营单位的主体责任，建立生产经营单位负责、职工参与、政府监管、行业自律和社会监督的机制。

2. 生产经营单位对本单位安全生产工作负有下列职责

（1）生产经营单位应当对从业人员进行安全生产教育和培训，保证从业人员具备必要的安全生产知识，熟悉有关的安全生产规章制度和安全操作规程，掌握本岗位的安全操作技能。未经安全生产教育和培训合格的从业人员，不得上岗作业。

（2）生产经营单位使用被派遣劳动者的，应当将被派遣劳动者纳入本单位从业人员统一管理，对被派遣劳动者进行岗位安全操作规程和安全操作技能的教育和培训。劳务派遣单位应当对被派遣劳动者进行必要的安全生产教育和培训。

（3）生产经营单位接收中等职业学校、高等学校学生实习的，应当对实习学生进行相应的安全生产教育和培训，提供必要的劳动防护用品。学校应当协助生产经营单位对实习学生进行安全生产教育和培训。

（4）生产经营单位应当建立安全生产教育和培训档案，如实记录安全生产教育和培训的时间、内容、参加人员以及考核结果等情况。

（5）生产经营单位采用新工艺、新技术、新材料或者使用新设备，必须了解、掌握其安全技术特性，采取有效的安全防护措施，并对从业人员进行专门的安全生产教育和培训。

（6）生产经营单位必须为从业人员提供符合国家标准或者行业标准的劳动防护用品，并监督、教育从业人员按照使用规则佩戴、使用。

3. 生产经营单位的主要负责人对本单位安全生产工作负有下列职责

（1）建立、健全本单位安全生产责任制。

（2）组织制定本单位安全生产规章制度和操作规程。

（3）组织制定并实施本单位安全生产教育和培训计划。

（4）保证本单位安全生产投入的有效实施。

（5）督促、检查本单位的安全生产工作，及时消除生产安全事故隐患。

（6）组织制定并实施本单位的生产安全事故应急救援预案。

（7）及时、如实报告生产安全事故。

4. 生产经营单位从业人员对本单位安全生产工作负有下列职责

（1）从业人员有权对本单位安全生产工作中存在的问题提出批评、检举、控告；有权拒绝违章指挥和强令冒险作业。

（2）从业人员在作业过程中，应当严格遵守本单位的安全生产规章制度和操作规程，服从管理，正确佩戴和使用劳动防护用品。

（3）从业人员应当接受安全生产教育和培训，掌握本职工作所需的安全生产知识，提高安全生产技能，增强事故预防和应急处理能力。

（4）从业人员发现事故隐患或者其他不安全因素，应当立即向现场安全生产管理人员或者本单位负责人报告；接到报告的人员应当及时予以处理。

（5）从业人员不服从管理，违反安全生产规章制度或者操作规程的，由生产经营单位给予批评教育，依照有关规章制度给予处分；构成犯罪的，依照刑法有关规定追究刑事责任。

5. 测量生产突发事故应急处理

测绘单位应建立测绘生产突发事故应急处理预案，预案应包括组织体系（应急领导机构、应急执行机构、机构内部的隶属关系）、突发事故的应急处理、责任等。

（1）事故报告

安全事故一经发生或发现，现场人员在第一时间报警。随后，自作业组开始，利用应急通信设备逐级上报事故情况。

安全事故报告时限：轻伤事故应在发生或发现后 2h 内报告；其他事故应在发生或发现后立即报告。

（2）预案启动

单位应急领导小组接到报告后，认为符合安全事故标准的，应宣布启动预案。对于较轻微的安全事故，应急领导小组指挥应急处理工作；对于较严重的安全事故，应急领导小组派员至前线指挥应急处理工作。预案一经启动，前线应急领导小组及其成员必须按照责任分工立即就位，按照单位应急领导小组的指挥协同行动；相关作业队、作业组及作业人员必须无条件服从应急指挥人员的命令，全力投入应急处理工作。

（3）事故救援

应急救援工作以最大限度地减少人员伤亡和经济损失为目标，遵循统一指挥、分工负责、以人为本、损失最小的方针，按照现场自救与外部救援相结合的原则实施救援。事故发生现场的人员应立即停止生产，在第一时间采取先行控制措施开展自救，立即抢救受伤人员和物资，疏散危险区域人员，控制事故扩大，并保护好事故现场。现场负责人及时向上级简要汇报案情、后果及先行处理情况，关注事故的发展和事故处理进展情况，随时向上级报告。作业队接到现场报告后，及时向前线应急领导小组和单位应急领导小组报告，指挥安全保障组、临近作业组赴现场施救。单位应急领导小组指挥前线应急领导小组，协调当地医疗、消防、公安等部门以及武警部队、友邻作业队伍等外部救援力量开展救援，派出事故处理人员协调事故善后工作。

（4）事故善后

事故救援结束后，在单位应急领导小组的协调下，按照规定对事故中的伤亡人员、救援参与人员、紧急调集单位或个人的物资给予抚恤、补助、补偿，并做好保险理赔和伤亡人员家属的安抚工作。前线应急领导小组及作业队做好职工情绪稳定工作，注意维护正常的工作秩序。积极配合事故调查组开展事故调查工作。未经单位应急领导小组的授权，任何人不得接受新闻媒体采访或以个人名义发布消息，以避免因消息失真而导致不良影响。

三、基本概念

1. 安全与危险

安全与危险是相对的概念。

危险是指生产工作中存在导致发生不期望后果的可能性超过人们的承受程度。

安全是指生产工作中人员免除不可接受的损害风险的状态。

2. 危险源

危险源是指可能造成人员伤害、疾病、财产损失、作业环境破坏或其他损失的根源或状态。

3. 事故与事故隐患

事故是指造成人员死亡、伤害、职业病、财产损失或者其他损失的意外事件。

事故隐患泛指生产系统中可导致事故发生的人的不安全行为、物的不安全状态和管理上的缺陷。

4. 本质安全

本质安全是指设备、设施或技术工艺含有内在的能够从根本上防止发生事故的功能。具体包括三方面的内容：

（1）失误——安全功能。指操作者即使操作失误，也不会发生事故或伤害，或者说设备、设施和技术工艺本身具有自动防止人的不安全行为的功能。

（2）故障——安全功能。是指设备、设施或技术工艺发生故障或损坏时，还能暂时维持正常工作或自动转变为安全状态。

（3）上述两种安全功能应该是设备、设施和技术工艺本身固有的，即在它们的规划设计阶段就被纳入其中，而不是事后补偿的。

本质安全是安全生产预防为主的根本体现，也是安全生产管理的最高境界。实际上由于技术、资金和人们对事故的认识等原因，到目前还很难做到本质安全，只能作全社会为之奋斗的目标。

5. 以人为本的原则

建设工程施工安全要求在生产过程中，必须坚持“以人为本”的原则。在生产与安全的关系中，一切以安全为重，安全必须排在第一位。必须预先分析危险源，预测和评价危险、有害因素，掌握危险出现的规律和变化，采取相应的预防措施，将危险和安全隐患消灭的萌芽状态。

施工企业的各级管理人员，坚持“管生产必须管安全”和“谁主管、谁负责”的原则，全面履行安全生产责任。

6. 安全生产的三级教育

新作业人员上岗前必须进行“三级”安全教育，即公司（企业）、项目部和班组三级安全生产教育。

（1）施工企业的安全生产培训教育的主要内容有：安全生

产基本知识，国家和地方有关安全生产的方针、政策、法规、标准、规范，企业的安全生产规章制度，劳动纪律，施工作业场所和工作岗位存在危险因素、防范措施及事故应急措施，事故案例分析。

（2）项目部的安全生产培训教育的主要内容有：本项目的安全生产状况和规章制度，本项目作业场所和工作岗位存在危险因素、防范措施及事故应急措施，事故案例分析。

（3）班组安全培训教育的主要内容有：本岗位安全操作规程，生产设备、安全装置、劳动防护用品（用具）的正确使用方法，事故案例分析。

7. 杜绝“三违”现象

（1）违章指挥

企业负责人和有关管理人员法制观念淡薄，缺乏安全知识，思想上存有侥幸心理，对国家、集体的财产和人民群众的生命安全不负责任。明知不符合安全生产有关条件，仍指挥作业人员冒险作业。

（2）违章作业

作业人员没有安全生产常识，不懂安全生产规章制度和操作规程，或者在知道基本安全知识的情况下。在作业过程中，违反安全生产规章制度和操作规程，不顾国家、集体的财产和他人、自己的生命安全，擅自作业，冒险蛮干。

（3）违反劳动纪律

上班时不知道劳动纪律，或者不遵守劳动纪律，违反劳动纪律进行冒险作业，造成不安全因素。

8. 做到“三不伤害”

三不伤害就是指“不伤害自己、不伤害别人、不被别人伤害”。

首先确保自己不违章，保证不伤害到自己，不去伤害到别人。要做到不被别人伤害，这就要求我们要有良好的自我保护意识，要及时制止他人违章。制止他人违章既保护了自己，也保护了他人。

第二节　施工现场的安全操作知识

一、建设工程安全生产的特点

1. 建筑产品是固定的、附着在土地上的，而世界上没有完全相同的两块土地；建筑结构、规模、功能和施工工艺方法也是多种多样的，可以说建筑产品没有完全相同的。对人员、材料、机械设备、设施、防护用品、施工技术等有不同的要求，而且建筑现场环境（如地理条件、季节、气候等）也千差万别，决定了建筑施工的安全问题是不断变化的。

2. 建筑工程的施工是流水作业，建筑业的工作场所和工作内容是动态的、不断变化的，每一个工序都可以使得施工现场变化得完全不同。而随着工程的进度，施工现场可能会从地下的几十米到地上的几百米。在建筑过程中，周边环境、作业条件、施工技术等都是在不断地变化，施工过程的安全问题也是不停变化的，而相应的安全防护设施往往滞后于施工进度。

3. 建筑施工流动性大，是建筑施工的又一特点。一个工程完成以后，施工队伍就要转移到新的地点，去建新的项目。这些新的工程，可能在同一个地区，也可能在另一地区，那么施工队伍就要相应地在不同的地区间流动。

4. 建筑施工大多是露天作业，以重体力劳动的手工作业为主。建筑施工作业的高强度，施工现场的噪声、热量、有害气体和尘土等，以及露天作业环境不固定，高温和严寒使得作业人员体力和注意力下降，大风、雨雪天气还会导致工作条件恶劣，夜间照明不够，都会增加危险、有害因素。

5. 公司（施工企业）与项目部的分离，使得现场安全管理的责任，更多地由项目部来承担，致使公司的安全措施并不能在项目部得到充分的落实。

6. 建筑施工过程存在多个安全责任主体，如建设、勘察、设计、监理及施工等单位，其关系的复杂性，决定了建筑安全管理的难度较高。施工现场安全由施工单位负责，实行施工总承包，承包由总承包单位负责，分包单位向总承包单位负责，服从总承包单位对施工现场的安全生产管理。

7. 近年来，建设施工正由以工业建筑为主向民用建筑为主转变，建筑物由低层向高层发展，施工现场由较为广阔的场地向狭窄的场地变化。使得建筑施工的难度增大，危险、有害因素变化大，出现很多不安全性。

8. 建筑业生产过程的低技术含量、非标准化作业，决定了作业人员的素质相对较低。而建筑业又需要大量的人力资源，属于劳动密集型行业，从业人员与施工单位间的短期雇佣关系，造成了施工单位对从业人员的教育培训严重不足，使得施工作业人员缺少基本的安全生产常识，违章作业、违章指挥的现象时有发生。

9. 建筑施工复杂又变幻不定，由于以上各种因素，因此不安全因素较多，较复杂。特别是生产高峰季节、高峰时间更易发生事故。施工过程中存在临时观念，不采取可靠的安全措施，偷工减料，重生产轻安全，存在侥幸心理，伤亡事故必然频繁发生。

二、施工现场的主要安全事故

1. 建筑工程施工的特点，决定了建筑施工中的危险因素多存在于高处交叉作业、垂直运输、电气工具使用以及基础工程作业中。伤亡事故主要有高处坠落、物体打击、机械伤害、触电事故，施工坍塌和中毒事故等类别，这几类伤亡事故是建设施工中的最主要伤害，死亡人数占每年因工死亡数的比例超过三成。

2. 高处坠落以从脚手架上坠落、在拆除井架时、在临边和平台等作业场所、拆除塔吊时为主要类型。由于在脚手架上吵闹，休憩；悬空作业、探身作业身体探出度过大；饮酒高处作业和不使用安全带；扣件不符合规定要求；施工管理部门忽视安全防护用品的发放、忽视安全检查；施工安全制度不尽完善；没有及时排查安全隐患；恶劣天气作业等都可能造成高处坠落。

3. 物体打击事故通常由高空落物、崩块、滚动体，硬物、反弹物、器具、碎屑和破片的飞溅造成。由于工人安全意识差、作业玩忽职守；施工人员违规操作、违章施工；在施工中精力不集中、操作不当、误操作；机械设备的安全装置失灵、安全装置不齐全或存在设计或制造缺陷；采光或照明不足导致的施工人员视角疲劳；施工场地狭小，人员集中，一旦发生物体飞出，极易导致物体打击事故的发生。

4. 机械伤害事故的原因主要有：施工人员业务技术素质低，操作不熟练；注意力不集中，导致误操作；施工或操作时未使用合适的防护服及工具，未能合理使用安全防护用品；机械设备老化并没有很好地履行保养维修制度；安全管理不到位，不能及时发现和排除隐患；另外还有照明、通风、温度、湿度等环境方面的原因。

5. 触电事故分为电击和电伤事故。电击是指电流通过人体时所造成的内部伤害，电击会破坏人体呼吸、神经系统以及心脏，甚至产生生命危险。电伤是由于电流的热、化学以及机械效应对人体造成的伤害。施工人员缺乏安全用电知识；防护措施不到位、安全用电检查不到位、未穿戴防护用品；接错电线、相零反接；违章操作、麻痹大意；电气设备年久失修，破损设备线路未及时更换；潮湿的施工环境；紧邻高压操作等等都会引起触电事故。

6. 施工坍塌事故包括边坡失稳引起土石方坍塌事故，拆除工程中的坍塌事故，现浇混凝土梁、板的模板支撑失稳倒塌事故，施工现场的围墙及在建工程屋面板坍落事故。

7. 中毒窒息事故会发生在工人清理污水管时，在人工挖孔桩中、在顶管施工中，在室内取暖一氧化碳中毒等情形中。从时间上来看，上午6点到9点之间事故比较多，工作分配、安排任务后工人到各自的岗位上，7：30点以后工作会达到满负荷，但是这个时间段工人注意力不是很集中，容易出现伤亡的事故。而9点到12点之间，工种交叉作业增多，工人手头的活越来越多，这个时候只要稍微有点分心就会发生事故。下午将近6点快下班的时候，工人的注意力又开始分散，极易发生事故。晚上6点到9点，有时为了赶工期，晚上要加班，夜间灯光、环境等各种因素和个人体力、精神下降，也容易导致事故的发生。通过对伤亡时间分布的分析，提示我们可以在事故高峰期的时候，加强安全管理和安全监督、检查工作，这样就可以减少事故的发生。

三、施工现场安全事故的预防

在施工现场中，由于多单位、多工种集中到一个场地，而且人员、作业位置流动性较大，因此对施工现场的安全管理必须坚持“安全第一，预防为主”的方针，建立健全安全责任制和群治群防制度，施工单位应按照建筑业安全作业规程和标准采取有效措施，消除安全隐患，防止伤亡和其他事故发生。

1. 安全教育

近年来，随着建设规模的逐渐扩大，建筑队伍也急剧膨胀，大批未经过安全培训教育的人员，尤其是来自农村和边远地区的农民工，被补充到建筑的队伍中来。一些企业和个人为片面追求经济效益，见利忘义，在新工人进入施工现场上岗前，没有对他们进行必要的安全生产和安全技能的培训，在工人转岗时，也没有按照规定进行针对新岗位的安全教育。针对上述情况，当前急需对建筑施工的全体从业人员，尤其是新职工进行普遍的、深入的、全面的安全生产和劳动保护方面的教育，使他们掌握安全生产知识和技能，提高每个人的安全预防意识，树立起群防群治的安全生产新观念，真正从思想上认识安全生产的重要性，从实践中体验劳动保护的必要性。

2. 安全措施检查、验收与改进

安全检查是发现并消除施工过程中存在的不安全因素，宣传落实安全法律法规与规章制度，纠正违法指挥和违章操作，提高各级负责人与从业人员安全生产自觉性与责任感，掌握安全生产状态和寻找改进需求的重要手段，项目经理部必须建立完善的安全检查制度。安全检查制度应对检查制度、方法、事件、内容、组织的管理要求、职责权限，以及检查中发现的隐患整改、处置和复查的工作程序及要求作出具体规定，形成文件并组织实施。

四、施工现场的测量放线工必须学习以下安全须知

1. 上岗之前必须参加安全教育培训，未经培训者不得上岗作业。

2. 进入施工现场必须按要求正确穿戴好安全帽、安全带和工作鞋等个人防护用品，着装要整齐；高处作业时必须系好安全带，同时不得穿硬底鞋和带钉易滑的鞋，不得向下投掷物体；严禁穿拖鞋、高跟鞋、短裤及宽松衣物进入施工现场。

3. 放线工班组组长必须认真负责，每日上班前集中全班组放线工，针对当天任务，结合安全技术措施内容和作业环境，设备、设施安全状况及测量放线工的技术素质、安全知识、自我保护意识及思想状态，有针对性地进行班前活动，提出具体注意事项，跟踪落实，并做好活动记录。

4. 遇到强恶劣天气，应停止露天测量作业。若作业中出现其他不安全险情时，必须立即停止作业，组织撤离危险区域，报告领导解决，不得冒险作业。

5. 在道路上进行测量作业时，要注意来往车辆，防止发生交通事故；在建筑物外侧区域立尺作业时，要注意作业区域上方是否有交叉作业，防止上方坠物伤人；在高压线附近立尺作

业时，必须保持安全距离，防止电击。

6. 施工现场不得攀登脚手架、塔吊、井字架、外用电梯等施工设备；禁止乘坐非乘人的垂直运输设备上下；在非常区域作业时（如沟、槽、坑内），必须服从领导和安全检查人员的指挥，工作时思想集中。

7. 施工现场的各种安全设施、设备和警告、安全标志等未经领导同意不得任意拆除和挪动。确因测量通视要求等需要拆除安全网等安全设施的，要事先与安全监管部门或人员协商，并及时予以恢复。

8. 施工现场发生伤亡事故，必须立即报告领导，抢救伤员，保护现场。

9. 外业过程中，测量仪器架设应稳固可靠，仪器架设后旁边不得离人；搬运测量仪器设备过程中，应仔细检查、妥善放置，防止仪器的尖锐部分伤人，如三脚架、花杆等。

第三节　文明施工

文明施工是施工管理以人为本，各项管理工作标准化，现场有围档、大门、材料堆放整齐，生活设施清洁，工人行为文明，有良好的施工和生活环境。

1. 认真贯彻“建设单位负责、施工单位实施、地方政府监督”的文明施工原则，按社会效益第一，经济效益和社会效益相一致和“方便人民生活、有利于发展生产、保护生态环境”的原则，坚持便民、利民、为民服务的宗旨，搞好工程施工中的文明施工。

2. 测量员进入现场必须着装整齐，按规定的标准正确使用劳动保护用品，不得赤膊，不得穿短裤、裙子、拖鞋、凉鞋、高跟鞋等。

3. 在测量过程中，做到“工完、料净、场地清”，不给施工现场留下任何残迹和隐患，每天下班前清理一次。作业现场测量标识用的红油漆、墨汁在作业过程中要妥善保管，避免遗洒在现场。

4. 测量人员应保持良好的个人卫生习惯，办公室、宿舍保持整齐清洁。

5. 测量人员不准酒后上班、疲惫作业，作业时不准打闹。

6. 测量人员要文明礼貌，加强精神文明建设，坚决制止测量人员参与黄、赌、毒等活动。

第二篇　理论知识

第二章　建筑工程构造与识图

第一节　建筑构造基本知识

一般民用建筑是由基础、墙或柱、楼地层、楼梯、屋顶、门窗等主要部分组成。如图 2-1 所示为一幢住宅构造组成。

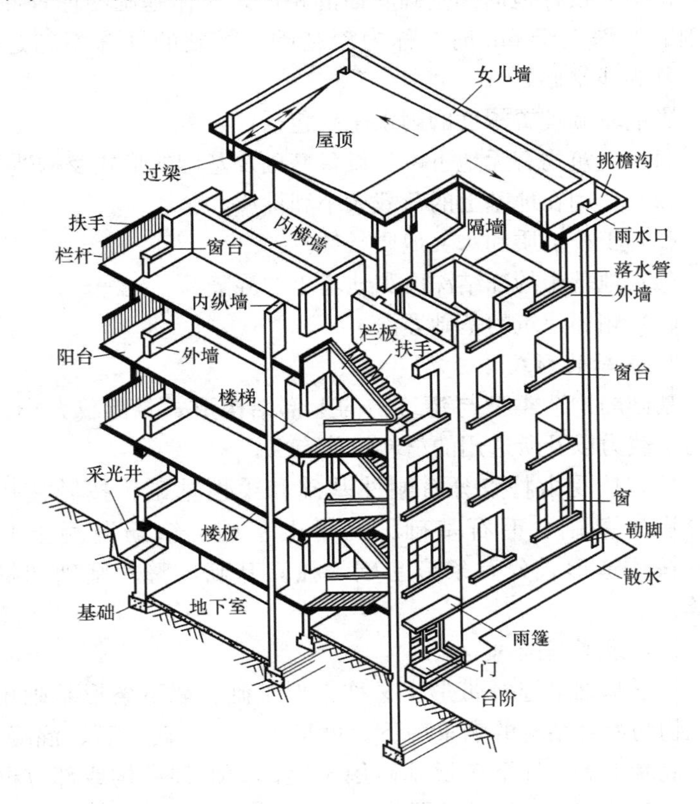

图 2-1　住宅的建筑构成

一、基础与地下室

1. 基础

基础是建筑物最下面的部分，埋在地面以下，是地基之上的承重构件。它承受建筑物的全部荷载（包括基础自重），并将其传递到地基上，所以要求它坚固、稳定，且能抵抗冰冻、地下水与化学侵蚀等。基础的大小、形式取决于荷载的大小、土壤性能、材料性质和承重方式。

2. 基础的埋置深度

由室外设计地面到基础底面的距离，叫作基础的埋置深度。基础的埋深大于 5m 时，称为深基础。基础的埋深不超过 5m 时，称为浅基础。

影响基础埋置深度的因素主要包括：

（1）建筑物有无地下室、设备基础及基础的形式及构造等。

（2）作用在地基上的荷载大小和性质。

（3）工程地质和水文地质条件。

（4）地基土的冻结深度和地基土的湿陷。

（5）相邻建筑的基础埋深。

3. 基础的形式与选择

基础的构造类型与建筑物的上部结构形式、荷载大小、地基的承载力以及所选用的材料性能有关。

基础按受力特点分有刚性基础和柔性基础；按其使用材料分有砖基础、毛石基础、混凝土基础、钢筋混凝土基础等；按构造形式分有条形基础、独立基础、整片基础和桩基础等。

（1）条形基础

条形基础呈连续带形，又称带形基础。墙下条形基础用于建筑物为混合结构的承重墙下。可采用灰土、砖、石、混凝土、钢筋混凝土等。柱下条形基础用于上部为框架结构或部分框架结构且荷载较大、地基软弱的建筑物。

(2) 独立基础

独立基础呈独立的块状形式。柱下独立基础用于建筑物上部为框架结构。柱墩式、井柱式基础用于上部为承重墙结构且地基上层土层较弱的建筑物时，在墙下设承台梁承托，梁下间隔3～4m设一个柱墩或井柱。

(3) 整片基础

包括筏式基础和箱形基础。当上部结构荷载较大，地基承载力较低，可选用整片筏式基础，以减少基底压力，降低地基沉降。整片筏式基础按结构形式分为板式结构和梁板式结构两类。当钢筋混凝土基础埋深很大，为了加强建筑物的刚度，可用钢筋混凝土筑成有底板、顶板和四壁的箱形基础。箱形基础内部可用作地下室。

(4) 桩基础

当建筑物荷载较大，地基的软弱土层厚度在5m以上，基础不能埋在软弱土层内时，可采用桩基础。桩基础按其受力性能可分为端承桩和摩擦桩两种。端承桩是将建筑物的荷载通过桩端传给坚硬土层，而摩擦桩是通过桩侧表面与周围土壤的摩擦力传给地基。目前采用最多的是钢筋混凝土桩，包括预制桩和灌注桩两大类。

4. 地下室

地下室是建筑物中处于室外地面以下的房间。在房屋底层以下建造地下室，可以提高建筑用地效率。一些高层建筑基础埋深很大，充分利用这一深度来建造地下室，其经济效果和使用效果俱佳。

地下室的类型按功能分，有普通地下室和防空地下室。按结构材料分，有砖墙结构和混凝土结构地下室。按构造形式分，有全地下室和半地下室。

地下室顶板的底面标高高于室外地面标高的称半地下室，这类地下室一部分在地面以上，可利用侧墙外的采光井解决采光和通风问题。地下室顶板的底面标高低于室外地面标高的，称为全地下室。

二、墙和柱

1. 墙体的类型与要求

(1) 墙体的类型

墙是建筑物的承重和维护构件。建筑物的墙体分类方式各有不同。墙体按在建筑物中的位置分，有外墙、内墙、窗间墙、窗下墙、女儿墙等。墙体按受力情况可分为承重墙和非承重墙。按墙体材料分有砖墙、石墙、混凝土墙、砌块墙、板材墙等，根据施工方法分为预制混凝土墙和现浇混凝土墙等。

(2) 墙体的构造要求

1) 满足强度和稳定性要求。墙体的强度取决于砌体的材料，其厚度应按计算确定。墙的稳定性与墙的长度、高度和厚度有关。

2) 满足热工、隔声、防火、防潮要求。

3) 满足减轻自重、降低造价、不断采用新材料和新工艺的要求。

2. 砖（砌体）墙的构造

(1) 砖墙按构造分，有实心砖墙、空斗墙、空心砖墙和复合墙等几种类型。

(2) 砖（砌体）墙的细部构造。

砖（砌体）墙的细部构造要保证墙体的耐久性和墙体与其他构件的可靠拉结，必须对重点部位加强构造处理，如设构造柱、圈梁、拉结筋、空心砌块灌芯等。

3. 隔墙与隔断的构造

隔墙和隔断均不承受外来荷载，可直接设于楼板或承墙梁上。隔墙与隔断的区别是隔墙到楼板底，隔断不到楼板底，用于对隔声要求不高的场所。

4. 墙面装修

墙面装修的作用是保护墙体、改善墙的物理性能和使房屋美观。

三、楼地层的建筑构造

楼地层是建筑物水平方向的承重构件，分为楼层和地层。楼层将建筑物分隔成若干层，并将其荷载传递到墙或柱上，对墙身起到水平支撑作用。

四、楼梯的建筑构造

楼梯是建筑物中联系上下各层的垂直交通设施。

1. 楼梯的组成

楼梯一般由楼梯段、楼梯平台（楼层平台和中间平台）、栏杆（栏板）和扶手三部分组成，如图 2-2 所示。

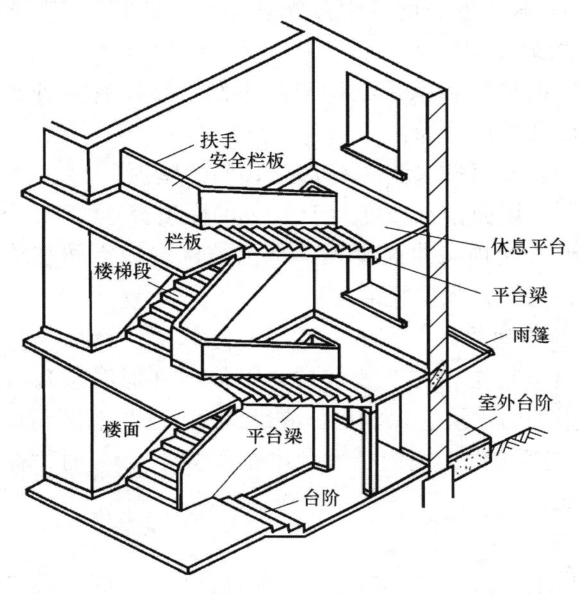

图 2-2　楼梯的组成

2. 楼梯的尺度

楼梯的坡度范围在20°～45°之间。楼梯的宽度包括梯段的宽度和平台的宽度。规范规定梯段净高不应小于2.2m，平台处的净空高度不应小于2.0m。梯段的净宽应为扶手中心线至侧墙或另一扶手中心线的宽度，一般平台宽度不应小于梯段净宽。

3. 栏杆、栏板和扶手

栏杆或栏板是为防人下坠的设施，有镂空、实体两种。扶手是栏杆或栏板顶面供手扶的设施。

五、屋面的建筑构造

1. 屋面的坡度

屋面坡度常用斜面的垂直投影高度与水平投影长度的比来表示，如1∶2、1∶10等；较大的坡度也可用角度表示，如30°、45°等；较小的坡度常用百分率表示，如2%、3%等。

2. 屋顶的类型

由于屋面材料和承重结构形式不同，屋顶有多种类型。按屋顶的坡度和外形分为：

平屋顶：屋面排水坡度不大于10%的屋顶。

坡屋顶：屋面排水坡度大于10%的屋顶。

其他形式屋顶（曲面屋顶，承重结构多为空间结构，如薄壳、悬索、网架、张拉膜结构）。

3. 平屋面的构造

平屋顶包括结构层、找坡层、隔热层（保温层）、找平层、结合层、附加防水层、保护层。在北纬40°以北地区，室内湿度大于75%或其他地区室内空气湿度常年大于80%时，保温屋面应设隔气层。

4. 坡屋面的构造

坡屋顶主要由承重结构层和屋面两部分组成。必要时还应增设保温层、隔热层及顶棚等，如图2-3所示。

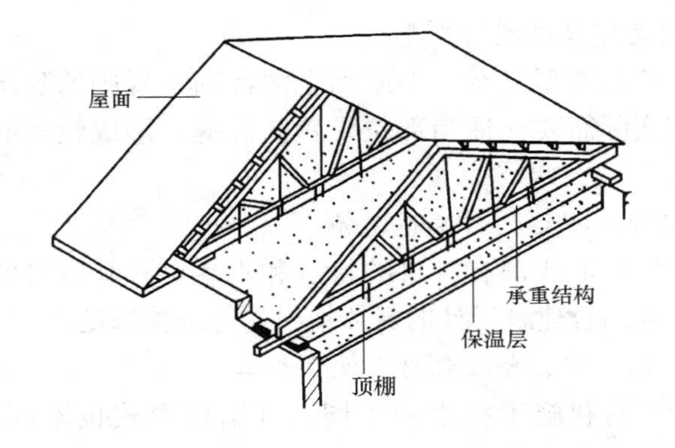

图 2-3　坡屋顶的构造

第二节　建筑结构设计相关知识

建筑结构设计简而言之就是用结构语言来表达建筑师及其他专业工程师所要表达的东西。结构语言就是结构工程师从建筑及其他专业图样中所提炼简化出来的结构元素，包括基础、墙、柱、梁、板、楼梯、大样细部等等。然后用这些结构元素来构成建筑物或构筑物的结构体系，包括竖向和水平的承重及抗力体系。把各种情况产生的荷载以最简洁的方式传递至基础。建筑结构设计由下到上可分为：基础的设计、上部结构设计和细部设计。

一、建筑结构设计的原则

建筑结构设计根据不同的需求，应遵循以下的原则。

1. 满足建筑功能的要求

对于有些公共建筑，其功能有视听要求，如：体育馆为保证较好的观看视觉效果，比赛大厅内不能设柱，必须采用大跨度结构；大型超市为满足购物的需要，室内空间具有流动性和灵活性，所以应采用框架结构。

2. 满足建筑造型的需要

对于建筑造型复杂、平面和立面特别不规则的建筑结构选型，要按实际需要在适当部位设置防震缝，形成较多有规则的结构单元。

3. 充分发挥结构自身的优势

每种结构形式都有各自的特点和不足，有其各自的适用范围，所以要结合建筑设计的具体情况进行结构选型。

4. 因地制宜、合理取材、便于施工

由于材料和施工技术的不同，其结构形式也不同。例如：砌体结构所用材料多为就地取材，施工简单，适用于低层、多层建筑。当钢材供应紧缺或钢材加工、施工技术不完善时，不可大量采用钢结构。

5. 经济合理

当几种结构形式都能满足建筑设计条件时，经济条件就是决定因素，尽量采用能降低工程造价的结构形式。

二、建筑结构设计的内容与方法

1. 建筑结构设计的内容

建筑结构设计大体可以分为三个阶段：结构方案设计阶段、结构计算阶段和施工图设计阶段。

(1) 结构方案设计阶段的内容

根据建筑的重要性，建筑所在地的抗震设防烈度，工程地质勘查报告，建筑场地的类别及建筑的高度和层数来确定建筑的结构形式，如砖混结构、框架结构、框剪结构、剪力墙结构、筒体结构、混合结构等等，以及由这些结构组合而成的结构形式。确定了结构的形式之后就要根据不同结构形式的特点和要求来布置结构的承重体系和受力构件。

(2) 结构计算阶段的内容

1) 荷载的计算

荷载包括外部荷载（如风荷载、雪荷载、施工荷载、地下水的荷载、地震荷载、人防荷载等等）和内部荷载（如结构的自重荷载、使用荷载、装修荷载等等）。上述荷载的计算要根据荷载规范的要求和规定采用不同的组合值系数和准永久值系数等来进行不同工况下的组合计算。

2）构件的试算

根据计算出的荷载值、构造措施要求、使用要求及各种计算手册上推荐的试算方法来初步确定构件的截面。

3）内力的计算

根据确定的构件截面和荷载值来进行内力的计算，包括弯矩、剪力、扭矩、轴心压力及拉力等等。

4）构件的计算

根据计算出的结构内力及规范对构件的要求和限制（如轴压比、剪跨比、跨高比、裂缝和挠度等等）来复核结构试算的构件是否符合规范规定和要求。如不满足要求则要调整构件的截面或布置直到满足要求为止。

（3）施工图设计阶段的内容

根据上述计算结果，最终确定构件的布置和构件配筋，以及根据规范的要求来确定结构构件的构造措施。

2. 各设计阶段的基本方法

（1）结构方案设计阶段的基本方法

根据各种结构形式的适用范围和特点来确定结构应该使用的最佳结构形式。这要根据规范中对于各种结构形式的界定和工程的具体情况而定，关键是清楚各种结构形式的极限适用范围，还要考虑合理性和经济性。

（2）结构计算阶段的基本方法

根据方案阶段确定的结构形式和体系，依据规范上规定的具体的计算方法来进行详细的结构计算。规范上的方法有多种，关键是综合工程的实际情况来选择合适的计算方法。以楼板为例，就有弹性计算法、塑性计算法及弹塑性计算法。所以选择符合工程实际的计算方法是合理的结构设计的前提，是十分重要的。

(3) 施工图设计阶段的基本方法

根据结构计算的结果采用结构语言表达在图样上。首先表达的内容要符合结构计算的要求，同时还要符合规范中的构造要求，最后还要考虑施工的可操作性。这就要求结构设计人员对规范能够很好地理解和把握，另外还要对施工的工艺和流程有一定的了解。这样设计出来的结构才能合理。

3. 规范、手册及标准图集在建筑结构设计中的应用

建筑结构设计的准则和依据就是各种规范和标准图集。结构形式不同，设计时依据的规范也不同，但这些规范又都是相互联系密不可分的。

在各种结构设计手册中，给出了该结构形式设计的原理、方法、一般规定和计算的算例以及用来直接选用的各种表格。这对于深刻理解和具体设计各种结构形式具有良好的指导作用。

标准图集是依据规范制定的国家和省市地方统一的设计标准和施工做法构造。不同的结构形式有不同的标准图集。在选用标准图集时一定要根据工程的实际情况来酌情选用，必要时应说明选用的页码和图集号，不可盲目采用。

4. 建筑结构类型

建筑结构根据材料的不同，可以分为钢筋混凝土结构、砌体结构、钢结构、木结构等。

第三节　建筑施工图的基本知识

一、施工图组成内容简介

1. 施工图种类

一套完整的房屋建筑工程施工图应包括工程涉及的所有专业的设计图纸（含图纸目录、说明和必要的设备、材料表）及

图纸总封面。这里所说的所有专业包括建筑、结构、给水、排水、采暖、空调、建筑电气等。

2. 施工图组成内容

(1) 总平面图

总平面图亦称“总体布置图”，表示建筑物、构筑物的方位、间距以及道路网、绿化、竖向布置和基地临界情况等。图上有指北针，有的还有风玫瑰图。

当工程复杂时，除总平面图外，结合实际情况单独绘制竖向布置图、土方图、管道综合图、绿化及建筑小区布置图、道路平面图、详图等。这类图纸图签的图号区常采用“总（Z）施—×”形式将图纸排序。

(2) 建筑施工图

建筑施工图是说明房屋建造的规模、造型、尺寸、细部构造的图纸。这类图纸图签的图号区常采用“建（J）施—×”形式将图纸排序。建筑施工图包括设计说明、平面图、立面图、剖面图及相应详图（如楼梯、门窗、卫生间、节点、墙身等）。

(3) 结构施工图

结构施工图是说明房屋的主体骨架结构、构造及做法的类型，尺寸、使用材料要求和构件的详细构造及做法的图纸。这类图纸图签的图号区常采用“结（G）施—×”形式将图纸排序。结构施工图包括说明、基础图、结构平面布置图、构件详图等。

(4) 给水排水、采暖、通风、空调施工图

给水排水、采暖、通风、空调施工图是说明房屋中生活、消防给水管、排水管、采暖管及通风、空调等设施的布置和构造连接方式。分为图例、说明、平面图、系统图、详图等。这类图纸图签的图号区常采用“水（S）施—×”、“暖（N）施—×”形式将图纸排序，还可以细化到代表消防水的“水消（SX）施—×”、代表空调的“空（NK）施—×”、代表通风的“通（NT）施—×”，且视建筑复杂程度增减。

(5) 电气施工图

电气施工图说明房屋内部电气设备、线路走向的布置和构造。也包括图例、说明、平面图、系统图、详图等内容。图纸图签的图号区常采用“电（D）施—×”形式将图纸排序，也可以细化为代表自动报警等消防配电的“电消（DX）施—×”，代表照明配电的“电照（DZ）施—×”，代表有线电视、电话等的弱电“电弱（DR）施—×”，代表安保的“电安（DA）施—×”等，且视建筑复杂程度增减。

二、制图标准简介

1. 图纸的幅面规格及编排顺序

(1) 图纸的幅面规格

1) 单位工程的施工图装订成套，为了使整套施工图方便装订，国标规定图纸按其大小分为 5 种，代号为 A0、A1、A2、A3、A4，尺寸大小如表 2-1 所示。

幅面及图框尺寸（单位：mm）　　表 2-1

尺寸代号 \ 幅面代号	A0	Al	A2	A3	A4
$b \times l$	841×1189	594×841	420×594	297×420	210×297
c	10			5	
a	25				

2) 如图纸幅面不够，可将图纸长边加长，但短边不宜加长，长边加长。

3) 图纸以短边作为垂直边称为横式，以短边作为水平边称为立式。一般 A0～A3 图纸宜横式使用；必要时，也可立式使用，但图签、会签栏位置应相应调整。

(2) 图纸的标题栏、会签栏和装订边

1) 图纸的标题栏、会签栏和装订边的位置应符合下列规定：

横式使用的图纸应按图 2-4 的形式布置。

立式使用的图纸应按图 2-5、图 2-6 的形式布置。

2）标题栏根据工程需要、单位特点确定尺寸、格式及分区。签字区包含实名列和签名列。涉外工程的标题栏内，各项主要内容的中文下方应附有译文，设计单位上方或左方，应加“中华人民共和国”字样。

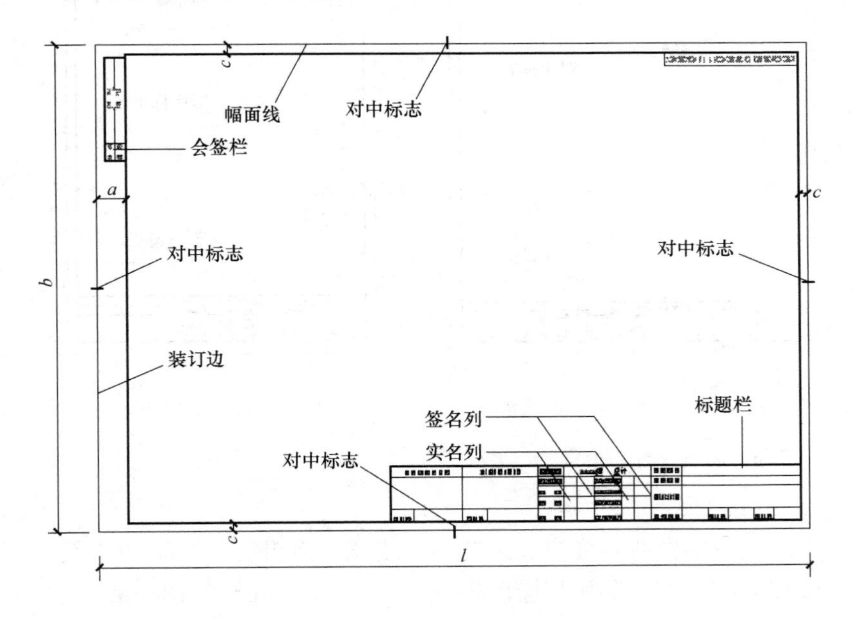

图 2-4　A0～A3 横式图幅

3）会签栏应填写会签人员所代表的专业、姓名、日期（年、月、日），不需会签的图纸可不设会签栏。

（3）施工图纸的编排顺序

1）不同的建筑根据复杂程度，可由几张、几十张、几百张图纸组成，因此工程图纸应按专业顺序编排。一般应为图纸目录、总图、建筑图、结构图、给水排水图、暖通空调图、电气图等。

2）各专业的图纸，应该按图纸内容的主次关系、逻辑关系进行有序排列。

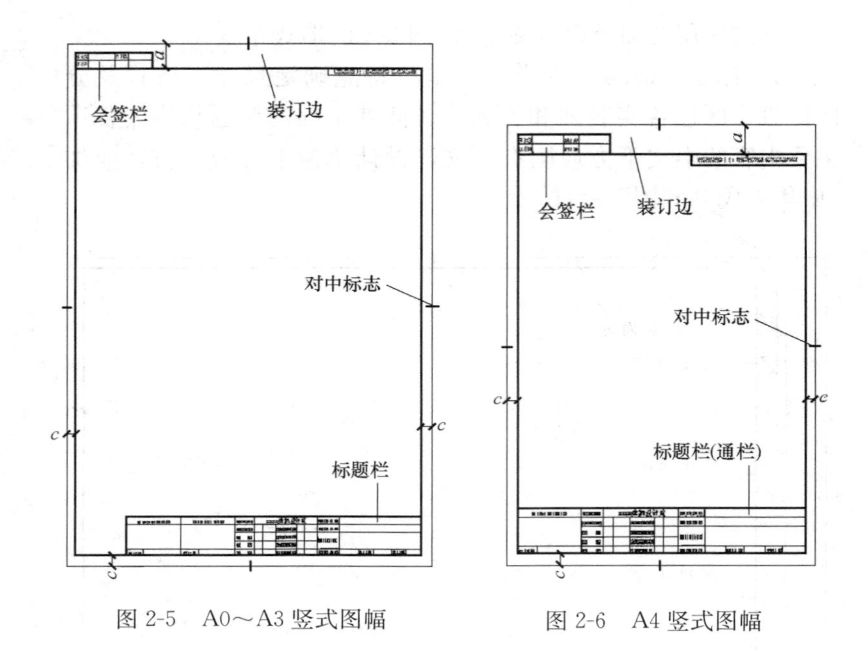

图 2-5　A0～A3 竖式图幅　　　　图 2-6　A4 竖式图幅

2. 图线和比例

(1) 图线

制图的图线宽度应成组使用，线宽 b 为粗线，0.5b 为中线，0.25b 为细线。常用线宽组为 0.7mm、0.35mm、0.18mm。

图线线型有实线、虚线、点画线、双点画线、折断线、波浪线等。除折断线和波浪线外，其他每种线型都有粗、中、细三种线宽。

1) 用粗实线表示

平面图、剖面图中被剖切的主要建筑构造（包括构配件）的轮廓线。

建筑立面图或室内立面图的外轮廓线。

建筑构造详图中被剖切的主要部分的轮廓线。

建筑构配件详图中的外轮廓线。

平面图、立面图、剖面图的剖切号。

总图中新建建筑物±0.000高度的可见轮廓线，新建的铁路、管线。

2）用中实线表示

平面图、剖面图中被剖切的次要建筑构造（包括构配件）的轮廓线。

建筑平面图、立面图、剖面图建筑构配件的轮廓线。

建筑构造详图及建筑构配件详图中的一般轮廓线。

总图中新建构筑物、道路、桥涵、边坡、围墙、露天堆场、运输设施、挡土墙的可见轮廓线，场地、区域分界线、用地红线、建筑红线、尺寸起止符号、河道蓝线，新建建筑物±0.000高度以外的可见轮廓线。

3）用细实线表示

建筑图的图形线、尺寸线、尺寸界限、图例线、索引符号、标高符号、详图材料做法、引出线等。

总图中新建道路路肩、人行道、排水沟、树丛、草地、花坛的可见轮廓线，原有（包括保留和拟拆除的）建筑物、构筑物、铁路、道路、桥涵、围墙的可见轮廓线，坐标网线、图例线、尺寸线、尺寸界线、引出线、索引符号等。

4）用粗虚线表示：新建建筑物、构筑物的不可见轮廓线。

5）用中虚线表示

建筑构造详图及建筑构配件不可见轮廓线、平面图中起重机（吊车）的轮廓线、拟扩建的建筑物轮廓线。

总图中计划扩建建筑物、构筑物、预留地、铁路、道路、桥涵、围墙、运输设施、管线的轮廓线，洪水淹没线。

6）用细虚线表示：图例线、总图中原有建筑物、构筑物、预留地、铁路、道路、桥涵、围墙的不可见轮廓线。

7）用粗单点长画线表示总图露天矿开采边界线。

8）用中单点长画线表示总图土方填挖区零点线。

9）用细单点长画线表示中心线、对称线、定位轴线、分水线。

10）用折断线表示不需画全的断开界线。

11）用粗双点长画线表示总图地下开采区塌落界线。

12）用波浪线表示断开界线。

（2）比例

1）图样的比例，应为图形与实物相对应的线性尺寸之比。比例的大小，是指其比值的大小，如 1∶50 的值是 1∶100 的值的一倍，则按 1∶50 比例绘出的图样比 1∶100 比例绘出的图样大一倍。

2）比例宜注写在图名的右侧，字的基准线应取平；比例的字高宜比图名的字高小一号或二号。

3）一般情况下，一个图样应选用一种比例。根据专业制图需要，同一图样可选用两种比例。特殊情况下也可自选比例，这时除应注出绘图比例外，还必须在适当位置绘制出相应的比例尺。

4）总图制图采用的比例，宜符合表 2-2 的规定。

总平面图比例 **表 2-2**

图　　名	比　　例
地理、交通位置图	1∶25000～1∶200000
总体规划、总体布置、区域位置图	1∶2000、1∶5000、1∶10000、1∶25000、1∶50000
总平面图、竖向布置图、管线综合图、土方图、排水图、铁路平面图、道路平面图、绿化平面图	1∶500、1∶1000、1∶2000
铁道、道路纵断面图	垂直 1∶50、1∶100、1∶200 水平 1∶1000、1∶2000、1∶5000
铁路、道路横断面图	1∶50、1∶100、1∶200
场地断面图	1∶100、1∶200、1∶500、1∶1000
详图	1∶1、1∶2、1∶5、1∶10、1∶20、1∶50、1∶100、1∶200

5）建筑制图采用的比例，宜符合表 2-3 的规定。

建筑制图比例 **表 2-3**

图　　名	比　　例
建(构)筑物的平面图、立面图、剖面图	1∶50、1∶100、1∶150、1∶200、1∶300
建(构)筑物的局部放大图	1∶10、1∶20、1∶25、1∶30、1∶50
构件及构造详图	1∶1、1∶2、1∶5、1∶10、1∶20、1∶25、1∶30、1∶50

3. 符号

（1）剖切符号

1）剖视的剖切符号规定

剖视的剖切符号应由剖切位置线及投射方向线组成，均应以粗实线绘制。剖切位置线的长度宜为 6～10mm；投射方向线应垂直于剖切位置线，长度应短于剖切位置线，宜为 4～6mm。绘制时，剖视的剖切符号不应与其他图线相接触。

剖视剖切符号的编号宜采用阿拉伯数字，按顺序由左至右、由下至上连续编排，并应注写在剖视方向线的端部。

需要转折的剖切位置线，应在转角的外侧加注与该符号相同的编号（图 2-7）。

建（构）筑物剖面图的剖切符号宜注在±0.000 标高的平面图上。

2）断面的剖切符号规定

断面的剖切符号应只用剖切位置线表示，并应以粗实线绘制，长度宜为 6～10mm。

断面剖切符号的编号宜采用阿拉伯数字，按顺序连续编排，并应注写在剖切位置线的一侧；编号所在的一侧应为该断面的剖视方向（图 2-8）。

3）剖面图或断面图

如与被剖切图样不在同一张图内，可在剖切位置线的另一侧注明其所在图纸的编号，也可以在图上集中说明。

（2）索引符号与详图符号

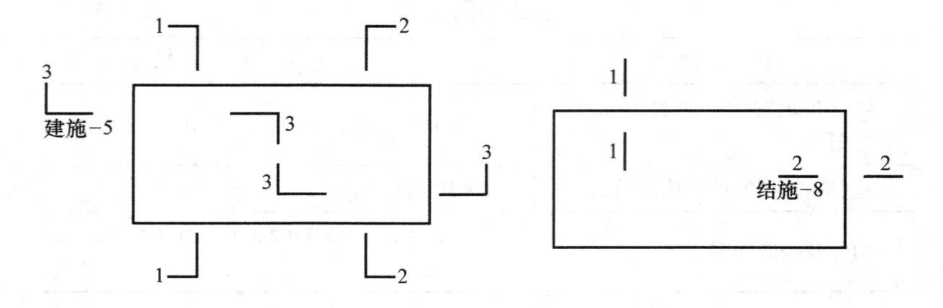

图 2-7　剖视的剖切符号　　　图 2-8　断面的剖切符号

1）图样中的某一局部或构件，如需另见详图，应以索引符号索引。索引符号是由直径为 10mm 的圆和水平直径组成，圆及水平直径均应以细实线绘制。

2）索引出的详图，如与被索引的详图同在一张图纸内，应在索引符号的上半圆中用阿拉伯数字注明该详图的编号，并在下半圆中间画一段水平细实线［图 2-9（*a*）］。

3）索引出的详图，如与被索引的详图不在同一张图纸内，应在索引符号的上半圆中用阿拉伯数字注明该详图的编号，在索引符号的下半圆中用阿拉伯数字注明该详图所在图纸的编号［图 2-9（*b*）］。

4）索引出的详图，如采用标准图，应在索引符号水平直径的延长线上加注该标准图册的编号［图 2-9（*c*）］。

5）索引符号如用于索引剖视详图，应在被剖切的部位绘制剖切位置线，并以引出线引出索引符号，引出线所在的一侧应为投射方向（图 2-10）。

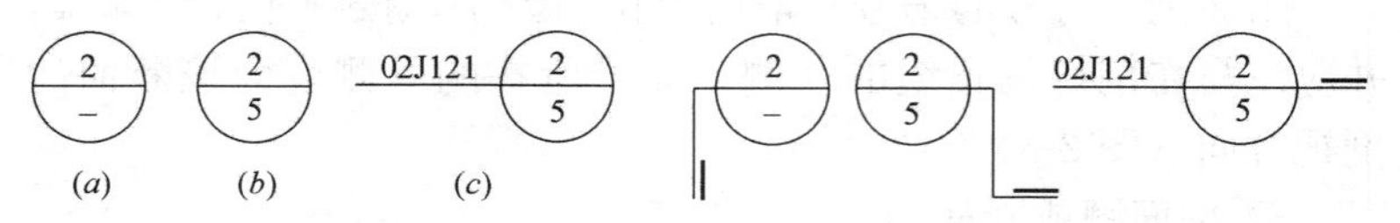

图 2-9　索引符号　　　图 2-10　用于索引剖面详图的索引符号

6）零件、钢筋、杆件、设备等的编号，以直径为 4～6mm（同一图样应保持一致）的细实线圆表示，其编号应用阿拉伯数字按顺序编写［图 2-11（*a*）］。

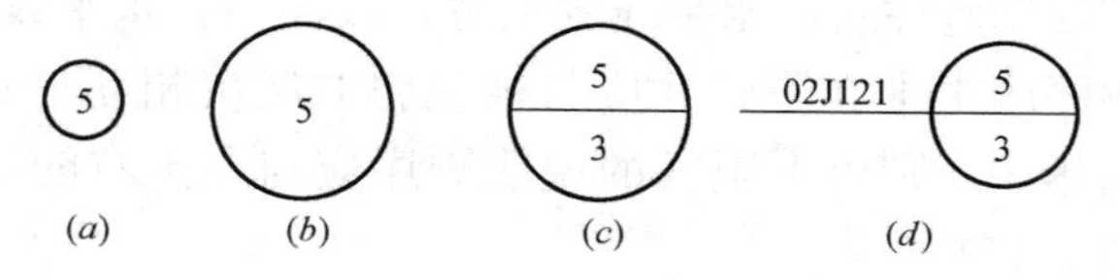

图 2-11　详图符号

7）详图的位置和编号，应以详图符号表示。详图符号的圆应以直径为 14mm 粗实线绘制［图 2-11（*b*）］。详图与被索引的图样同在一张图纸内时，应在详图符号内用阿拉伯数字注明详图的编号［图 2-11（*c*）］。详图与被索引的图样不在同一张图纸内，应用细实线在详图符号内画一水平直径，在上半圆中注明详图编号，在下半圆中注明被索引的图纸的编号［图 2-11（*d*）］。

（3）引出线

1）引出线应以细实线绘制，宜采用水平方向的直线［图 2-12（*a*）］或与水平方向成 30°、45°、60°、90°的直线，或经上述角度再折为水平线［图 2-12（*b*）］。文字说明宜注写在水平线的上方［图 2-12（*a*）、（*b*）］，也可注写在水平线的端部［图 2-12（*c*）］。索引详图的引出线，应与水平直径线相连接［图 2-12（*d*）］。

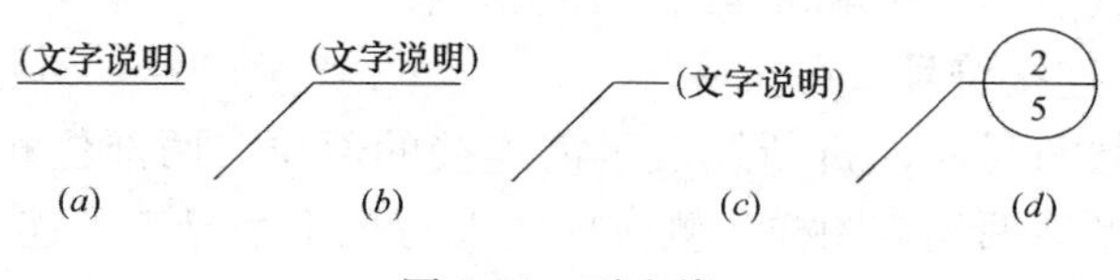

图 2-12　引出线

2）同时引出几个相同部分的引出线，宜互相平行［图 2-13（*a*）］，也可画成集中于一点的放射线［图 2-13（*b*）］。

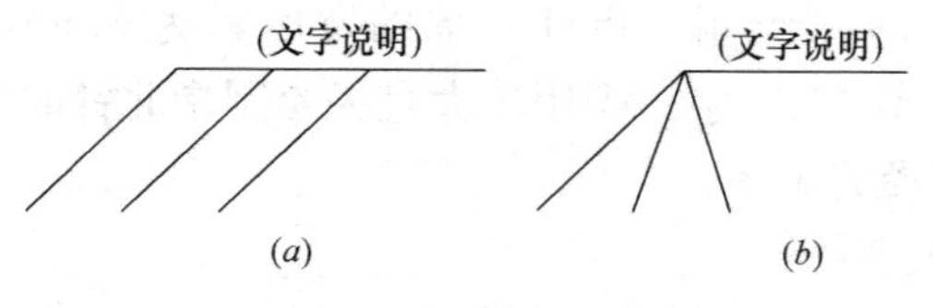

图 2-13　共用引出线

3）多层构造或多层管道共用引出线，应通过被引出的各层。文字说明宜注写在水平线的上方，或注写在水平线的端部，说明的顺序应由上至下，并应与被说明的层次相互一致；如层次为横向排序，则由上至下的说明顺序应与左至右的层次相互一致（图 2-14）。

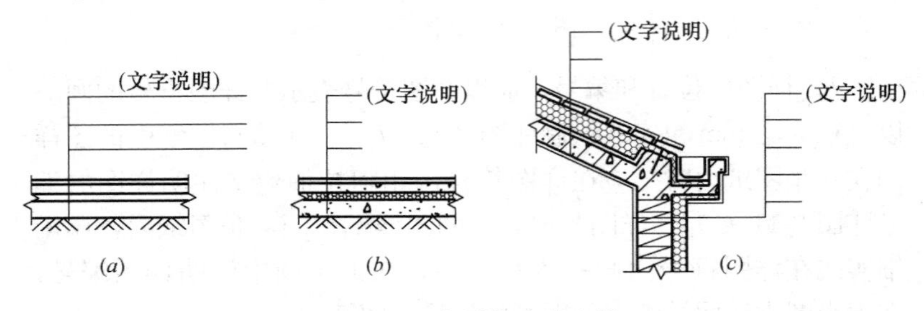

图 2-14 多层构造引出线

（4）其他符号

1）对称符号

对称符号由对称线和两端的两对平行线组成。对称线用细点画线绘制；平行线用细实线绘制，其长度宜为 6～10mm，每对的间距宜为 2～3mm；对称线垂直平分于两对平行线，两端超出平行线宜为 2～3mm［图 2-15（*a*）］。

2）连接符号

连接符号应以折断线表示需连接的部位。两部位相距过远时，折断线两端靠图样一侧应标注大写拉丁字母表示连接编号。两个被连接的图样必须用相同的字母编号［图 2-15（*b*）］。

3）指北针

指北针的形状宜如［图 2-15（*c*）］所示，其圆的直径宜为 24mm，用细实线绘制；指针尾部的宽度宜为 3mm，指针头部应注“北”或“N”字。需用较大直径绘制指北针时，指针尾部宽度宜为直径的 1/8 。

4）风玫瑰图

建筑总平面图上常用风玫瑰图表示该地区常年的风向频率。

以十字坐标定出16个罗盘方位，再根据该地区气象部门多年统计的各方向风吹向该地区次数的百分值，按比例绘制在各方位上，再把各点连接起来，通常呈玫瑰状，故称它为风向玫瑰频率图，简称风玫瑰图［图2-15（*d*）］。

风玫瑰图上有虚实两种轮廓线时，实线代表该地区的常年主导风向，虚线代表夏季主导风向。

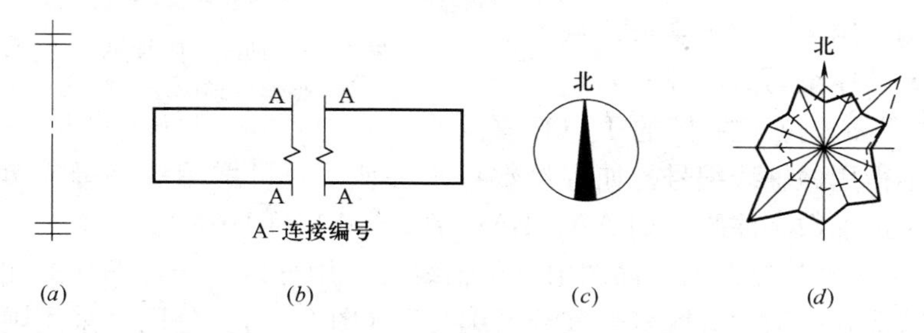

图2-15　其他符号

4. 定位轴线与尺寸标注、标高标注

（1）计量单位

1）总图中的坐标、标高、距离宜以米为单位，并应至少取至小数点后两位，不足时以“0”补齐。详图宜以毫米为单位，如不以毫米为单位，应另加说明。建筑图以毫米为单位。

2）建筑物、构筑物、铁路、道路方位角（或方向角）和铁路、道路转向角的度数，宜注写到“秒”，特殊情况，应另加说明。

3）铁路纵坡度宜以千分计，道路纵坡度、场地平整坡度、排水沟沟底纵坡度宜以百分计，并应取至小数点后一位，不足时以“0”补齐。

（2）定位轴线

1）定位轴线是表示建筑主要承重构件或墙体位置及其标志尺寸的基线，也是建筑工地中施工放线的依据。在图中定位轴线应用细点画线绘制，一般应编号，编号应注写在轴线端部的圆内。圆应用细实线绘制，直径为8～10mm。定位轴线圆的圆心，应在定位轴线的延长线上或延长线的折线上（图 2-16）。

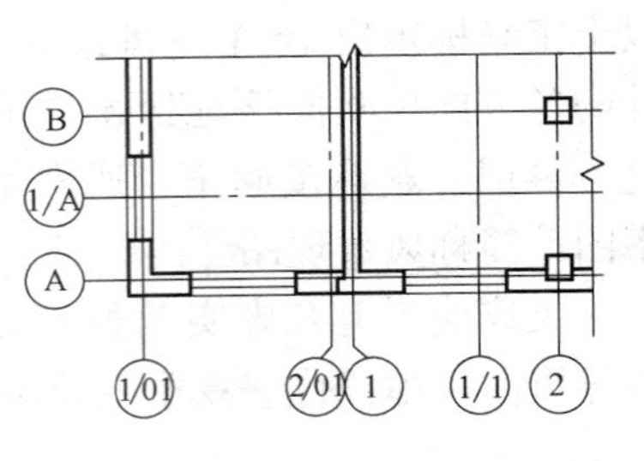

图 2-16　轴线、附加轴线编号顺序

2）平面图上定位轴线的编号，宜标注在图样的下方与左侧。横向编号用阿拉伯数字，从左至右顺序编写，竖向编号用大写拉丁字母，从下至上顺序编写（图 2-16）。

3）拉丁字母的 I、O、Z 不得用做轴线编号。如字母数量不够使用，可增用双字母或单字母加数字注脚，如 AA、BA…YA 或 A1、B1…Y1。

4）较复杂的平面图中定位轴线可采用分区编号，编号的注写形式应为“分区号—该分区编号”（图 2-17）。分区号采用阿拉伯数字或大写拉丁字母表示。

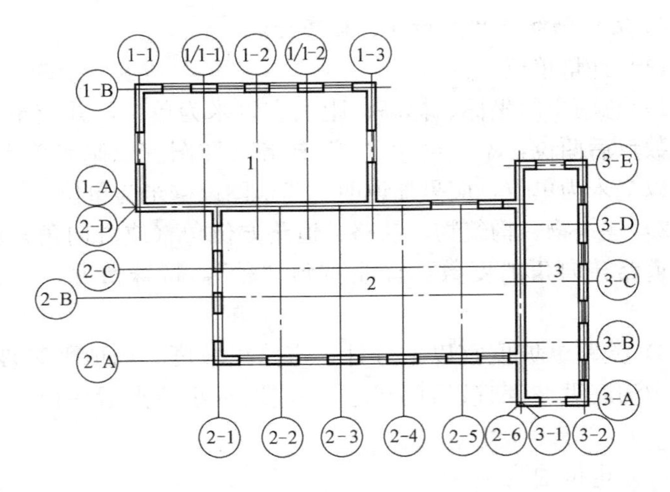

图 2-17　定位轴线的分区编号

5）附加定位轴线的编号，应以分数形式表示，并应按下列规定编写：

两根轴线之间的附加轴线，应以分母表示前一根轴线的编号，分子表示附加轴线的编号，编号宜用阿拉伯数字编写（图2-16）。

1 号轴线或 A 号轴线之前的附加轴线分母应以 01 或 0A 分别表示（图 2-16）。

当一个详图适用于几根轴线时，应同时注明各有关轴线的编号（图 2-18）。通用详图中的定位轴线，应只画圆，不注写轴线编号。

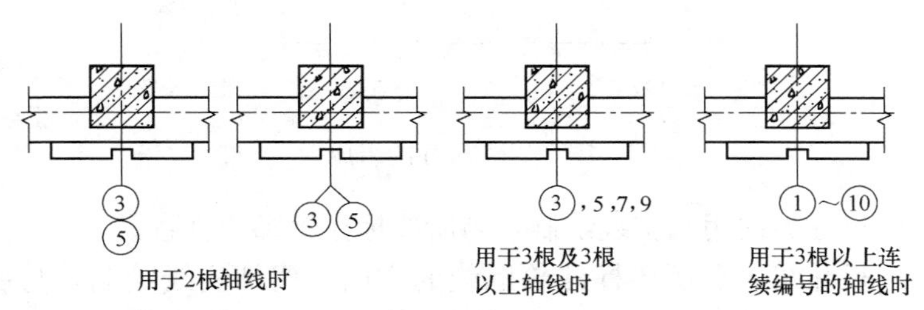

图 2-18　详图的轴线编号

圆形平面图中定位轴线的编号，其径向轴线宜用阿拉伯数字表示，从左下角开始，按逆时针顺序编写；其圆周轴线宜用大写拉丁字母表示，从外向内顺序编写（图 2-19）。

折线形平面图中定位轴线的编号可按图 2-20 的形式编写。

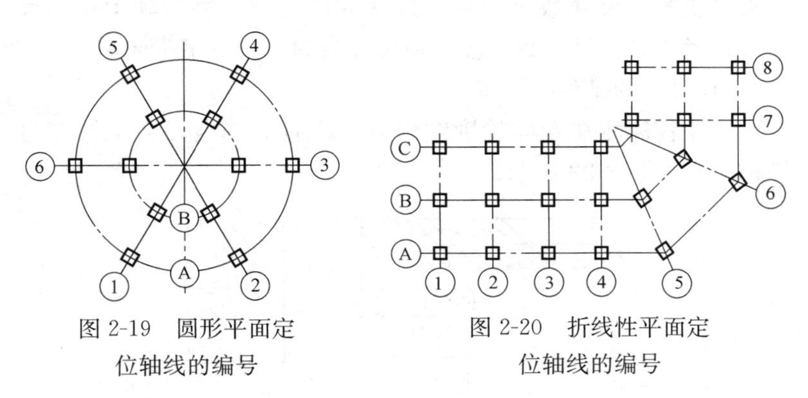

图 2-19　圆形平面定位轴线的编号

图 2-20　折线性平面定位轴线的编号

（3）尺寸标注

1）尺寸界线、尺寸线及尺寸起止符号

尺寸由尺寸界线、尺寸线、尺寸起止符号和尺寸数字四部分组成，如图 2-21 所示。

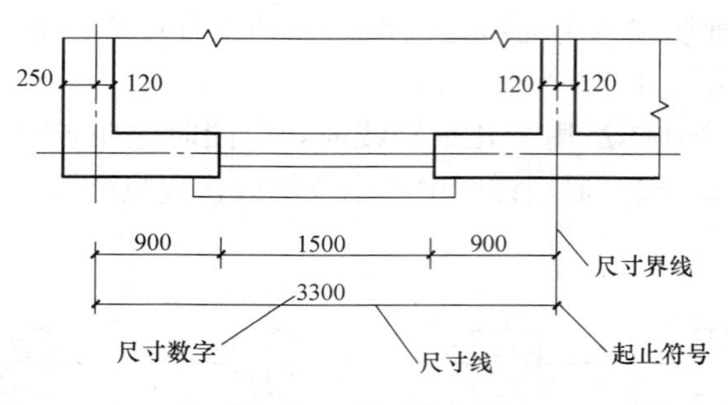

图 2-21　尺寸的组成

尺寸界线用细实线绘制，与所要标注轮廓线垂直。

尺寸线表示所要标注轮廓线的方向，用细实线绘制，与所要标注轮廓线平行，与尺寸界线垂直，不得超越尺寸界线，也不得用其他图线代替。

尺寸起止符号是尺寸的起点和止点。半径、直径、角度和弧长的尺寸起止符号，宜用箭头表示。

尺寸数字必须用阿拉伯数字注写。尺寸标注时，当尺寸线是水平线时，尺寸数字应写在尺寸线的上方，字头朝上；当尺寸线是竖线时，尺寸数字应写在尺寸线的左方，字头向左。

2）尺寸的排列与布置

尺寸宜标注在图样轮廓线以外，不宜与图线、文字及符号等相交，如图 2-22 所示。

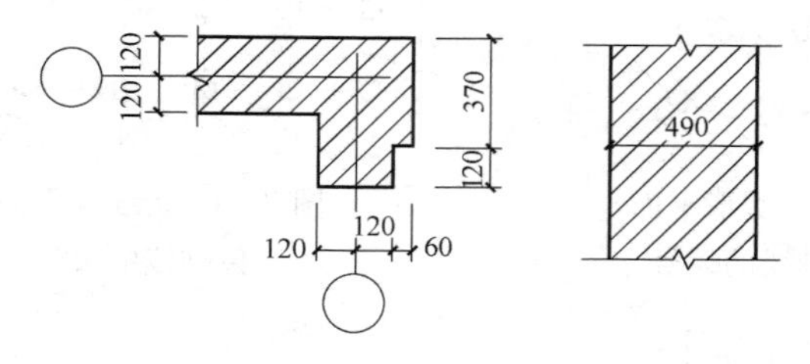

图 2-22　尺寸数字的注写

尺寸数字如果没有足够的位置注写时，两边的尺寸可以注写在尺寸界线的外侧，中间相邻的尺寸可以错开注写，如图2-23所示。

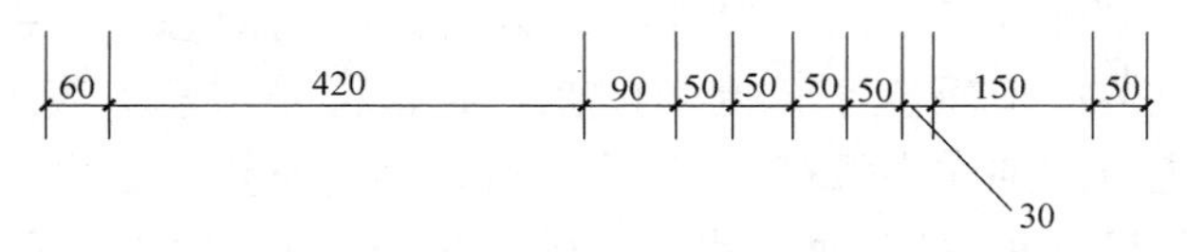

图 2-23　尺寸数字的注写位置

3）半径、直径、球的尺寸标注

半径的尺寸线应一端从圆心开始，另一端画箭头指向圆弧。半径数字前应加注半径符号“*R*”。较小圆弧的半径，可按图2-24（*a*）形式标注。较大圆弧的半径，可按图 2-24（*b*）形式标注。

标注圆的直径尺寸时，直径数字前应加直径符号“*ϕ*”。在圆内标注的尺寸线应通过圆心，两端画箭头指至圆弧［图 2-24（*a*）］。较小圆的直径尺寸，可标注在圆外［图 2-24（*b*）］。

标注球的半径尺寸时，应在尺寸前加注符号“*R*”。标注球的直径尺寸时，应在尺寸数字前加注符号“*ϕ*”。注写方法与圆弧半径和圆直径的尺寸标注方法相同。

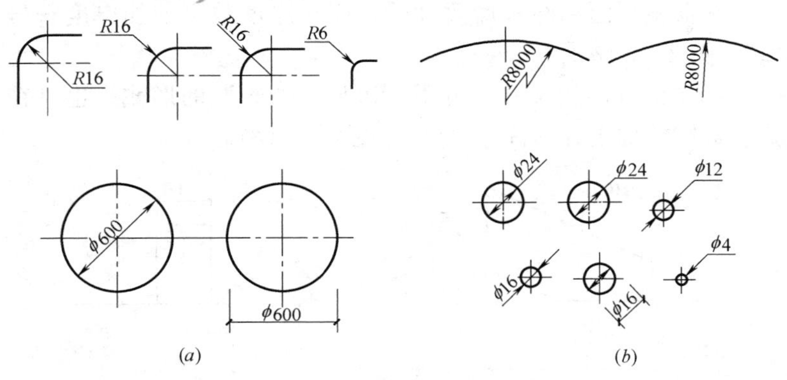

图 2-24　圆弧和圆直径的标准方式

4）角度、弧长、弦长的标注

角度的尺寸线应以圆弧表示。该圆弧的圆心应是该角的顶点，角的两条边为尺寸界线。起止符号应以箭头表示，如没有足够位置画箭头，可用圆点代替，角度数字应按水平方向注写[图 2-25（*a*）]。

标注圆弧的弧长时，尺寸线应以与该圆弧同心的圆弧线表示，尺寸界线应垂直于该圆弧的弦，起止符号用箭头表示，弧长数字上方应加注圆弧符号“⌒”[图 2-25（*b*）]。

标注圆弧的弦长时，尺寸线应以平行于该弦的直线表示，尺寸界线应垂直于该弦，起止符号用中粗斜短线表示[图 2-25（*c*）]。

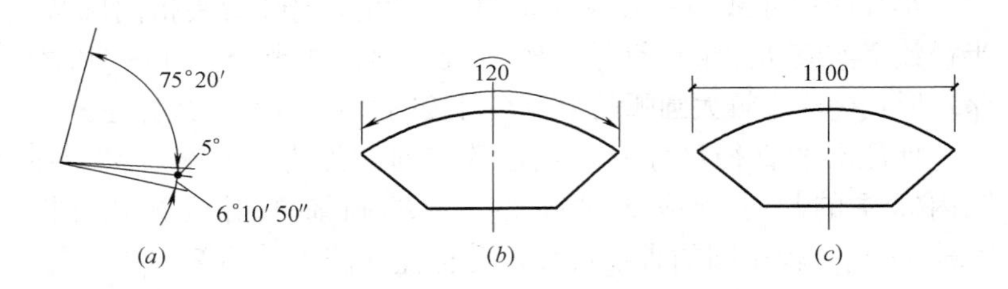

图 2-25　角度、弧长、弦长的标注

5）薄板厚度、正方形、坡度、非圆曲线等尺寸标注

在薄板板面标注板厚尺寸时，应在厚度数字前加厚度符号“t”[图 2-26（*a*）]。

标注正方形的尺寸，可用“边长×边长”的形式，也可在边长数字前加正方形符号“口”[图 2-27（*b*）]。

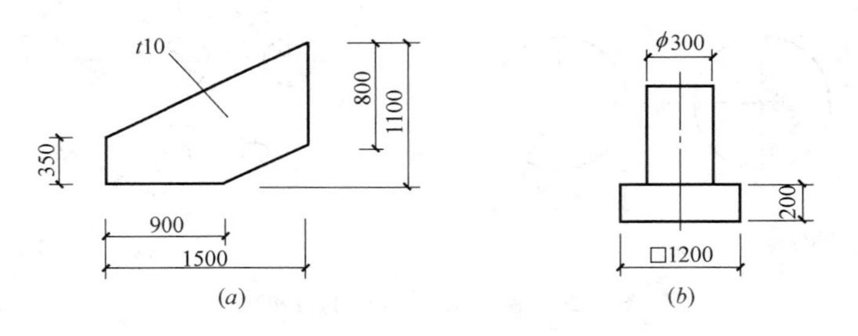

图 2-26　薄板厚度、正方形尺寸的标注

（*a*）薄板厚度标注方法；（*b*）标注正方形尺寸

标注坡度时，应加注坡度符号“∠”[图 2-27（a）、（b）]，该符号为单面箭头，箭头应指向下坡方向。坡度也可用直角三角形形式标注[图 2-27（c）]。

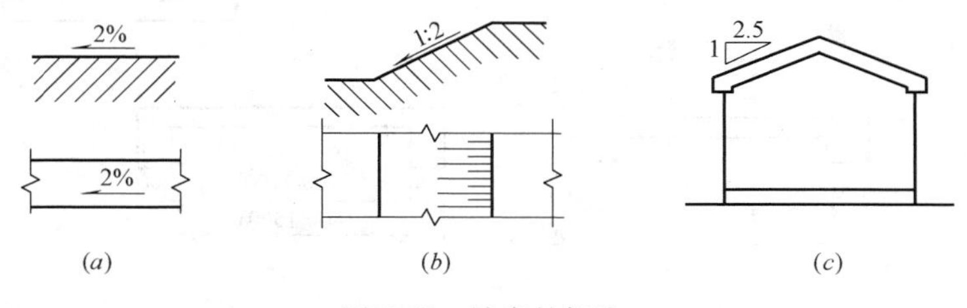

图 2-27　坡度的标注

外形为非圆曲线的构件，可用坐标形式标注尺寸[图 2-28（a）]。复杂的图形，可用网格形式标注尺寸[图 2-28（b）]。

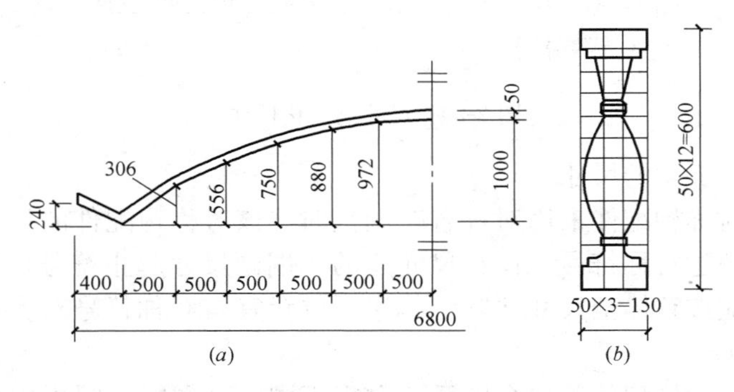

图 2-28　非圆曲线和复杂图形的标注

6）尺寸的简化标注

杆件或管线的长度，在单线图（桁架简图、钢筋简图、管线简图）上，可直接将尺寸数字沿杆件或管线的一侧注写[图 2-29（a）]。

连续排列的等长尺寸，可用“等长尺寸×个数＝总长”的形式标注[图 2-29（b）]。

构配件内的构造因素（如孔、槽等）如相同，可仅标注其

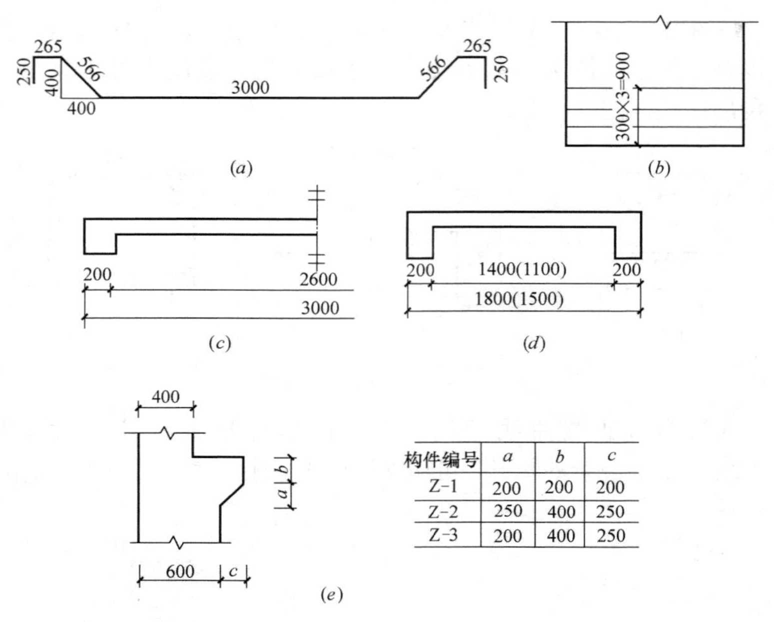

构件编号	a	b	c
Z-1	200	200	200
Z-2	250	400	250
Z-3	200	400	250

图 2-29　尺寸的简化标注

中一个要素的尺寸。

对称构配件采用对称省略画法时，该对称构配件的尺寸线应略超过对称符号，仅在尺寸线的一端画尺寸起止符号，尺寸数字应按整体全尺寸注写，其注写位置宜与对称符号对齐［图 2-29（*c*）］。

两个构配件，如个别尺寸数字不同，可在同一图样中将其中一个构配件的不同尺寸数字注写在括号内，该构配件的名称也应注写在相应的括号内［图 2-29（*d*）］。

数个构配件，如仅某些尺寸不同，这些有变化的尺寸数字，可用拉丁字母注写在同一图样中，另列表格写明其具体尺寸［图 2-29（*e*）］。

7）标高

标高符号应以直角等腰三角形表示，用细实线绘制［图 2-30（*a*）］，如标注位置不够，也可按图 2-30（*b*）所示形式绘制。

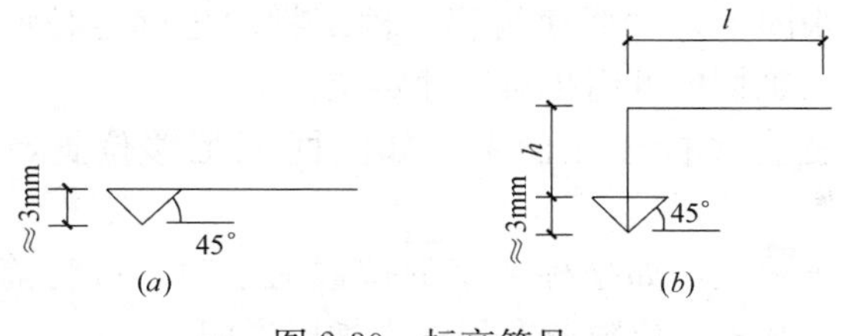

图 2-30　标高符号

总平面图室外地坪标高符号，宜用涂黑的三角形表示（图 2-31）。

标高符号的尖端应指至被注高度的位置。尖端一般应向下，也可向上。标高数字应注写在标高符号的左侧或右侧（图2-32）。

标高数字应以米为单位，注写到小数点以后第三位。在总平面图中，可注写到小数点以后第二位。

零点标高应注写成±0.000，正数标高不注“+”，负数标高应注“—”，例如 3.000、—0.600。

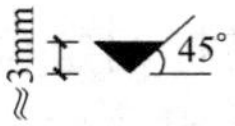

图 2-31　总图室外地坪标高符号

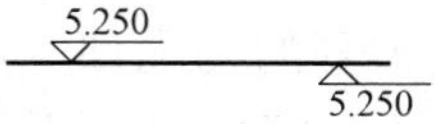

图 2-32　标高的指向

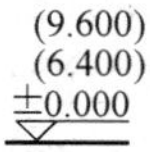

图 2-33　多个标高数字

在图样的同一位置需表示几个不同标高时，标高数字可按图 2-33 的形式注写。

8）坐标标注

坐标网格应以细实线表示。测量坐标网应画成交叉十字线，坐标代号宜用“X、Y”表示；建筑坐标网应画成网格通线，坐标代号宜用“A、B”表示。坐标值为负数时，应注“—”号；为正数时，“+”号可省略。

总平面图上有测量和建筑两种坐标系统时，应在附注中注明两种坐标系统的换算公式。

表示建筑物、构筑物位置的坐标，宜注其三个角的坐标，如建筑物、构筑物与坐标轴线平行，可注其对角坐标。

在一张图上，主要建筑物、构筑物用坐标定位时，较小的建筑物、构筑物也可用相对尺寸定位。

坐标宜直接标注在图上，如图面无足够位置，也可列表标注。

在一张图上，如坐标数字的位数太多时，可将前面相同的位数省略，其省略位数应在附注中加以说明。

（4）建筑图尺寸标注

尺寸分为总尺寸、定位尺寸、细部尺寸三种。

平面图及其详图注写完成面标高。立面图、剖面图及其详图注写完成面标高及高度方向的尺寸。平屋面等不易标明建筑标高的部位可标注结构标高，并予以说明。其余部分注写毛面尺寸及标高。

标注建筑平面图各部位的定位尺寸时，注写与其最邻近的轴线间的尺寸；标注建筑剖面各部位的定位尺寸时，应注写其所在层次内的尺寸。

室内设计图中连续重复的构配件等，当不易标明定位尺寸时，可在总尺寸的控制下，定位尺寸不用数值而用“均分”或“EQ”字样表示。

（5）总图尺寸标注

1）总图应按上北下南方向绘制。根据场地形状或布局，可向左或右偏转，但不宜超过45°。总图中应绘制指北针或风玫瑰图。

2）建筑物、构筑物、铁路、道路、管线等应标注下列部位的坐标或定位尺寸：

建筑物、构筑物的定位轴线（或外墙面）或其交点。

圆形建筑物、构筑物的中心。

皮带走廊的中线或其交点。

铁路道岔的理论中心，铁路、道路的中线或转折点。

管线（包括管沟、管架或管桥）的中线或其交点。

挡土墙墙顶外边缘线或转折点。

3）标高标注

应以含有±0.000标高的平面作为总图平面。

总图中标注的标高应为绝对标高，如标注相对标高，则应注明相对标高与绝对标高的换算关系。

建筑物、构筑物、铁路、道路、管沟等应按以下规定标注有关部位的标高：

建筑物室内地坪，标注建筑图中±0.000处的标高，对不同高度的地坪，分别标注其标高。

建筑物室外散水，标注建筑物四周转角或两对角的散水坡脚处的标高。

构筑物标注其有代表性的标高，并用文字注明标高所指的位置。

铁路标注轨顶标高。

道路标注路面中心交点及变坡点的标高。

挡土墙标注墙顶和墙趾标高，路堤、边坡标注坡顶和坡脚标高，排水沟标注沟顶和沟底标高。

场地平整标注其控制位置标高，铺砌场地标注其铺砌面标高。

4）名称和编号

总图上的建筑物、构筑物应注写名称，名称宜直接标注在图上。当图样比例小或图面无足够位置时，也可将编号列表编注在图内。当图形过小时，可标注在图形外侧附近处。

总图上的铁路线路、铁路道岔、铁路及道路曲线转折点等，均应进行编号。

一个工程中，整套总图图纸所注写的场地、建筑物、构筑物、铁路、道路等的名称应统一，各设计阶段的上述名称和编号应一致。

三、常用图例

1. 常用建筑材料图例说明

（1）仅介绍常用建筑材料的图例画法，对其尺度比例不作具体规定。使用时，应根据图样大小而定，并应注意下列事项：

1）图例线应间隔均匀，疏密适度，做到图例正确，表示清楚。

2）不同品种的同类材料使用同一图例时（如某些特定部位的石膏板必须注明是防水石膏板时），应在图上附加必要的说明。

3）两个相同的图例相接时，图例线宜错开或使倾斜方向相反［图 2-34（*a*）］。

4）两个相邻的涂黑图例（如混凝土构件、金属件）间，应留有空隙。其宽度不得小于 0.7mm［图 2-34（*b*）］。

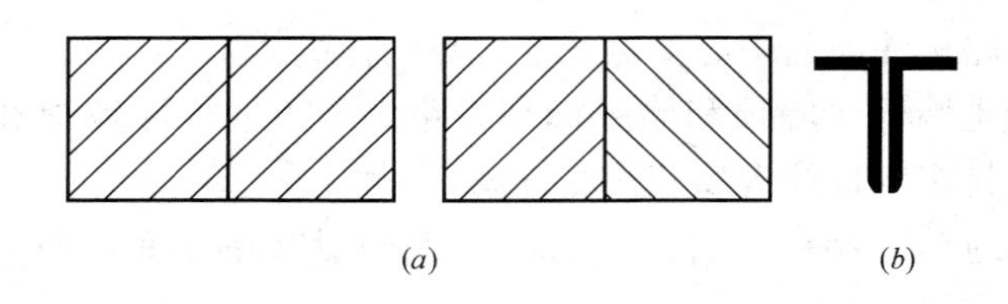

图 2-34　图例画法

（2）下列情况可不加图例，但应加文字说明：

1）一张图纸内的图样只用一种图例时。

2）图形较小无法画出建筑材料图例时。

（3）需画出的建筑材料图例面积过大时，可在断面轮廓线内，沿轮廓线作局部表示（图 2-35）。

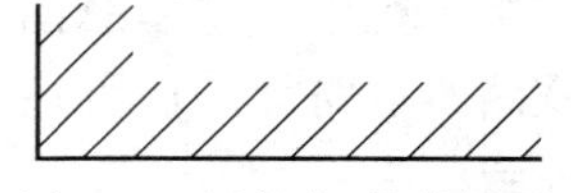

图 2-35　局部表示图例画法

（4）常用建筑材料图例中未包括的建筑材料，可自编图例，但不得与常用建筑材料图例重复。绘制时，应在适当位置画出该材料图例，并加以说明（表 2-4）。

常用建筑材料图例及说明　　表 2-4

序号	名　称	图　例	说　明
1	自然土壤		包括各种自然土壤
2	夯实土壤		
3	砂、灰土		靠近轮廓线绘较密的点
4	砂砾石、碎砖、三合土		
5	石材		
6	毛石		
7	普通砖		包括承重的实心砖、多孔砖、砌块等砌体。断面较窄不易绘出图例时，可涂红
8	耐火砖		包括耐酸砖等砌体
9	空心压		指非承重砖砌体
10	饰面砖		包括铺地砖、马赛克、陶瓷锦砖、人造大理石等
11	焦渣、矿渣		包括与水泥、石灰等混合而成的材料
12	混凝土		1. 指能承重的混凝土和钢筋混凝土 2. 包括各种强度等级、骨料、添加剂的混凝土 3. 在剖面图上画出钢筋时，不画图例线 4. 断面图形小，不易画出图例线时，可涂黑
13	钢筋混凝土		
14	多孔材料		包括水泥珍珠岩、沥青珍珠岩、泡沫混凝土、非承重加气混凝土、软木、蛭石制品等
15	纤维材料		包括岩棉、矿棉、玻璃棉、麻丝、木丝板、纤维板等

续表

序号	名称	图例	说明
16	泡沫塑料材料	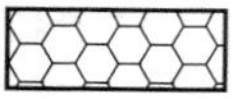	包括聚苯乙烯、聚乙烯、聚氨酯等多孔聚合物类材料
17	木材	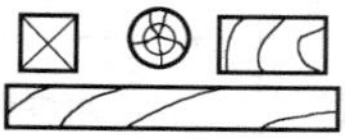	1. 上图为横断面，上左图为垫木、木砖或木龙骨 2. 下图为纵断面
18	胶合板		应注明为 x 层胶合板
19	石膏板	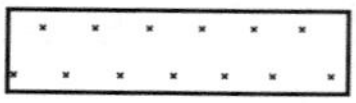	包括圆孔、方孔石膏板、防水石膏板等
20	金属	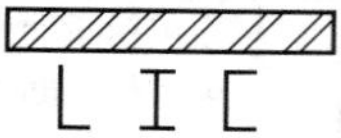	1. 包括各种金属 2. 断面图形小，不易画出图例线时，可涂黑
21	网状材料		1. 可括金属、塑料网状材料 2. 应注明具体材料名称
22	液体	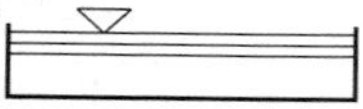	应注明具体液体名称
23	玻璃	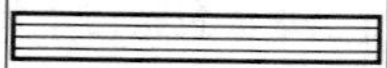	包括平板玻璃、磨砂玻璃、夹丝玻璃、钢化玻璃、中空玻璃、夹层玻璃、镀膜玻璃等
24	橡胶		
25	塑料		包括各种软、硬塑料及有机玻璃等
26	防水材料		构造层次多或比例大时，采用上面图例
27	粉刷	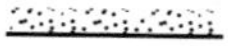	采用较稀的点

注：序号 1、2、5、7、8、13、14、16、17、18、24、25 图例中的斜线、短斜线、交叉斜线等一律为 45°。

常用建筑构造、配件图例及说明（表 2-5）

常用建筑构造、配件图例　　表 2-5

序号	名　称	图　例	说　明
1	墙体	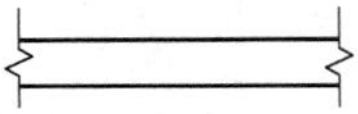	应加注文字或填充图例表示墙体材料，在项目设计图样中列材料图例表给予说明
2	隔断		包括板条抹灰、木制、石膏板、金属材料等隔断
3	栏杆	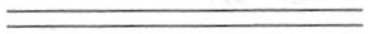	
4	楼梯	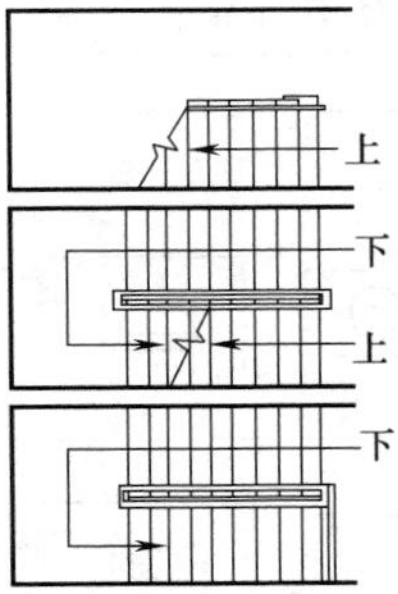 上 下 上 下	1. 上图为底层楼梯平面，中图为中间层楼梯平面，下图为顶层楼梯平面 2. 楼梯及栏杆扶手的形式和梯段踏步数应按实际情况绘制
5	坡道	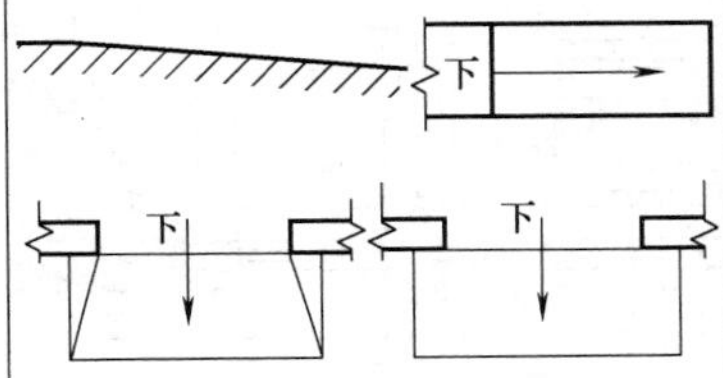 下 下　下	上图为长坡道，下图为门口坡道
6	平面高差	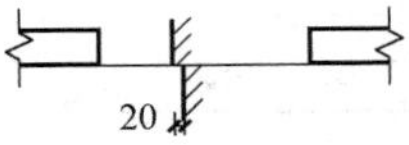 20	适用于高差小于100mm的两个地面或楼面相接处

续表

序号	名　称	图　例	说　明
7	检查口		左图为可见检查口，右图为不可见检查口
8	孔洞	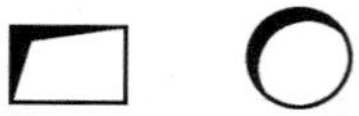	阴影部分可以涂色代替
9	坑槽	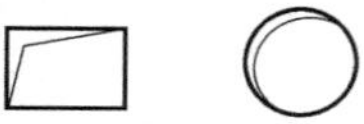	
10	墙预留洞	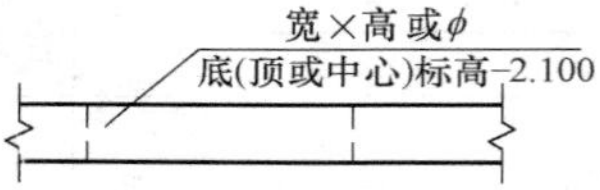 宽×高或ϕ 底(顶或中心)标高-2.100	1. 以洞中心或洞边定位 2. 宜以涂色区别墙体和留洞位置
11	墙预留槽	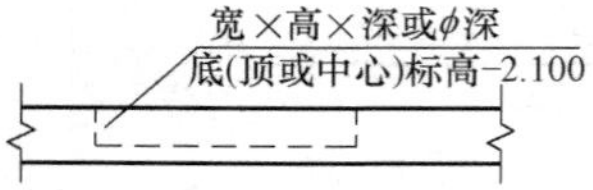 宽×高×深或ϕ深 底(顶或中心)标高-2.100	1. 以洞中心或洞边定位 2. 宜以涂色区别墙体和留洞位置
12	烟道	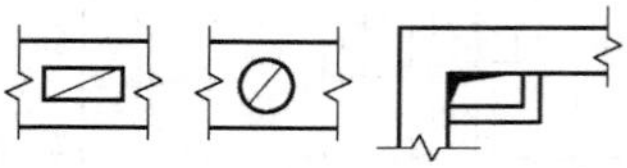	1. 阴影部分可涂色代替 2. 烟道与墙体为同一材料时其相接处墙线应断开
13	通风道	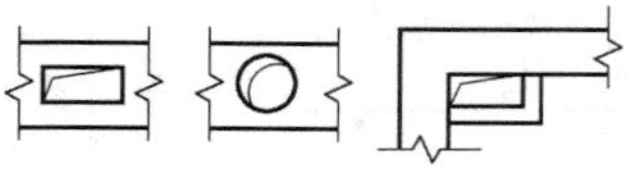	
14	墙和窗	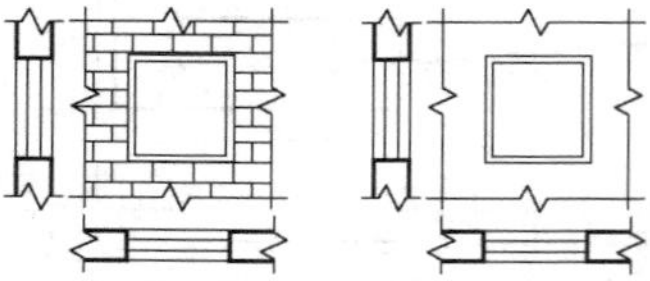	1. 左图为新建的墙和窗，右图为改建时保留的原有墙和窗 2. 小比例绘图时平面、剖面窗线可用单粗实线绘制
15	应拆除的墙	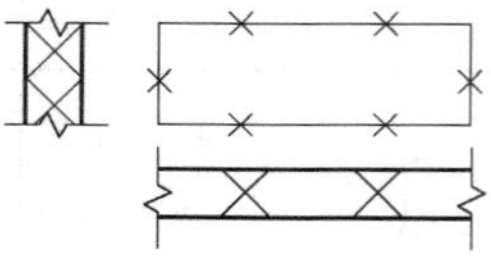	

续表

序号	名　称	图　　例	说　　明
16	在原有墙、楼板上新开洞	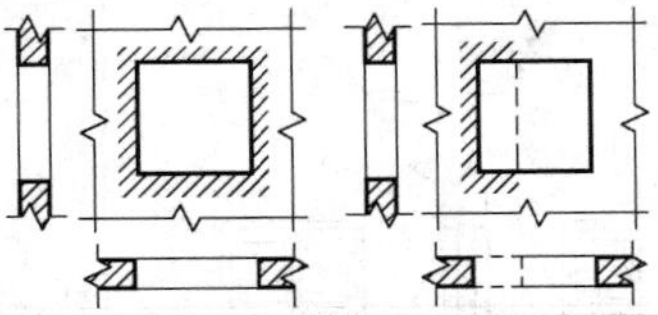	左图为全部新开，右图为在原有洞口旁扩大
17	在原有墙、楼板上填塞的洞	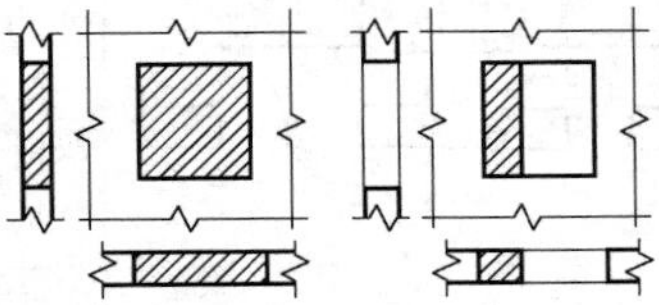	左图为全部填塞，右图为部分填塞
18	空门洞	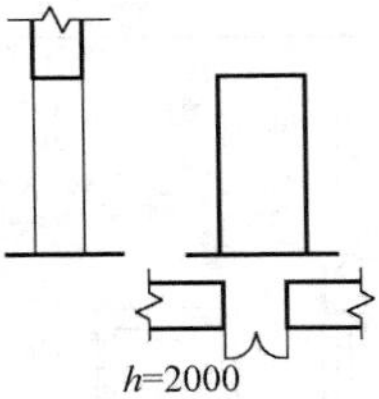 h=2000	h 为门洞高度
19	平开门或单面弹簧门	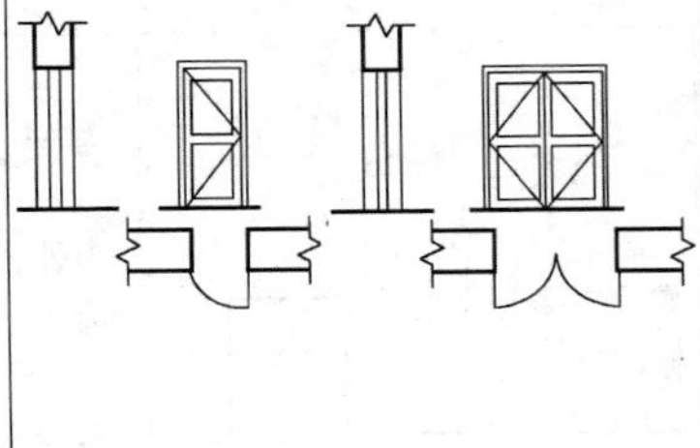	1. 门的名称代号为 M 2. 图例中剖面图左为外、右为内，平面图下为外、上为内 3. 左图为单扇、右图为双扇 4. 立面图上的斜线表示开启方向，实线为外开，虚线为内开。开启方向线交角的一侧为安装合页的一侧 5. 平面图上门线应 90°或 45°开启，开启弧线宜绘出 6. 立面图上的开启线在一般设计图中可不表示，在详图及室内设计图上应表示 7. 立面形式应按实际情况绘制

续表

序号	名　称	图　例	说　明
20	双面弹簧门	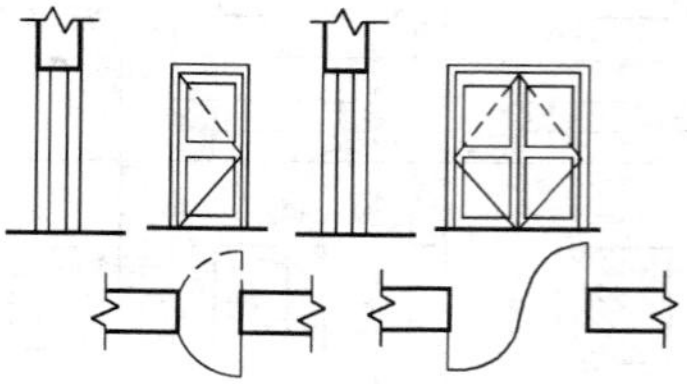	1. 门的名称代号为 M 2. 图例中剖面图左为外、右为内，平面图下为外、上为内 3. 左图为单扇、右图为双扇 4. 立面图上的斜线表示开启方向，实线为外开，虚线为内开。开启方向线交角的一侧为安装合页的一侧 5. 平面图上门线应 90°或 45°开启，开启弧线宜绘出 6. 立面图上的开启线在一般设计图中可不表示，在详图及室内设计图上应表示 7. 立面形式应按实际情况绘制
21	双层门（包括平开或单面弹簧）	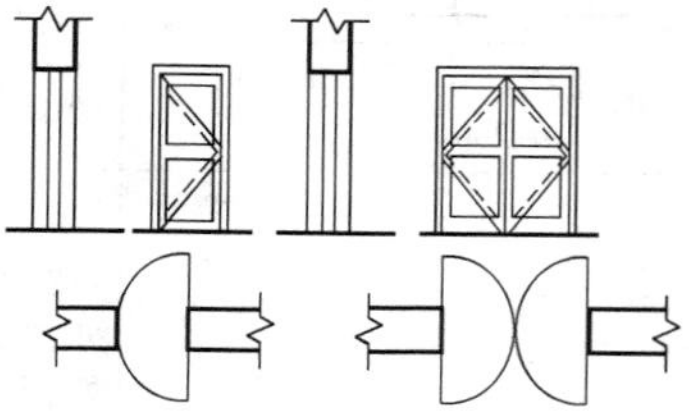	
22	折叠门	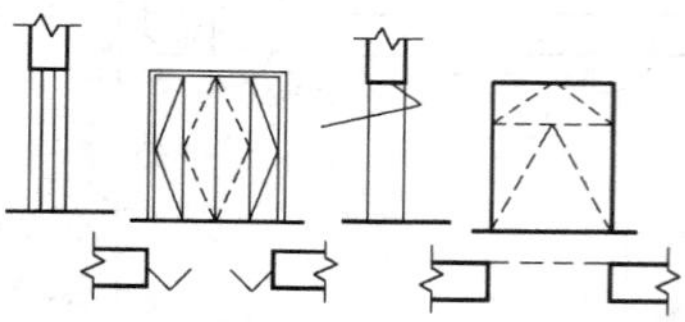	1. 门的名称代号为 M 2. 图例中剖面图左为外、右为内，平面图下为外、上为内 3. 立面图上开启方向线交角的一侧为安装合页的一侧，实线为外开，虚线为内开 4. 左图为对开折叠，右图为折叠上翻

续表

序号	名　称	图　　例	说　　明
23	推拉门	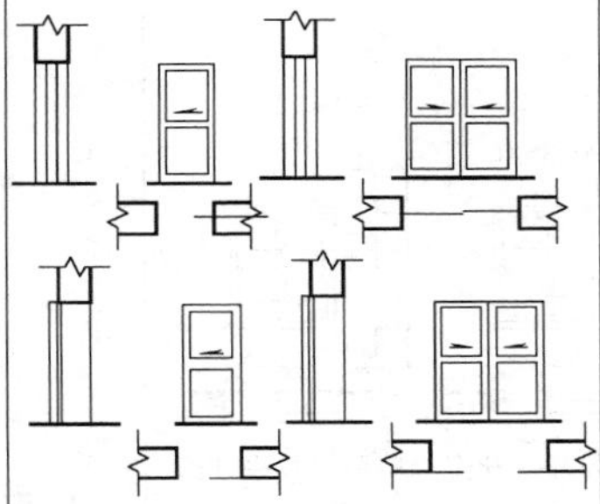	1. 门的名称代号为 M 2. 图例中剖面图左为外、右为内，平面图下为外、上为内 3. 上图为单扇、双扇墙中推拉，下图为单扇、双扇墙外推拉 4. 立面形式应按实际情况绘制
24	卷帘门 提升门	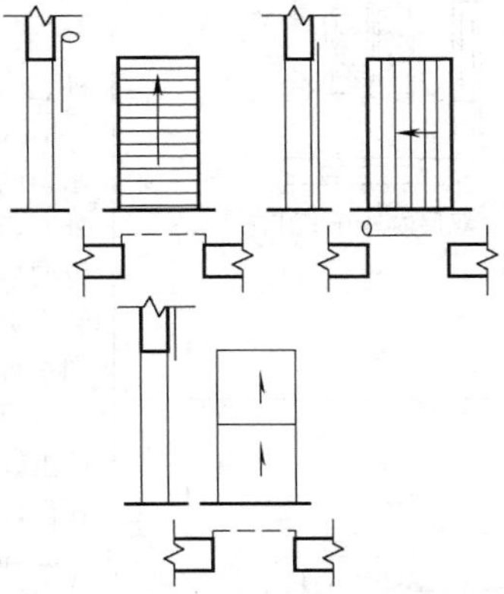	1. 门的名称代号为 M 2. 图例中剖面图左为外、右为内，平面图下为外、上为内 3. 左图为竖向卷帘门、中图为横向卷帘门、右图为提升门
25	自动门 转门	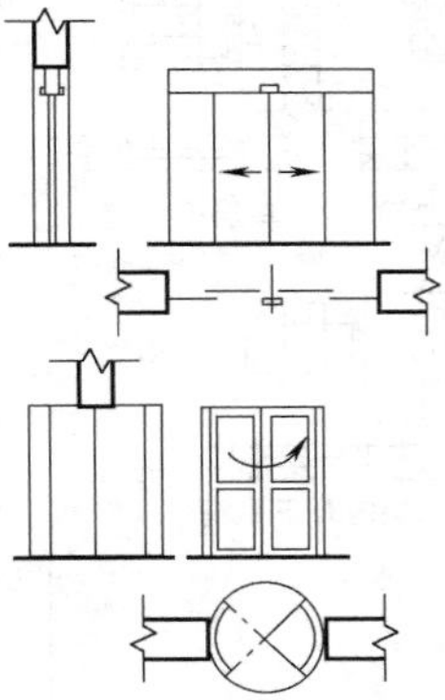	1. 门的名称代号为 M 2. 图例中剖面图左为外、右为内，平面图下为外、上为内 3. 左图为自动门、右图为转门

续表

序号	名　称	图　　例	说　　明
26	平开窗	单层外开平开窗　单层内开平开窗 双层内外开平开窗	1. 窗的名称代号为 C 2. 图例中剖面图左为外、右为内，平面图下为外、上为内 3. 立面图中的斜线表示窗的开启方向，实线为外开，虚线为内开，开启方向线交角的一侧为安装合页的一侧，一般设计图中可不表示 4. 平面图和剖面图上的虚线仅说明开关方式，在设计图中可不表示 5. 立面形式应按实际情况绘制 6. h 为高窗底距本层楼地面的高度
27	悬窗	单层外开上悬窗　单层中悬窗 单层内开下悬窗	

续表

序号	名 称	图 例	说 明
28	立转窗 高窗 固定窗	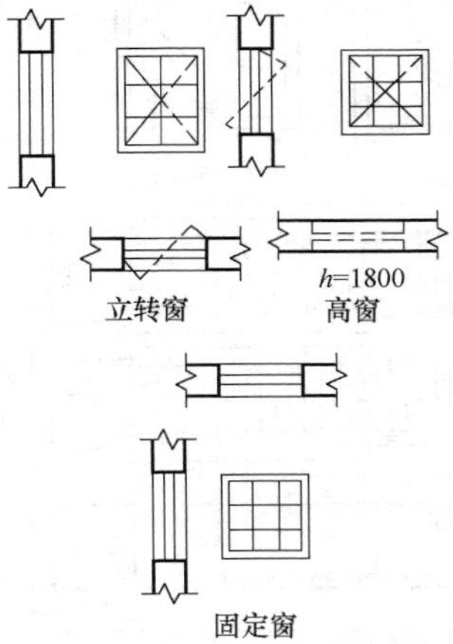 h=1800 立转窗 高窗 固定窗	1. 窗的名称代号为 C 2. 图例中剖面图左为外、右为内，平面图下为外、上为内 3. 立面图中的斜线表示窗的开启方向，实线为外开，虚线为内开，开启方向线交角的一侧为安装合页的一侧，一般设计图中可不表示 4. 平面图和剖面图上的虚线仅说明开关方式，在设计图中可不表示 5. 立面形式应按实际情况绘制 6. h 为高窗底距本层楼地面的高度
29	推拉窗 上推窗 百叶窗	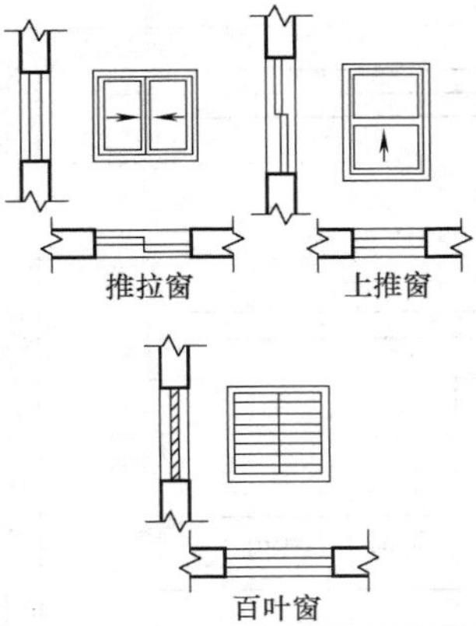 推拉窗 上推窗 百叶窗	1. 窗的名称代号为 C 2. 图例中剖面图左为外、右为内，平面图下为外、上为内 3. 立面形式应按实际情况绘制

2. 水平、垂直运输装置图例及说明（表 2-6）

电动葫芦、梁式悬挂起重机、壁行起重机、悬臂起重机等其他垂直水平运输图例请参阅《建筑制图标准》GB/T 50104—2001。

水平、竖直运输装置图例　　　　表 2-6

序号	名　称	图　　例	说　　明
1	电梯		1. 电梯应注明类型,并绘出门和平衡锤的实际位置 2. 观景电梯和特殊类型电梯应参照本图例按实际情况绘出
2	自动扶梯	上 上　下	1. 自动扶梯、自动人行道、自动人行坡道可正逆向运行,箭头方向为设计运行方向 2. 自动人行坡道应在箭头线段尾部加注“上”或“下”
3	自动人行道、自动人行坡道	上　下	
4	铁路		适用于标准轨及窄轨铁路,使用图例时应注明轨距
5	起重机轨道		
6	梁式起重机	Gn=(t)　S=(m)	1. 上图表示立面或剖切面,下图表示平面 2. 起重机图例宜按比例绘制 3. 有无操纵室,应按实际情况绘制 4. 需要时可注明起重机的名称、行驶轴线范围及工作级别 5. 图例符号说明:Gn 表示起重机起重量,以“t”计算;S 表示起重机的跨度或臂长,以“m”计算
7	桥式起重机	Gn=(t)　S=(m)	

3. 建筑总平面图例及说明（表 2-7）

总图图例 **表 2-7**

序号	名　称	图　　例	说　　明
1	新建建筑物	8	1. 需要时可用▲表示出入口，可在图形内右上角用点数或数字表示层数 2. 建筑物外形（一般以±0.000高度处的外墙定位轴线或外墙面线为准）用粗实线表示。需要时，地面以上建筑用中粗实线表示，地面以下建筑用细虚线表示
2	原有建筑物		用细实线表示
3	计划扩建的预留地或建筑物		用中粗虚线表示
4	拆除的建筑物		用细实线表示
5	建筑物下面的通道		
6	铺砌场地		
7	烟囱		实线为烟囱下部直径，虚线为基础，必要时可注写烟囱高度和上、下口直径
8	围墙及大门		上图为实体性围墙，下图为通透性围墙，如仅表示围墙时不画大门

续表

序号	名　称	图　　例	说　　明
9	挡土墙		1. 被挡土在“突出”的一侧 2. 上图表示挡土墙、下图表示挡土墙上设围墙
10	台阶		箭头指向表示向下
11	坐标	X105.00 Y425.00 A105.00 B425.00	上图表示测量坐标、下图表示建筑坐标
12	方格网交叉点标高	−0.50 | +77.85 +78.35	右上为原地面标高，右下为设计标高，左上为施工高度，“—”表示挖方，“＋”表示填方
13	填方区、挖方区、未平整区、零点线	+ −	“＋”表示填方区，“—”表示挖方区，中间为未平整区，点画线为零点线
14	填挖边坡 护坡		1. 边坡较长时，可在一端或两端局部表示 2. 下边线为虚线时表示填方
15	分水脊线与谷线		上图表示脊线，下图表示谷线
16	地表排水方向		
17	室内标高	151.00(±0.00)	

续表

序号	名称	图例	说明
18	室外标高	● 150.400 ▼ 150.400	室外标高也可以采用等高线表示
19	新建道路	0.6 101.00 R9 150.000	"R9"表示道路转弯半径为9m，"150.000"表示路面中心控制点标高，"0.6"表示0.6%的纵向坡度，"101.00"表示变坡点间的距离
20	原有道路		
21	计划扩建道路		
22	拆除的道路		
23	桥梁		1. 上图为公路桥，下图为铁路桥 2. 用于旱桥时应注明

由于总平面涉及面广、内容较多，这里仅摘录常用图例。如需了解更多内容，请参阅《总图制图标准》GB/T 50103—2001。

第四节　建筑施工总平面图的识读、审核

一、总平面图的用途

建筑总平面图是将新建工程四周一定范围内的新建、拟建、

原有和拆除的建筑物、构筑物连同其周围的地形、地物状况用水平投影方法和相应的图例所绘出的图样在基地范围内的总体布置图。

表明新建房屋的位置、朝向、与原有建筑物的关系，以及周围道路、绿化、给水、排水、供电条件等方面的情况，作为新建房屋施工定位、土方施工、设备管网平面布置，安排在施工时进入现场的材料和构件、配料堆放场地、构件预制的场地以及运输道路等的依据。

二、建筑总平面图的内容

建筑总平面图中包括以下内容：

1. 保留的地形和地物。

2. 测量坐标网、坐标值。

3. 场地四界的测量坐标（或定位尺寸），道路红线和建筑红线或用地界线的位置。

4. 场地四邻原有及规划道路的位置（主要坐标值或定位尺寸），以及四邻主要建筑物和构筑物的位置、名称、层数。四邻道路、水面、地面的关键性标高。

5. 场地内的建筑物、构筑物的名称或编号、层数、定位（坐标或相互关系尺寸）、室内外地面设计标高。

6. 广场、停车场、运动场地、道路、无障碍设施、排水沟、挡土墙、护坡的定位（坐标或相互关系尺寸）。广场、停车场、运动场地的设计标高，道路、排水沟的起点、变坡点、转折点和终点的设计标高、纵坡度、纵坡距、关键性坐标，表明道路双面坡、单面坡。挡土墙、护坡的顶部和底部的主要设计标高及护坡坡度。

7. 指北针或风玫瑰图。

8. 建筑物、构筑物使用编号时，应列出“建筑物和构筑物名称编号表”。

9. 注明设计依据、尺寸单位、比例、坐标及高程系统、补充图例，列出主要技术经济指标表。

三、具体识图步骤

了解工程名称、概况及总的要求。在建筑总平面图中，除了在标题栏内注有工程总称外，各单位工程的名称在图上的平面图例内也要注明，以便识读。

了解图的比例尺及设计说明，包括建筑总平面图绘制依据和工程情况说明，关于绝对标高以及水准引测点的说明，补充图例说明等。

根据实际情况选定拟建建筑的定位方法。拟建建筑图上定位方式有以下三种：

第一种是利用大地测量坐标来确定拟建建筑的位置；

第二种是利用建筑施工坐标来确定拟建建筑的位置；

第三种是利用拟建建筑与原有建筑或道路中心线的距离确定拟建建筑的位置。

熟悉建筑总平面图图例，参照图例分清图样上各部分的地物及总体布置，如地上建（构）筑物、地下各种管网布置走向、设备施工的引入方向等。

了解建筑区红线的范围。建筑区的平面位置是由规划部门划定建筑红线的范围来确定的，在设计和施工中不能超越建筑红线。

熟悉拟建建筑物的具体平面位置。在设计图上拟建建筑物位置是根据建筑区的地理条件，建筑物本身的用途，工程总体布局的要求等因素来确定的。在施工中拟建建筑物位置不能任意改变。拟建建筑物平面位置在建筑总平面图上的标定方法有以下三种情况：

1. 小型工程项目的标定方法。一般是根据建筑区内或邻近的永久性固定设施（建筑物、道路等）为依据，标定其相对位置。

2. 大中型工程项目的规模较大，工程项目较多，为了确保定位放线的准确性，通常用测量坐标网、建筑坐标网或红线来确定它们的平面位置。

3. 单体建筑物常取其两个对角点标注坐标，较复杂的庞大建筑物则至少要取四个角点标注坐标。

了解拟建建筑物的室内外地面标高，可以通过建筑总平面图上的标注高和等高线来表示。

了解建筑总平面图的总体地形，通过图上等高线了解建筑区地面的高程变化情况，根据图上原场地等高线和设计等高线之间的差别，看出场地平整需要填挖的基本情况。

了解拟建建筑物的平面组合和形状，根据设计图上所画的拟建建筑物，掌握其外部形状尺寸、楼层数等。

了解拟建建筑物室外附属设施情况，如住宅建筑的室外附属设施——道路、围墙、垃圾箱及晒衣柱等。

四、实例

现以图 2-36 为例，说明阅读总平面图时应注意的几个问题。

1. 先看图样的比例、图例及有关的文字说明。总平面图因图示的地方范围较大，所以绘制时都用较小的比例，如 1∶2000、1∶1000、1∶500 等。总平面图上标注的坐标、标高和距离等尺寸，一律以米为单位，并应取至小数点后两位，不足时以“0”补齐。图中使用较多的图例符号，我们必须熟识它们的意义。

2. 了解工程的性质、用地范围和地形地物等情况。从图 2-36的图名和图中各房屋所标注的名称，可知拟建工程是某小区内两栋相同的住宅。从图中等高线所注写的数值，可知该地区地势是自西北向东南倾斜。

3. 从图 2-36 中所注写的室内（首层）地面和等高线的标高，可知该地的地势高低、雨水排泄方向。总平面图中标高的数值，均为绝对标高。所谓绝对标高，是指以我国青岛市外的黄海平面作为零点而测定的高度尺寸。房屋首层室内地面的标高（本例是 46.20），是根据拟建房屋所在位置的前后等高线的标高（图中是 45 和 47）。

4. 明确新建房屋的位置和朝向，房屋的位置可用定位尺寸或坐标确定。定位尺寸应注出与原建筑物或道路中心线的联系尺寸，如图中的 7.00 和 15.00 等。

5. 从图中可了解到周围环境的情况。如：新建筑的南面有一池塘，池塘的西北有一护坡，建筑东面有一围墙，西边是一道路，东南角有一待拆的房屋，周围还有写上名称的原有和拟建房屋、道路等。

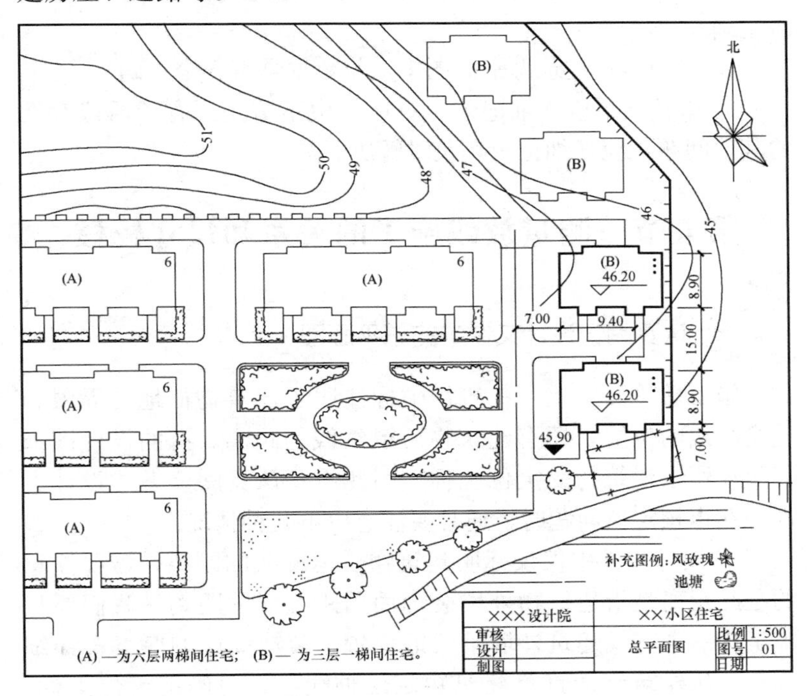

图 2-36　总平面图

五、建筑总平面图的审核

测量放线工审核建筑总平面图的具体内容如下：

1. 建筑总平面图采用的坐标系统，如测量坐标系或假定的建筑坐标系；检查各点的坐标标注是否存在粗差。

2. 建筑总平面图绝对高程采用的高程系统，以及建筑标高±0.000所对应的绝对高程值。

3. 核对控制点的坐标及高程值。对建筑总平面图上有坐标换算公式的，应进行实际运算，掌握其换算关系，并检查其是否正确。

4. 检查各单体建筑物的尺寸，核对其间距与建筑总平面图上相应部位的总尺寸是否相符合；检核建筑红线及邻界关系是否正确。

5. 仔细检查建筑总平面图中定位数据是否齐全正确。

6. 审核结果应详细记录，对审核中不清楚、有矛盾或存在的其他问题，应仔细记录，及时解决。

第五节　测量放线施工的关系和尺寸校核

一、认真阅读设计文件中的总平面图

施工总平面图上，一般用坐标注明了建筑物征地的界限和建筑红线的位置，还有建筑物后退红线的距离。有的设计图纸甚至注明了建筑物的定位坐标，因此需要认真阅读上述设计文件。在审核定位问题时，通常要注意以下几种情况：

1. 设计文件中仅仅标明建筑物后退红线的距离，需要注意的是此距离是指建筑物外墙装饰面层距红线的距离，我们要从施工详图中查找建筑外墙轴线的位置、装饰面层的厚度等详细资料，从建筑红线推算建筑物定位轴线，从而确定定位坐标。在推算过程中，一定要注意红线和定位坐标轴之间的关系：如果红线和定位坐标轴平行，那么后退红线的距离就是坐标轴上的距离；如果红线和定位坐标轴存在夹角，那么后退红线的距离其实是斜距，从红线坐标到定位坐标轴线之间的坐标是投影

关系，这一点十分重要，否则一定会侵占红线。

2. 如果设计文件中注明了建筑物定位轴线，那么还需要从定位轴线反推后退红线距离，考虑建筑装饰面层的厚度后，检查建筑物后退红线距离够不够，需要调整时必须调整设计的轴线定位坐标。

3. 一般情况下建筑物一条轴线平行于道路主干道方向的施工红线，另外一条轴线可能平行于或不平行于另一个方向的施工红线。平行时后退红线的计算方法同前，不平行时就特别需要注意建筑物后退红线距离，一般情况下是指建筑物距红线最近的点后退红线的距离。已知红线上的点坐标有两种情况：一种情况是已知红线上距建筑物最近处点的坐标；另一种情况是红线上距建筑物很远处某点的坐标。此时必须要依据红线和坐标轴之间的夹角，以红线上远处点的坐标，推算红线上距建筑物最近处点的坐标，从而计算建筑物的定位坐标。

4. 建筑物后退城市主干道的两个方向红线的距离复核后，还需复核另外两个方向作为消防通道时的距离是否满足设计要求。

二、测量关系数据的校核

认真阅读总平面图后，对照总平面图和各施工平面图上的定位数据进行复核，主要进行以下工作：

1. 校核总平面图尺寸和各施工图或详图尺寸是否一致。

2. 校核各分段尺寸之和和总尺寸是否一致。

3. 建筑平面图上一般标注了三道尺寸，对于三道尺寸的数字关系是否相符进行校核。

4. 对上下层的轴线关系是否变化以及与其他图样的同一部位的关系是否吻合进行校核，并做好记录。

5. 复杂建筑物需要用几何或代数知识解算。如给定圆心坐标和角度，复核计算各定位标注坐标是否吻合等；如总平面图中有换算公式，必须将数值代入检查公式的正确性。

6. 校核施工图±0.000位置标高数据的正确性以及高程系统。

7. 校核立面图中各分层高度尺寸和总尺寸是否一致。

完成以上的阅图和复核之后，要将出现的问题及时向设计院进行反馈，以便对设计的轴线定位按实际情况进行修正，进行二次设计。

第三章　应 用 数 学

第一节　代数、平面几何、三角函数计算

一、代数基础知识

1. 因式分解

平方差公式：$a^2-b^2=(a+b)(a-b)$　(3-1)

完全平方公式：$a^2+2ab+b^2=(a+b)^2$；$a^2-2ab+b^2=(a-b)^2$　(3-2)

立方和公式：$a^3+b^3=(a+b)(a^2-ab+b^2)$　(3-3)

立方差公式：$a^3-b^3=(a-b)(a^2+ab+b^2)$　(3-4)

十字相乘：$x^2+(p+q)x+pq=(x+p)(x+q)$　(3-5)

2. 分式的基本性质

分式的分子和分母都乘以（或除以）同一个不等于零的整式，分式的值不变。

$$\frac{A}{B}=\frac{A\times M}{B\times M}=\frac{A\div M}{B\div M}\text{(其中 }M\text{ 是不等于零的整式)}\quad(3\text{-}6)$$

分式的分子、分母与分式本身的符号，改变其中任何两个，分式的值不变。如：

$$\frac{A}{B}=\frac{-A}{-B}=-\frac{A}{-B}=-\frac{-A}{B}\quad(3\text{-}7)$$

3. 平均数

(1) 算术平均值

n 个数 x_1，x_2，x_3，…，x_n 的算术平均值为 $\frac{x_1+x_2+x_3+\cdots+x_n}{n}$，记为：

$$\bar{x}=\frac{1}{n}\sum_{i=1}^{n}x_i \tag{3-8}$$

（2）几何平均值

n 个正数 x_1，x_2，x_3，…，x_n 的几何平均值为 $\sqrt[n]{x_1 \cdot x_2 \cdot x_3 \cdots x_n}$，记为：

$$G=\sqrt[n]{\prod_{i=1}^{n}x_i} \tag{3-9}$$

二、平面几何基础知识

1. 三角形

不在同一直线上的三点可以构成一个三角形；三角形三内角之和等于 180°。

多边形内角和定理：n 边形 n 个内角的和等于 $(n-2)\times 180°$。

在直角三角形中，斜边的平方等于两条直角边平方之和 $c^2=a^2+b^2$（其中：a、b 为两直角边长，c 为斜边长）。

正方形的面积等于 $\sqrt{3}a^2/4$，a 表示边长。

2. 圆

不在同一直线上的三点确定一个圆。

圆心角等于所对应的弧长。

弦切角等于它所夹弧的一半。

弦的垂直平分线经过圆心，并且平分弦所对的两条弧。

经过半径的外端并且垂直于这条半径的直线是圆的切线。

从圆外一点引圆的两条切线，它们的切线长相等，圆心和这一点的连线平分两条切线的夹角。

把圆周平均分成 n（$n\geqslant 3$）段，依次连接各分点所得的多边形是这个圆的内接正 n 边形。

弧长计算公式：$L=\alpha\pi r/180°$，其中 α 为弧长所对应的圆心角度数。

3. 平面解析几何

（1）概念

解析几何系指借助坐标系，用代数方法研究集合对象之间的关系和性质的一门几何学分支，亦叫作坐标几何。解析几何分为平面解析几何和空间解析几何，本文主要介绍平面解析几何。平面解析几何的基本思想有两个要点：第一，在平面建立坐标系，一点的坐标与一组有序的实数对相对应；第二，在平面上建立了坐标系后，平面上的一条曲线就可由带两个变量的一个代数方程来表示。从这里可以看到，运用坐标法不仅可以把几何问题通过代数的方法解决，而且还把变量、函数以及数和形等重要概念密切联系起来。

在平面解析几何中，首先是建立平面坐标系。取定两条相互垂直的、具有一定方向和度量单位的直线，叫作平面上的一个直角坐标系 xOy。利用坐标系可以把平面内的点和一对实数（x、y）建立起一一对应的关系。

（2）方程

在平面直角坐标系中，如果某曲线 M 上的点的坐标（x、y）都是方程 $F(x、y)=0$ 的解；反之方程 $F(x、y)=0$ 的解为坐标的点（x、y）都在曲线 M 上，那么方程 $F(x、y)=0$ 叫曲线 M 的方程，曲线 M 叫方程 $F(x、y)=0$ 的曲线。

1）直线方程的几种形式

点斜式：$y-y_0=k(x-x_0)$　　(3-10)

斜截式：$y=kx+b$　　(3-11)

两点式：$\dfrac{y-y_1}{y_2-y_1}=\dfrac{x-x_1}{x_2-x_1}$　　(3-12)

一般式：$Ax+Bx+c=0$（其中 A、B 不同时为 0）。(3-13)

2）圆的标准方程式

$$(x-a)^2+(y-b)^2=r^2 \tag{3-14}$$

圆的一般方程是：$x^2+y^2+Dx+Ey+F=0(D^2+E^2-4F>0)$

(3-15)

其中，半径 $r=\frac{\sqrt{D^2+E^2-4F}}{2}$，圆心坐标是$\left(-\frac{D}{2},\ -\frac{E}{C}\right)$

椭圆的标准方程的两种形式是：$\frac{x^2}{a^2}+\frac{y^2}{b^2}=1$ 和$\frac{y^2}{a^2}+\frac{x^2}{b^2}=1$（$a>b>0$）　　(3-16)

（3）点、直线的基本公式

1）平面两点间的距离公式

$$d_{AB}=\sqrt{(x_2-x_1)^2+(y_2-y_1)^2} \tag{3-17}$$

2）斜率公式

$$k=\frac{y_2-y_1}{x_2-x_1} \tag{3-18}$$

3）夹角公式

$$\tan\alpha=\left|\frac{k_2-k_1}{1+k_2k_1}\right|(l_1: y=k_1x+b_1, l_2: y=k_2x+b_2, k_1k_2\neq-1) \tag{3-19}$$

直线 $l_1: A_1x+B_1y+C_1=0$，$l_2: A_2x+B_2y+C_2=0$，$A_1A_2+B_1B_2\neq0$）则从直线 l_1 到直线 l_2 的角 α 满足：

$$\tan\alpha=\left|\frac{A_1B_2-A_2B_1}{A_1A_2+B_1B_2}\right| \tag{3-20}$$

直线 $l_1\perp l_2$ 时，直线 l_1 与 l_2 的夹角是$\frac{\pi}{2}$。

4）点 $P(x_0,\ y_0)$ 到直线 $l: Ax+By+C=0$ 的距离公式

$$d=\frac{|Ax_0+By_0+C|}{\sqrt{A^2+B^2}} \tag{3-21}$$

两条平行直线 $l_1: Ax+By+C_1=0$，$l_2: Ax+By+C_2=0$ 的距离是：

$$d=\frac{|C_1-C_2|}{\sqrt{A^2+B^2}} \tag{3-22}$$

5）若点 P 分有向线段$\overline{P_1P_2}$成定比 λ，则 $\lambda=\frac{P_1P}{PP_2}$

若点 $P_1(x_1,\ y_1)$，$P_2(x_2,\ y_2)$，$P(x,\ y)$，点 P 分有向线

段$\overline{P_1P_2}$成定比λ，则：

$$\lambda=\frac{x-x_1}{x_2-x}=\frac{y-y_1}{y_2-y} \tag{3-23}$$

$$x=\frac{x_1+\lambda x_2}{1+\lambda} \tag{3-24}$$

$$y=\frac{y_1+\lambda y_2}{1+\lambda} \tag{3-25}$$

（4）点与圆的位置关系

点 $P(x_0, y_0)$ 与圆$(x-a)^2+(y-b)^2=r^2$ 的位置关系有三种：

$d>r \Leftrightarrow$点 p 在圆外；

$d=r \Leftrightarrow$点 p 在圆上；

$d<r \Leftrightarrow$点 p 在圆内。

其中，$d=\sqrt{(a-x_0)^2+(b-y_0)^2}$　　(3-26)

（5）圆的切线方程

1）已知圆 $x^2+y^2+Dx+Ey+F=0$，若已知切点（x_0，y_0）在圆上，则切线只有一条，其方程是：

$$x_0x+y_0y+\frac{D(x_0+x)}{2}+\frac{E(y_0+y)}{2}+F=0 \tag{3-27}$$

2）已知圆 $x^2+y^2=r^2$，过圆上的 $P_0(x_0, y_0)$ 点的切线方程为：

$$x_0x+y_0y=r^2 \tag{3-28}$$

斜率为 k 的圆的切线方程为：

$$y=kx\pm r\sqrt{1+k^2} \tag{3-29}$$

（6）坐标轴平移

使新坐标系的原点 O'在原坐标系下的坐标是（h，k），若点 P 在原坐标系下的坐标是（x，y），在新坐标系的坐标是（x'，y'），则 $x'=x-h$，$y'=y-k$。

三、三角函数基础知识

1. 三角函数的定义

如图 3-1 所示，以角 α 的顶点为坐标原点，始边为 x 轴正半

轴建立直角坐标系，在角 α 的终边上任取一个异于原点的点 P $(x，y)$，点 P 到原点的距离记为 r（$r=\sqrt{|x|^2+|y|^2}=\sqrt{x^2+y^2}>0$），那么：

$$\sin\alpha=\frac{y}{r},\cos\alpha=\frac{x}{r},\tan\alpha=\frac{y}{x}$$

$$\cot\alpha=\frac{x}{y},\sec\alpha=\frac{r}{x},\csc\alpha=\frac{r}{y}$$

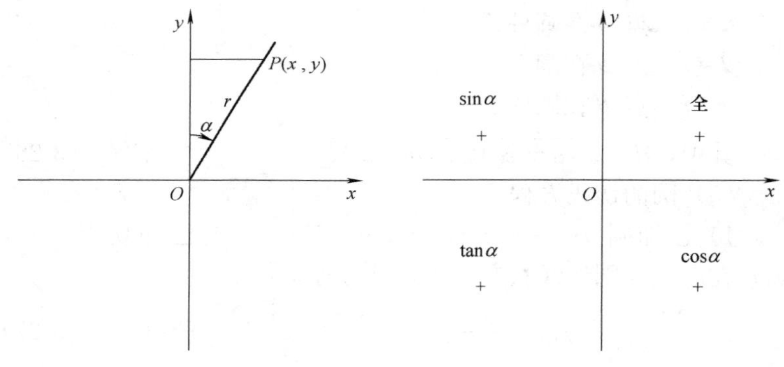

图 3-1　三角函数定义　　　　图 3-2　三角函数的符号

2. 三角函数的符号

由三角函数的定义，以及各象限内点的坐标的符号，得知：(1) 正弦值 $\frac{y}{r}$ 对于第一、二象限为正（$y>0$，$r>0$），对于第三、四象限为负（$y<0$，$r>0$）；(2) 余弦值 $\frac{x}{r}$ 对于第一、四象限为正（$x>0$，$r>0$），对于第二、三象限为负（$x<0$，$r>0$）；(3) 正切值 $\frac{y}{x}$ 对于第一、三象限为正（x，y 同号），对于第二、四象限为负（x，y 异号），见图 3-2。

3. 特殊角的三角函数值

特殊角的三角函数值见表 3-1。

特殊角的三角函数值表　　表 3-1

角 α 的度数	0°	30°	45°	60°	90°	180°	270°	360°
角 α 的弧度数	0	$\frac{\pi}{6}$	$\frac{\pi}{4}$	$\frac{\pi}{3}$	$\frac{\pi}{4}$	π	$\frac{3\pi}{2}$	2π
$\sin\alpha$	0	$\frac{1}{2}$	$\frac{\sqrt{2}}{2}$	$\frac{\sqrt{3}}{2}$	1	0	-1	0
$\cos\alpha$	1	$\frac{\sqrt{3}}{2}$	$\frac{\sqrt{2}}{2}$	$\frac{1}{2}$	0	-1	0	1
$\tan\alpha$	0	$\frac{\sqrt{3}}{3}$	1	$\sqrt{3}$	不存在	0	不存在	0

4. 任意角三角函数的诱导公式

诱导公式可概括为 $k\cdot 90°\pm\alpha(k\in Z)$ 的三角函数值，等于 α 的同名（k 为偶数时）或余名（k 为奇数时）的函数值，前面加上一个把 α 看成锐角时原函数值的符号。简称之为“奇变偶不变，符号看象限”。任意角三角函数诱导公式见表 3-2。

任意角三角函数诱导公式　　表 3-2

角度＼函数	$\sin\alpha$	$\cos\alpha$	$\tan\alpha$	$\cot\alpha$	$\sec\alpha$	$\csc\alpha$
$-\alpha$	$-\sin\alpha$	$\cos\alpha$	$-\tan\alpha$	$-\cot\alpha$	$\sec\alpha$	$-\csc\alpha$
$90°-\alpha$	$\cos\alpha$	$\sin\alpha$	$\cot\alpha$	$\tan\alpha$	$\csc\alpha$	$\sec\alpha$
$90°+\alpha$	$\cos\alpha$	$-\sin\alpha$	$-\cot\alpha$	$-\tan\alpha$	$-\csc\alpha$	$\sec\alpha$
$180°-\alpha$	$\sin\alpha$	$-\cos\alpha$	$-\tan\alpha$	$-\cot\alpha$	$-\sec\alpha$	$\csc\alpha$
$180°+\alpha$	$-\sin\alpha$	$-\cos\alpha$	$\tan\alpha$	$\cot\alpha$	$-\sec\alpha$	$-\csc\alpha$
$270°-\alpha$	$-\cos\alpha$	$-\sin\alpha$	$\cot\alpha$	$\tan\alpha$	$-\csc\alpha$	$-\sec\alpha$
$270°+\alpha$	$-\cos\alpha$	$\sin\alpha$	$-\cot\alpha$	$-\tan\alpha$	$\csc\alpha$	$-\sec\alpha$
$360°-\alpha$	$-\sin\alpha$	$\cos\alpha$	$-\tan\alpha$	$-\cot\alpha$	$\sec\alpha$	$-\csc\alpha$
$360°+\alpha$	$\sin\alpha$	$\cos\alpha$	$\tan\alpha$	$\cot\alpha$	$\sec\alpha$	$\csc\alpha$

5. 弧度和度的转换

度和弧度的这两个定义非常相似。它们的区别，仅在于角所对的弧长大小不同。度的是等于圆周长的1/360，而弧度的是等于半径。简单地说，弧度的定义是，当角所对的弧长等于半径时，角的大小为1弧度。

角所对的弧长是半径的几倍，那么角的大小就是几弧度。它们的关系可用下式表示和计算：

1度=π/180弧度（≈0.017453弧度）

弧度=度×π/180

度=弧度×180°/π

测量中进行计算时经常用到一个常数ρ，其值约为206265，它的含义是指“一弧度对应的秒值”，即一弧度约等于206265秒，因此可用下式精确计算之：

$$\rho=180\times3600/\pi=206264.806247096\approx206265$$

ρ通常用于单位转换，在进行计算时需要将弧度（单位：m/m）转换为秒时乘以ρ，将秒值转换为弧度时除以ρ即可。

第二节　函数型计算器的使用

一、函数型计算器的一般知识

1. 计算器在测量工作中的应用

计算器是一种具有记忆功能的新型计算工具。由于它具有价格低、维修费用低、体积小、携带方便、操作简便、易于掌握、计算速度快、结果准确可靠的优点，因而它成了测量放线工作中进行计算的重要工具。

2. 计算器的分类

计算器按其运算功能区分，可分为五种类型。

（1）简易型　只能进行四则运算、乘方、开方和百分比等算术运算。

（2）普通型　在简易型的基础上，又增设了一个存储器，供存储中间结果。

（3）函数型　可进行四则混合运算、常数运算、存储运算、百分比运算等算术运算。还可进行六十进制与十进制的换算、三角函数与反三角函数计算、双曲函数与反双曲函数计算、对数函数与反对数函数计算、指数函数、乘幂、倒数、阶乘运算、直角坐标与极坐标的互相转换等，并能求一组统计数的算术平均值、总和、平方和以及总体标准差和样品标准差等功能。

（4）可编程序型　除具有函数型功能外，其主要特点是能存储一个或若干个由操作者自行编制的计算程序，并可随时调用存储的程序来求解某些特殊问题。

（5）专用型　根据某种专业工作的特殊需要而制造的某种计算器。如日本生产的“家庭会计”、美国生产的“数据人”和“小教授”等，即属于这种类型。

在测量专业的测量计算中，常采用函数型计算器。它的功能可以满足测量放线工作的需要。有条件时，可采用可编程序型计算器进行较复杂的重复计算或进行野外作业记录、数据处理，从而使测量数据采集、处理的自动化成为现实。

3. 函数型计算器的构造

（1）运算器　它相当于计算工具算盘，是计算器进行各种运算的部件，由单片大规模集成电路构成。

（2）存储器　它是存放数据和程序的装置，形象地说，它相当于人的大脑记忆的作用。

（3）控制器　它是整个计算器的指挥系统，是整个计算器的中枢。通过它向计算器的各部位发出控制信号来指挥计算器自动、协调地进行工作。控制器是按预先编好的程序，一条指令一条指令连续自动地进行操作。

（4）输入器　输入器是向计算器输送数据、程序等信息的设备。在计算器中，基本的输入器是键盘。

(5) 输出器　输出器是用于将计算器计算所得中间结果或最后结果表示出来的装置。在计算器中，输出器是由若干个数码管或液晶显像单元组成的显示窗。

二、函数型计算器的使用

1. 计算器界面

计算器的使用，关键在正确地掌握键的使用。因为必须先了解各个键的名称、功能等，见图 3-3。

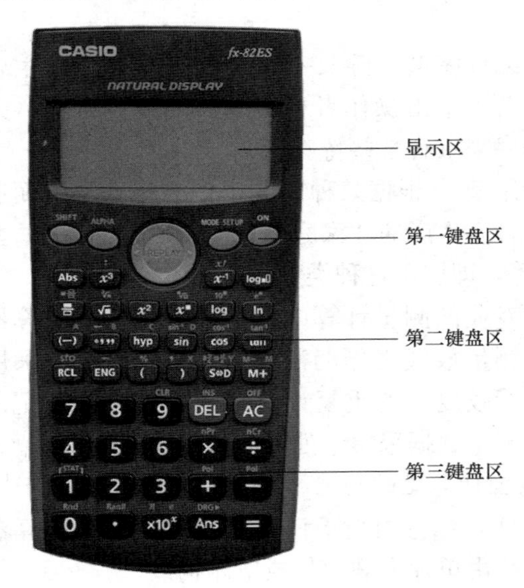

图 3-3　fx-82ES 型计算器

第一键盘区有模式键“MODE”、功能键“SHIFT”、“ALPHA”和四个光标移动键等组成。

第二键盘区主要是进行数学函数计算。

第三键盘区主要是数字和＋、－、×、÷四则运算。

2. 函数计算器的使用

(1) 电源开关键

按下“ON”接通计算器电源。

按下“SHIFT”“AC（OFF)”断开计算器电源。

（2）功能键与功能转换键

1）功能键

用于执行各种运算操作的键。包括清除键类、存储键类、基本运算键类以及程序键类。

键盘上只有少数键具有一种功能，大多数按键均具有一键多功能的作用。

2）功能转换键

是使多功能键能行使第二及以上功能作用的键。

一般单独按一个多功能键，即执行主功能。如果需要第二功能，则先按“功能转换键”，然后按此功能键。见图 3-4。

按下“SHIFT”或是“ALPHA”，接着按下第二键，将会执行第二键的第二功能。该键上方的印刷文字标示了该键的第二功能。

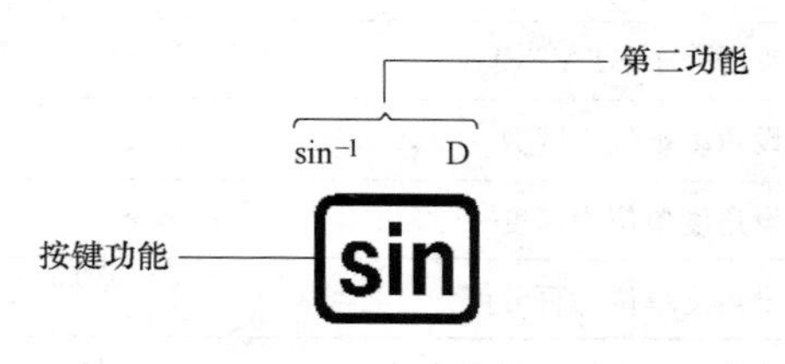

图 3-4　功能键

第二功能键的不同颜色的文字含义表示见表 3-3。

按键表示　　表 3-3

按键标记文字颜色	表　示
黄色	按下“SHIFT”键，然后按下此键，即可使用本应用键的功能
红色	按下“ALPHA”键，然后按下此键，即可输入可用的变量、常数和符号

3）显示屏指示符

显示屏指示符见图 3-5 和表 3-4。

STAT　　D

图 3-5　显示屏符号

显示屏符号表示　　　　**表 3-4**

指示符	表　示
S	通过按下“SHIFT”键，键盘进入转换键功能。当您按下任一键时，所有键盘会解除转换，而此指示符会消失
A	按下“ALPHA”键，会进入字母输入模式。当您按下任一键时，会退出字母输入模式，而此指示符会消失
M	有一个存储在独立存储器内的数值
STO	计算器正在等待输入一个变量名称，以便为此变量指定一个数值。在您按下“SHIFT”“RCL(STO)”，出现此指示符
RCL	计算器正在等待输入一个变量名称，以便检索此变量的数值。在您按下“RCL”之后，出现此指示符
STAT	计算器处于 STAT 模式
D	预设角度单位为度数
R	预设角度单位为弧度
G	预设角度单位为百分度
FIX	固定位数的小数位数有效
SCI	固定位数的有效位数有效
Math	数学样式被选定为输入/输出格式
▲▼	可提供并重现计算历史存储数据，或者在现有屏幕之上或之下还有更多的数据
Disp	显示屏目前显示多语句表达式的中间结果

4）计算器的初始化

初始化计算器时，计算模式与设置会返回至其初始预设。此项操作也会清除目前计算器存储器内的所有数据。见图 3-6 和表 3-5。

SHIFT 9 (CLR) 3 (All) = (Yes)

图 3-6　计算器的初始化

计算器初始化　　**表 3-5**

此设定	初始化如下
计算模式	COMP
输入/输出格式	MthIO
角度单位	Deg
显示数字	Norm1
分数显示格式	d/c
统计显示	OFF
小数点	Dot

若要取消初始化，只需按下“AC”（Cancel）不要按下“=”。

5）计算模式设置

模式设置见表 3-6。

模式设置　　**表 3-6**

模式	功能
COMP	一般计算
STAT	统计和回归计算
TABLE	在表达式的基础上产生数字表格

① 模式设置

按下“MODE”，显示模式菜单见图 3-7。

```
1:COMP    2:STAT
3:TABLE
```

图 3-7　模式菜单

按下想要选择的模式相对应的数字键。

例如：若想选择 STAT 模式，请按下“2”。

② 计算器设定

按下“SHIFT”“MODE（SETUP）”会显示设定菜单。可以用此设定菜单来控制计算的进行与显示的方式。设定菜单有两个屏幕，可以使用“▲”和“▼”键，在它们之间进行切换，见图 3-8。

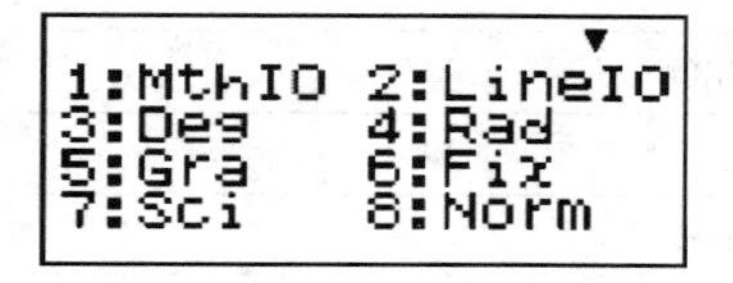

图 3-8　计算器设定

A. 指定输入/输出格式（表 3-7、图 3-9）

输入输出格式操作　　表 3-7

输入/输出格式	操　作
数字格式(Math)	“SHIFT”“MODE”“1”(MthIO)
线性格式(Linear)	“SHIFT”“MODE”“2”(LineIO)

数字格式

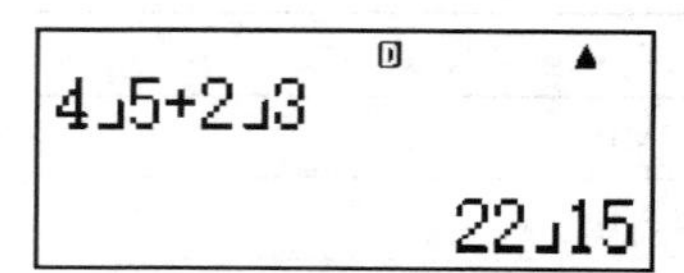

线性格式

图 3-9　数学格式与线性格式

B. 指定预设角度单位（表 3-8）

角度单位预设　　表 3-8

预设角度单位	操　作
度数	“SHIFT”“MODE”“3”(Deg)
弧度	“SHIFT”“MODE”“4”(Rad)
百分度	“SHIFT”“MODE”“5”(Gra)

$90^\circ=\frac{\pi}{2}$弧度=100 百分度

C. 指定显示数字的位数（表 3-9）

数字位数设置 **表 3-9**

数字位数	操　　作
小数位数	“SHIFT”“MODE”“6”(Fix)“0～9”
有效数字位数	“SHIFT”“MODE”“7”(Sci)“0～9”
指数显示范围	“SHIFT”“MODE”“8”(Norm)“1”(Norm1)或者“2”(Norm2)

计算结果显示举例：

Fix：所指定的数值（从 0 至 9）控制计算结果所要显示的小数位数。计算结果在显示之前会先四舍五入到指定的小数位数。

例：$100\div7=14.286$ (Fix3)

14.29 (Fix2)

Sci：所指定的数值（从 1 至 10）控制计算结果所要显示的有效数字位数。计算结果在显示之前会先四舍五入到指定的小数位数。

例：$1\div7=1.4286\times10^{-1}$ (Sci5)

1.429×10^{-1} (Sci4)

Norm：选择两个可供选择的设定之一（Norm1、Norm2），决定非指数格式显示结果的范围。在此指定范围之外，计算结果会以指数格式显示。

例：$1\div200=5\times10^{-3}$ (Norm1)

0.005 (Norm2)

D. 指定分数显示格式（表 3-10）

分数显示格式 **表 3-10**

指定分数显示格式	操　　作
带分数	“SHIFT”“MODE”“▼”“1”(ab/c)
假分数	“SHIFT”“MODE”“▼”“2”(d/c)

③ 指定统计上的显示格式（表 3-11）

使用下述步骤，打开或者关闭 STAT 模式下的 STAT 编辑屏幕的频率（FREQ）栏显示。

统计显示格式 **表 3-11**

制定此	操　　作
显示 FREQ 栏位	"SHIFT""MODE""▼""3"(STAT)"1"(ON)
隐藏 FREQ 栏位	"SHIFT""MODE""▼""3"(STAT)"2"(OFF)

④ 指定小数点显示格式（表 3-12）

小数点显示格式 **表 3-12**

小数点显示格式	操　　作
句点(.)	"SHIFT""MODE""▼""4"(Disp)"1"(Dot)
逗点(,)	"SHIFT""MODE""▼""4"(Disp)"2"(Comma)

（3）函数型计算器的计算功能

算术运算　包括四则混合运算、常数运算、分数运算及存储运算等。

函数运算　六十进制与十进制的互相换算、三角函数及反三角函数运算、双曲函数及反双曲函数运算、对数函数（常用对数与自然对数）与指数函数运算、阶乘、乘幂、倒数以及极坐标与直角坐标和角度单位的相互转换等。

统计计算　可求一组统计数的算术平均值、总和、平方和，以及总体标准差和样品标准差等。

1）输入表达式和数值

当输入下述任何普通函数，它会自动加入一左括号（(）。接着，您需要输入自变量与右括号（)）。

例：sin30＝（图 3-10）

2）三角函数和反三角函数

三角函数和反三角函数所需要的角度单位是计算器预设设定的角度单位。在执行计算以前，应确保指定想要使用的预设角度单位。

3）指数函数和对数函数

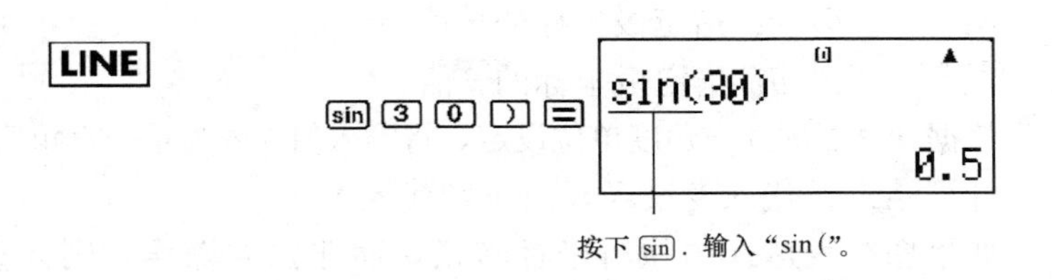

图 3-10　普通函数输入过程

对于对数函数"log（）"，您可以使用语法"log（m，n）"指定基数 m。

如果只输入单一数值，则在计算中使用基数 10。

"ln（）"是自然对数函数，基数为 e。

当使用数学格式时，也可以使用"log"键，以"log（m，n）"形式输入表达式。

4）直角—极坐标转换（图 3-11）

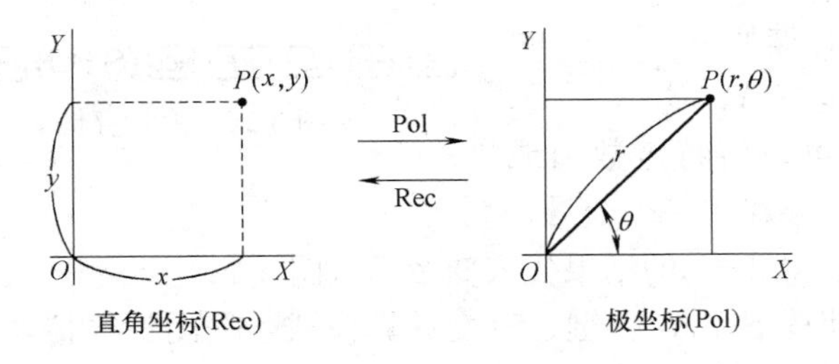

图 3-11　直角—极坐标转换

坐标转换可以在 COMP 和 STAT 计算模式下执行。

① 转换至极坐标（Pol）

Pol（X，Y）　X：指定直角坐标的 X 值

　　　　　　　Y：指定直角坐标的 Y 值

在$-180°<\theta<180°$的范围内显示计算结果 θ。

使用计算器的预设角度单位显示计算结果 θ。

计算结果 r 代人变量 X，而 θ 代入 Y。

② 转换至直角坐标（Rec）

Rec（r，θ） r：指定极坐标的 r 值

θ：指定极坐标的 θ 值

依据计算器的预设角度单位设定，将输入值 θ 视为是一直角值。

计算结果 x 代入变量 X，而 y 则代入 Y。

如果您在表达式内执行坐标转换，而非独立操作，则计算结果只会执行转换结果的第一个数值（可能是 r 值或者 X 值）。

例：$Pol\ (\sqrt{2},\ \sqrt{2})+5=2+5=7$

5）计算器存储器（表 3-13）

计算器存储器　　　　表 3-13

存储器名称	描述
答案存储器	储存最近的计算结果
独立存储器	计算结果可以加入独立存储器中或是从独立存储器中减去。“M”指示符表示数据储存于独立存储器
变量	有六个变数 A、B、C、D、X 和 Y 可以储存个人用数值

① 存储变量

变量（A、B、C、D、X、Y）可以将特定数值或者计算结果代入一个变量。

3 + 5 SHIFT RCL (STO) (−) (A)

图 3-12　变量存储

例：将 3+5 的结果代入变量 A（图 3-12）。

即使按下“AC”键，改变计算模式，关闭计算器，变量内容仍然保持不变。

② 清楚一个特定变量的内容

按下“0”“SHIFT”“RCL（STO)”，然后按下所需要清除内容的变量名称按键。例如：若要清除变量 A，可按下“0”“SHIFT”“RCL（STO)”“（−）（A)”

③ 清除所有存储器的内容

按下“SHIFT”“9（CLR)”“2（Memory)”“=（YES)”，可清除答案存储器、独立存储器和所有变量的内容。

按下“AC（Cancel)”，而非“=”，可取消清除操作，而不做任何操作。

第四章　测量理论与误差知识

第一节　概　　述

在各项测量工作中，例如直线丈量，对某段距离进行多次重复丈量时，发现每次丈量的结果通常是不一致的。有如对若干个量进行观测，如果知道这几个量所构成的某个函数应等于某一理论值，则可以发现，用这些量的观测值代入上述函数通常与理论值不一致。这些现象在测量工作中是普遍存在的。这些现场之所以产生，是由于观测结果中存在着观测误差的缘故。

一、测量误差产生的原因

测量工作是在一定条件下进行的，外界环境、观测者的技术水平和仪器本身构造的不完善等原因，都可能导致测量误差的产生。通常把测量仪器、观测者的技术水平和外界环境三个方面综合起来，称为观测条件。观测条件不理想和不断变化，是产生测量误差的根本原因。通常把观测条件相同的各次观测，称为等精度观测；观测条件不同的各次观测，称为不等精度观测。

具体来说，测量误差主要来自以下三个方面：

1. 外界条件　主要指观测环境中气温、气压、空气湿度和清晰度、风力以及大气折光等因素的不断变化，导致测量结果中带有误差。

2. 仪器条件　仪器在加工和装配等工艺过程中，不能保证仪器的结构能满足各种几何关系，这样的仪器必然会给测量带来误差。

3. 观测者的自身条件　由于观测者感官鉴别能力所限以及技术熟练程度不同，也会在仪器对中、整平和瞄准等方面产生误差。

二、测量误差的分类

误差按其特性可分为系统误差和偶然误差两大类。

1. 系统误差

在相同的观测条件下，对某量进行一系列的观测，如果误差出现的大小和符号均相同或按一定的规律变化，这种误差称为系统误差。系统误差一般具有累积性。

系统误差产生的主要原因之一，是由于仪器设备制造不完善。例如，用一把名义长度为 50m 的钢尺去量距，经检定钢尺的实际长度为 50.005m，则每量尺，就带有＋0.005m 的误差（“＋”表示在所量距离值中应加上），丈量的尺段越多，所产生的误差越大。所以这种误差与所丈量的距离成正比。

再如，在水准测量时，当视准轴与水准管轴不平行而产生夹角时，对水准尺的读数所产生的误差为（＝206265″，是一弧度对应的秒值），它与水准仪至水准尺之间的距离 L 成正比，所以这种误差按某种规律变化。

系统误差具有明显的规律性和累积性，对测量结果的影响很大。但是由于系统误差的大小和符号有一定的规律，所以可以采取措施加以消除或减少其影响。在测量工作中，应尽量设法消除和减少系统误差。方法有：

（1）在观测方法和观测程度上采用必要的措施，限制或削弱系统误差的影响。如角度测量中盘左、盘右观测，水准测量中限制前后视视距差等。

（2）找出产生系统误差的原因和规律，对观测值进行系统误差的改正。如对距离观测值进行尺长改正、温度改正和倾斜改正，对竖直角进行指标差改正等。

(3) 将系统误差限制在允许范围内。有的系统误差既不便计算改正，又不能采用一定的观测方法加以消除。例如，经纬仪照准部管水准器轴不垂直于仪器竖轴的误差对水平角的影响，对于这类系统误差，则只能按规定的要求对仪器进行精确检校，并在观测中仔细整平将其影响减小到允许范围内。

2. 偶然误差

在相同的观测条件下，对某量进行一系列的观测，如果误差出现的大小和符号均不一定，则这种误差称为偶然误差，又称为随机误差。例如，用经纬仪测角时的照准误差，钢尺量距时的读数误差等，都属于偶然误差。

在观测过程中，可能出现粗差，亦称过失误差或错误。例如，瞄错了目标、读错读数、记录时记错等等，这些都是由于观测者的疏忽大意所造成的，不允许存在于观测结果中。一旦发现错误，必须及时加以更正。不过只要观测者认真负责和细心的作业，错误是可以避免的。

三、偶然误差的特性

在相同的观测条件下，对真值为 X 的某量进行 n 次观测，观测值为 l_i，每次观测的真误差为 Δ_i，则可以写成：

$$\Delta_i = l_i - X (i=1,2,\cdots n) \tag{4-1}$$

例如在相同观测条件下，独立地观测了 217 个三角形的全部内角，由于观测结果中存在着偶然误差，三角形的三内角和不等于180°，则可按式（4-1）求得每个三角形内角和的真误差，这个误差也称为三角形闭合差。

由式（4-1）计算可得 217 个内角和的真误差，按其大小和一定的区间（本例为 $d\Delta=3''$），分别统计在各区间正负误差出现的个数 k 及其出现的频率 k/n（$n=207$），列于表 4-1 中。

从表 4-1 中可以看出，该组误差的分布表现出如下规律：小误差出现的个数比大误差多；绝对值相等的正、负误差出现的个数和频率大致相等；最大误差不超过 27″。

三角形内角和真误差统计表　　表 4-1

误差区间 $d\Delta$	正误差		负误差		合计	
	个数 k	频率 k/n	个数 k	频率 k/n	个数 k	频率 k/n
0″～3″	30	0.138	29	0.134	59	0.272
3″～6″	21	0.097	20	0.092	41	0.189
6″～9″	15	0.069	18	0.083	33	0.152
9″～12″	14	0.065	16	0.073	30	0.138
12″～15″	12	0.055	10	0.046	22	0.101
15″～18″	8	0.037	8	0.037	16	0.074
18″～21″	5	0.023	6	0.028	11	0.051
21″～24″	2	0.009	2	0.009	4	0.018
24″～27″	1	0.005	0	0	1	0.005
27″以上	0	0	0	0	0	0
合计	108	0.498	109	0.502	217	1.000

由表 4-1 所示及大量观测实践的统计结果，经理论分析归纳出偶然误差有如下特性。

1. 有限性：在一定的观测条件下，偶然误差的绝对值不会超过一定的限值；

2. 集中性：即绝对值较小的误差比绝对值较大的误差出现的概率大；

3. 对称性：绝对值相等的正误差和负误差出现的概率相同；

4. 抵偿性：当观测次数无限增多时，偶然误差的算术平均值趋近于零。即：

$$\lim_{n\to\infty}\frac{[\Delta]}{n}=0 \tag{4-2}$$

式中：$[\Delta]=\Delta_1+\Delta_2+\cdots+\Delta_n=\sum_{i=1}^{n}\Delta_i$。

在数理统计中，也称偶然误差的数学期望为零，用公式表示为 $E(\Delta)=0$。

四、误差处理的原则

在观测过程中，系统误差和偶然误差总是同时产生的。当观测结果中有显著的系统误差时，偶然误差就处于次要地位。观测误差就呈现出“系统”的性质。反之，当观测结果中系统误差处于次要地位时，观测结果就呈现出“偶然”的性质。

由于系统误差在观测结果中具有积累的性质，对观测结果的影响尤为显著，所以在测量工作中总是采取各种办法削弱其影响，使它处于次要地位。

综上所述，对一组含有误差的观测值，应按照如下步骤处理：

1. 检核观测数据，发现并剔除粗差。

2. 寻找、判断和消除系统误差，或将系统误差控制在容许的范围内。

3. 根据偶然误差的特点，合理地处理观测数据，求出最接近真实值的估值，即最或然值。

4. 评定观测成果的精度。

第二节　误差的精度评定标准

一、衡量测量精度的标准

测量成果中都不可避免地含有误差，在测量工作中，使用“精度”来判断观测成果质量好坏。所谓精度，就是指误差分布的密集或离散程度。误差分布密集，误差就小，精度就高；反之，误差分布离散，误差就大，精度就低。

在测量工作中，通常用中误差、相对误差和容许误差作为评定测量成果的精度指标。

1. *中误差*

设在相同的观测条件下，对某一未知量进行了 n 次观测，其观测值分别为 l_1、l_2、…、l_n。若该未知量的真值为 X，Δ_1、Δ_2、…、Δ_n 为真误差，通常以各个真误差的平方和的平均值开开方作为评定该组每一观测值的精度的标准，即：

$$m = \pm\hat{\sigma} = \pm\sqrt{\frac{\Delta_1^2+\Delta_2^2+\Delta_3^2+\cdots+\Delta_n^2}{n}} = \sqrt{\frac{[\Delta\Delta]}{n}} \tag{4-3}$$

式中：m——观测值的中误差，亦称均方误差；

n——观测次数。

【例】 设对某个三角形用两种不同的精度分别对它进行了10次观测，求得每次观测所得的三角形内角和的真误差为：

第一组：$+3''$，$-2''$，$-4''$，$+2''$，$0''$，$-4''$，$+3''$，$+2''$，$-3''$，$-1''$。

第二组：$0''$，$-1''$，$-7''$，$+2''$，$+1''$，$+1''$，$-8''$，$0''$，$+3''$，$-1''$。

试求这两组观测值的中误差。

解： 用中误差计算公式（4-3）得：

$$m_1 = \sqrt{\frac{3^2+2^2+4^2+2^2+0^2+4^2+3^2+2^2+3^2+1^2}{10}} = \pm 2.7''$$

$$m_2 = \sqrt{\frac{0^2+1^2+7^2+2^2+1^2+1^2+8^2+0^2+3^2+1^2}{10}} = \pm 3.6''$$

比较 m_1 和 m_2 的值可知，第一组的观测值精度较第二组观测值精度高。

2. 平均误差

在测量工作中，对于评定一组同精度观测值的精度来说，为了计算上的方便或别的原因，在某些精度评定时也采用下述精度指标：

$$\theta = \pm\frac{[|\Delta|]}{n} \tag{4-4}$$

θ 称为平均误差，它是误差绝对值的平均值。

3. 容许误差（限差）

偶然误差第一特性说明，在一定的观测条件下，偶然误差的绝对值不会超过一定的限值。根据理论知道，大于中误差的偶然误差，其出现的可能性是 32%。大于两倍中误差的偶然误差，其出现可能性约为 5%，大于三倍中误差的偶然误差，其出现的可能性只占3‰。因此通常以三倍中误差为偶然误差的限差，即：

$$\Delta_{容}=3m \tag{4-5}$$

在测量规范中往往提出较高的要求，取2倍中误差作为允许误差，即：

$$\Delta_{容}=2m \tag{4-6}$$

4. 相对中误差

对于评定精度来说，有时利用中误差还不能反映测量的精度，例如丈量两条直线，其中误差均为10mm，两段距离分别为100m和20m，如果单纯以中误差相等而认为两者精度一样就显然不正确了，这时就应该用相对误差来说明两者的精度。

观测值中误差 m 的绝对值与观测值 D 之比化为 $1/M$ 形式称为相对中误差 K，即：

$$K=\frac{|m|}{D}=\frac{1}{D/|m|} \tag{4-7}$$

分母愈大，表示相对误差愈小，精度也就愈高。

上述丈量100m、20m的中误差均为10mm，则相对中误差分别为：

$$K_1=m_1/D_1=0.01/100=1/10000$$
$$K_2=m_2/D_2=0.01/20=1/2000$$

可见 $K_1<K_2$，即前者的精度比后者高。

在距离测量中还常用往返测量结果的相对较差来进行检核。相对较差定义为：

$$\frac{|D_{往}-D_{返}|}{D_{平均}}=\frac{|\Delta D|}{D_{平均}}=\frac{1}{\frac{D_{平均}}{|\Delta D|}} \tag{4-8}$$

相对较差是真误差的相对误差，它反映的只是往返测的符合程度，显然，相对较差愈小，观测结果愈可靠。

二、边角精度匹配及点位误差

如图4-1所示，欲根据已知点 B 和已知方向 BA，用极坐标

法测设点 C，则需要测设水平角 β 和水平距离 d，以确定 C 点位置。由于测角误差 $\Delta\beta$ 使 C 点产生横向误差 $m_{横}=CC_1$ 或 CC_2；由于量距误差使 C 点产生纵向误差 $m_{纵}=CC'$ 或 CC''。

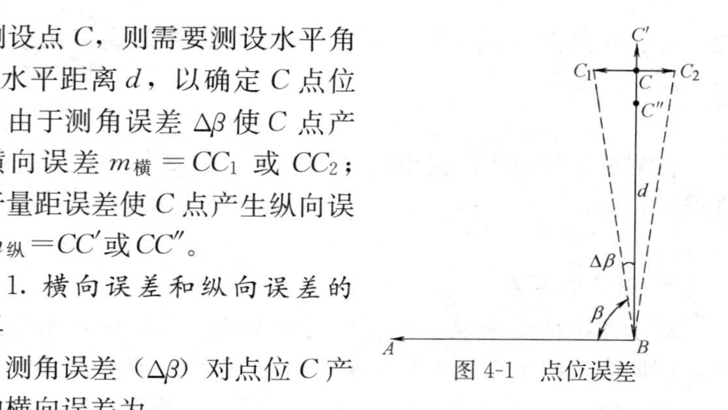

图 4-1　点位误差

1. 横向误差和纵向误差的计算

测角误差（$\Delta\beta$）对点位 C 产生的横向误差为：

$$m_{横}=CC_1=CC_2=d\tan(\Delta\beta) \tag{4-9}$$

量距误差（$k\cdot d$）对点位 C 产生的纵向误差为：

$$m_{纵}=CC'=CC''=kd \tag{4-10}$$

2. 边角与量距精度的匹配

若测角误差使 C 点产生的横向误差 $m_{横}=CC_1$（或CC_2）与量距误差使 C 点产生的纵向误差 $m_{纵}=CC'$（CC）$''$相等，则说明测角与量距精度相匹配，$m_{横}=m_{纵}$，即 $CC_1=CC'$，从而有 $d\tan(\Delta\beta)=kd$。进一步推出下述公式：

$$\left.\begin{aligned}\Delta\beta&=\arctan k\\ k&=\tan(\Delta\beta)\end{aligned}\right\} \tag{4-11}$$

3. 点位误差

由测角误差引起的横向误差 $m_{横}$ 与由量距引起的点位纵向误差 $m_{纵}$，两者的综合影响即为点位误差 $m_{点}$。计算公式为：

$$m_{点}=\sqrt{m_{横}+m_{纵}} \tag{4-12}$$

【例】 图 4-1 中 $d=40.000m$，测角误差 $\Delta\beta=\pm20''$，量距精度 $k=1/10000$，求 $m_{点}$ 的值。

$$m_{横}=d\tan(\Delta\beta)=40.000\text{m}\times\tan20''=0.0039m=3.9\text{mm}$$

$$m_{纵}=kd=\frac{1}{10000}\times40.000\text{m}=0.004\text{m}=4.0\text{mm}$$

$$m_{点}=\sqrt{m_{横}+m_{纵}}=\sqrt{(3.9mm)^2+(4.0mm)^2}=5.6mm$$

第三节　观测值精度评定及误差处理方法

观测值的精度是以中误差来评定，但中误差公式中，在一般情况下，观测值的真值是不知道的，因而真误差也就无法求得，现我们用观测值改正数来计算中误差。

一、观测值的算术平均值

设对某未知量进行了一组等精度观测，其观测值分别为 l_1、l_2、…、l_n，该量的真值设为 X，各观测值的真误差为 Δ_1、Δ_2、…、Δn，则：

$$\Delta_i=L_i-X(i=1,2,\cdots,n) \tag{4-13}$$

将上式相加得：

$$\Delta_1+\Delta_2+\cdots+\Delta_n=l_1+l_2\cdots+l_n-nX$$

将两边同除以次数 n，得：

$$\frac{[\Delta]}{n}=\frac{[l]}{n}-X \tag{4-14}$$

即：

$$\frac{[l]}{n}=\frac{[\Delta]}{n}+X \tag{4-15}$$

根据偶然误差的第四个特性有：

$$\lim_{n\to\infty}\frac{[l]}{n}=X \tag{4-16}$$

所以有：

$$\lim_{n\to\infty}\frac{[\Delta]}{n}=0 \tag{4-17}$$

由此可见，当观测次数 n 趋近于无穷大时，算术平均值就趋向于未知量的真值。当 n 为有限值时，算术平均值最接近于真值，因此在实际测量工作中，将算术平均值作为观测的最后结果，增加观测次数则可提高观测结果的精度。

二、改正数

算术平均值与观测值之差称为观测值的改正数，以 v 表示。

$$v_i = x - l_i (i=1,2,\cdots,n) \tag{4-18}$$

三、观测值中误差

将式（4-13）与式（4-18）相加，得：

$$v_i + \Delta_i = x - X \tag{4-19}$$

令 $x - X = \delta$，则：

$$\Delta_i = -v_i + \delta \tag{4-20}$$

对上面各式两端取平方，再求和，得：

$$[\Delta\Delta] = [vv] - 2\delta[v] + n\delta^2$$

由于 $[v]=0$，故：

$$[\Delta\Delta] = [vv] + n\delta^2 \tag{4-21}$$

而：

$$\delta = x - X = \frac{[L]}{n} - X = \frac{[L-X]}{n} = \frac{[\Delta]}{n}$$

$$\delta^2 = \frac{[\Delta]^2}{n^2} = \frac{1}{n^2}(\Delta_1{}^2 + \Delta_2{}^2 + \cdots + \Delta_n{}^2 + 2\Delta_1\Delta_2 + 2\Delta_2\Delta_3 + \cdots + 2\Delta_{n-1}\Delta_n)$$

$$= \frac{[\Delta\Delta]}{\mathrm{n}^2} + \frac{2(\Delta_1\Delta_2 + \Delta_2\Delta_3 + \cdots + \Delta_{n-1}\Delta_n)}{n^2}$$

根据偶然误差的特性，当 $n \to \infty$ 时，上式的第二项趋近于零；当 n 为较大的有限值时，其值远比第一项小，可忽略不计。故：

$$\delta^2 = \frac{[\Delta\Delta]}{n^2} \tag{4-22}$$

代入式（4-21），得：

$$[\Delta\Delta]=[vv]+\frac{[\Delta\Delta]}{n} \tag{4-23}$$

根据中误差的定义 $m^2=\frac{[\Delta\Delta]}{n}$，上式可写为：

$$n \cdot m^2=[vv]+m^2 \tag{4-24}$$

即：

$$m=\pm\sqrt{\frac{[vv]}{n-1}} \tag{4-25}$$

上式即是等精度观测用改正数计算观测值中误差的公式，又称“白塞尔公式”。

四、算术平均值中误差

一组等精度观测值为 L_1、L_2、…、L_n，其中误差均相同，设为 m，最或然值 x 即为各观测值的算术平均值。则有：

$$x=\frac{[L]}{n}=\frac{1}{n}L_1+\frac{1}{n}L_2+\cdots+\frac{1}{n}L_n$$

根据误差传播定律，可得出算术平均值的中误差 M 为：

$$M^2=\left(\frac{1}{n^2}m^2\right)\cdot n=\frac{m^2}{n}$$

故：

$$M=\frac{m}{\sqrt{n}} \tag{4-26}$$

顾及式（4-25），算术平均值的中误差也可表达如下：

$$M=\pm\sqrt{\frac{[vv]}{n(n-1)}} \tag{4-27}$$

由式（4-27）可以看出，算术平均值的中误差是观测值中误差的 $1/\sqrt{n}$倍，这说明算术平均值的精度比观测值的精度要高，且观测次数愈多，精度愈高。所以多次观测取其平均值，是减小偶然误差的影响、提高成果精度的有效方法。当观测的中误差 m 一定时，算术平均值的中误差 M 与观测次数 n 的平方根成反比。

【例】 对某段距离进行六次同精度丈量，观测值分别为 150.535m，150.531m，150.529m，150.543m，150.529m，150.543m 求这段距离的算术平均值、观测值中误差、算术平均值中误差。

计算表 **表 4-2**

编号	$L(m)$	v	vv	精度评定
1	150.535	0	0	算术平均值：
2	150.531	+4	16	$x=\frac{l_1+l_2+\cdots+l_6}{6}=\frac{903.210}{6}=150.535\text{m}$
3	150.529	+6	36	观测值中误差：
4	150.543	−8	64	$m=\pm\sqrt{\frac{[vv]}{n-1}}=\pm\sqrt{\frac{216}{6-1}}=\pm6.6\text{mm}$
5	150.529	+6	36	算术平均值中误差：
6	150.543	−8	64	$m_z=\pm\sqrt{\frac{[vv]}{n(n-1)}}=\pm\sqrt{\frac{216}{6\times(6-1)}}$
总和	903.210	$[v]=0$	$[vv]=216$	$=\pm2.7\text{mm}$
辅助计算	$x=150.535$			最后结果：$x=150.535\text{m}\pm2.7\text{mm}$

第五章　坐 标 转 换

第一节　平面坐标系与坐标正反算

一、平面直角坐标系

1. 数学平面直角坐标系

由一平面内两条互相垂直的横坐标轴 X 和纵坐标轴 Y，以及它们的交点（圆点）O，加上规定的正方向和选定的单位长度而构成，如图 5-1 所示，OX、OY 为正方向，反之为负方向，OX 逆时针转向 OY 为正方向。象限划分从 OX 起按逆时针方向编号。

2. 测量平面直角坐标系

它与数学平面直角坐标系不同处在于：X 轴为纵轴，正方向指北，负方向指南。Y 轴为横轴，负方向指西。象限划分从 OX 起按顺时针方向编号，如图 5-2 所示。

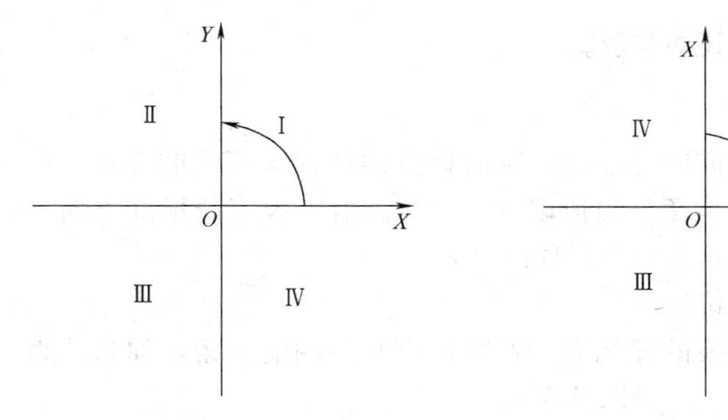

图 5-1　数学平面直角坐标系图　　图 5-2　测量平面直角坐标系

建筑平面直角坐标系：建筑场地经常采用的假定的独立坐标系，其纵轴为 A 轴，横轴为 B 轴，交点（原点）为 O。A 轴方向自定（往往平行于建筑物主轴线），B 轴与 A 轴垂直。任意一点 M 的坐标 $A=L_1$、$B=L_2$，如图 5-3 所示。

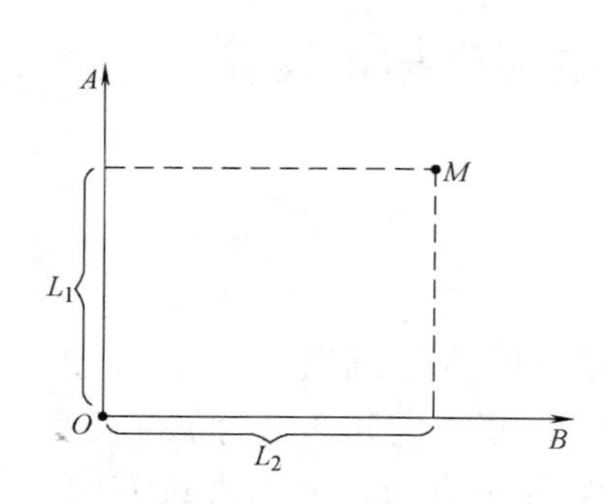

图 5-3　建筑平面直角坐标系图

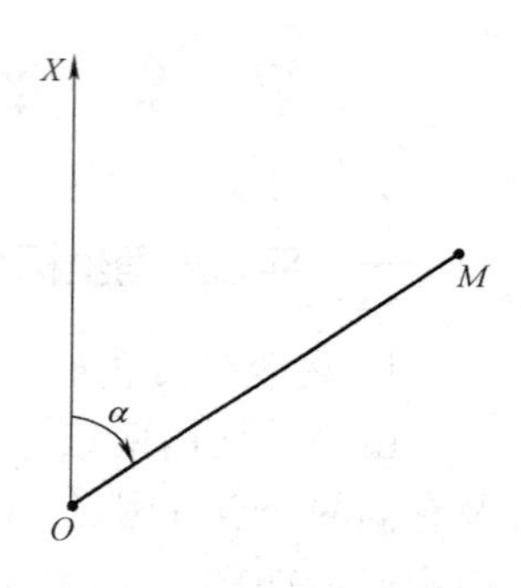

图 5-4　极坐标系

二、极坐标系

在平面上任取一点 O（极），并作射线 OX（极轴），如图 5-4所示。在平面上任意一点 M 的位置可由两个数来确定：

表示线段 OM 的长度 D。

表示$\angle XOM$ 的大小α。长度 D 和α 叫做M 点的极坐标。

三、坐标正算与反算

1. 方位角

由标准方向的北端起，顺时针方向量到某直线的夹角，称为该直线的方位角。角值由 0°～360°。由于规定的标准方向不同，直线方位角有如下三种：

（1）真方位角

从真子午线的北端起，顺时针至直线间的夹角，称为该直线的真方位角，一般以 A 表示。

（2）磁方位角

从磁子午线的北端起，顺时针至直线间的夹角，称为磁方位角，一般以 $A_{磁}$ 来表示。

（3）坐标方位角

以平行于坐标纵轴的方向线的北端起，顺时针至直线间的夹角，称为坐标方位角（有时简称方位角），它以 x 轴正方向为起算方向，通常以 α 来表示。见图 5-5，α_{12} 表示 P_1P_2 方向的坐标方位角，α_{21} 表示 P_2P_1 方向的坐标方位角。α_{12} 和 α_{21} 互称正、反坐标方位角。称 α_{12} 为正坐标方位角，α_{21} 为反坐标方位角；反之，称 α_{21} 为正坐标方位角，α_{12} 为反坐标方位角

由图 5-5 可以看出：

$$\alpha_{21}=\alpha_{12}+180°$$

或

$$\alpha_{12}=\alpha_{21}-180°$$

综合两式可知，一直线正、反坐标方位角的换算为±180°的关系。即正、反方位角的一般关系式为：

$$\alpha_{反}=\alpha_{正}\pm 180° \tag{5-1}$$

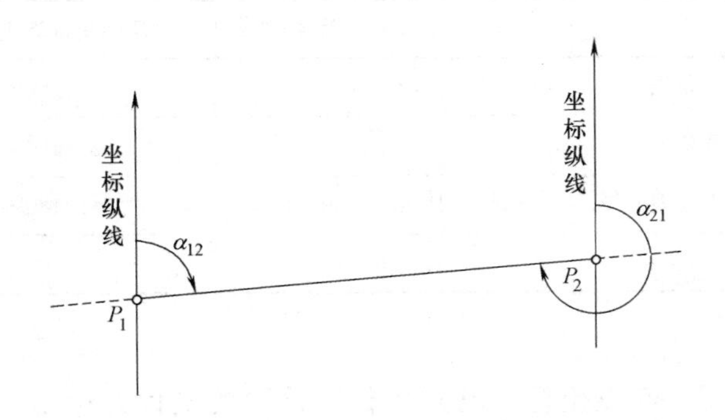

图 5-5　正反方位角示意图

当 $\alpha_{正}<180°$时，上式用加 180°；

当 $\alpha_{正}>180°$时，上式用减 180°。

2. 象限角

由直线纵轴的北端或南端起，顺时针或逆时针至直线间所

夹的锐角，并注出象限名称，成为该直线的象限角，以 R 表示。象限角的角值为 0°～90°。见图 5-6，NS 为经过 O 点的基本方向线，R_1、R_2、R_3、R_4 分别为直线 OP_1、OP_2、OP_3、OP_4 的象限角。由于象限角可自子午线北端量起，也可自其南端量起，可以向东量，也可向西量；因此，用象限角定向时，不但要注明角度的大小，同时还要注明所在的象限；例如 OP_1、OP_2、OP_3、OP_4 的象限角应写成北东 R_1、南东 R_2、南西 R_3、北西 R_4。

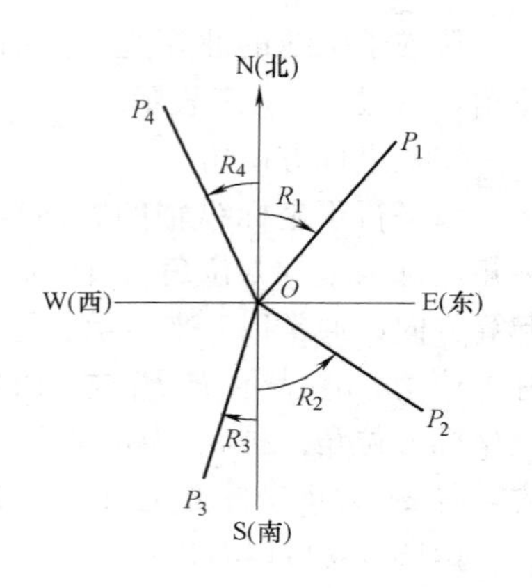

图 5-6　象限角

坐标方位角与象限角的换算关系　　**表 5-1**

直线方向	由坐标方位角推算象限角	由象限角推算坐标方位角
第Ⅰ象限	$R=\alpha$	$\alpha=R$
第Ⅱ象限	$R=180°-\alpha$	$\alpha=180°-R$
第Ⅲ象限	$R=\alpha-180°$	$\alpha=180°+R$
第Ⅳ象限	$R=360°-\alpha$	$\alpha=360°-R$

3. 坐标正算

根据已知点坐标，已知边长和该边的坐标方位角，计算该边未知端点的坐标的方法，称为坐标正算。

如图 5-7 所示，设 A 点坐标为（X_A，Y_A），A 至 B 点边长 D_{AB} 和坐标方位角 α_{AB} 均为已知，求 B 点坐标（X_B，Y_B）。图中，ΔX_{AB} 和 ΔY_{AB} 分别称为 A 至 B 点的纵坐标增量和横坐标增量，即 A、B 两点的纵坐标值和横坐标值之差。由图中关系，计算 B 点坐标的公式为：

$$X_B = X_A + \Delta X_{AB}$$

$$Y_B = Y_A + \Delta Y_{AB} \quad (5\text{-}2)$$

式中：

$$\Delta X_{AB} = D_{AB} \times \cos\alpha_{AB}$$

$$\Delta Y_{AB} = D_{AB} \times \sin\alpha_{AB}$$

式中，sin 和 cos 的函数值随着 α 所在象限的不同有正、负之分，因此，坐标增量同样具有正、负号。其符号与 α 角值的关系式见表 5-2。

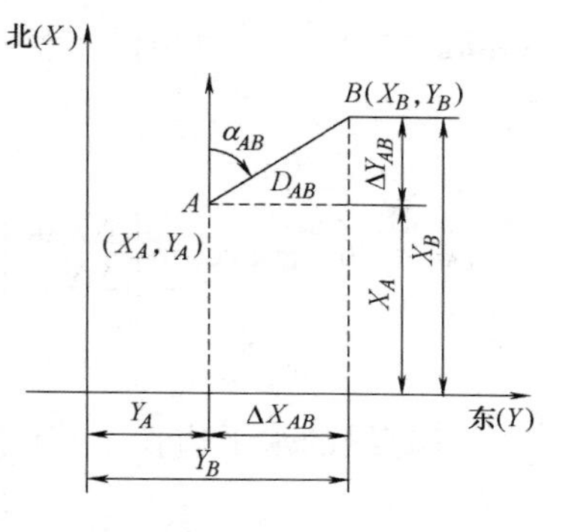

图 5-7　坐标正算

表坐标增量的正负号　　表 5-2

象限	方位角 α	$\cos\alpha$	$\sin\alpha$	ΔX	ΔY
Ⅰ	0°～90°	+	+	+	+
Ⅱ	90°～180°	−	+	−	+
Ⅲ	180°～270°	−	−	−	−
Ⅳ	270°～360°	+	−	+	−

4. 坐标反算

根据导线边两端点坐标计算该导线的坐标方位角及边长的方法，称为坐标反算。如图 5-7 所示，可知：

$$\tan\alpha_{AB} = \frac{\Delta Y_{AB}}{\Delta X_{AB}} \quad (5\text{-}3)$$

由于坐标方位角 α_{AB} 在 0°～360°之间取值，则计算坐标方位角的实际公式为：

$$\alpha_{AB} = \arctan\frac{\Delta Y_{AB}}{\Delta X_{AB}} \text{（}\Delta X_{AB}\text{和}\Delta Y_{AB}\text{同号且同为正）} \quad (5\text{-}4)$$

或 $$\alpha_{AB} = 180° - \arctan\left|\frac{\Delta Y_{AB}}{\Delta X_{AB}}\right| \quad (\Delta X_{AB} < 0 \quad \Delta Y_{AB} > 0) \quad (5\text{-}5)$$

$$\alpha_{AB}=180°+\arctan\left|\frac{\Delta Y_{AB}}{\Delta X_{AB}}\right| \quad (\Delta X_{AB}<0 \quad \Delta Y_{AB}<0) \tag{5-6}$$

$$\alpha_{AB}=360°-\arctan\left|\frac{\Delta Y_{AB}}{\Delta X_{AB}}\right| \quad (\Delta X_{AB}>0 \quad \Delta Y_{AB}<0) \tag{5-7}$$

AB 直线的水平边长，其计算公式如下：

$$D_{AB}=\sqrt{\Delta X_{AB}^2+\Delta Y_{AB}^2} \tag{5-8}$$

式中：

$$\Delta X_{AB}=X_B-X_A$$

$$\Delta Y_{AB}=Y_B-Y_A$$

【例】 如图 5-7 已知 AB 两点的边长为 188.43m，方位角为 146°07′06″，则 AB 的 X 坐标增量为（A）。

（A）−156.433m　　（B）105.176m

（C）105.046m　　（D）−156.345m

第二节　坐标系间平面坐标转换计算

一、建筑平面坐标系与测量平面直角坐标系换算

坐标换算关系，把一个点的施工坐标能够换算成测图坐标。或者将一个点的测图坐标换算成施工坐标系的坐标。

见图 5-8 中，XOY 为测图坐标系，$AO'B$ 为施工坐标系。工程坐标系的原点 O' 的测量坐标为（$X_{O'}$，$Y_{O'}$），设 P 点在测图坐标系中的坐标为（X_P，Y_P），在施工坐标系中的坐标为（A_P，B_P）。则 P 点由施工坐标（A_P，B_P）换算成测量坐标（X_P，Y_P）的公式为：

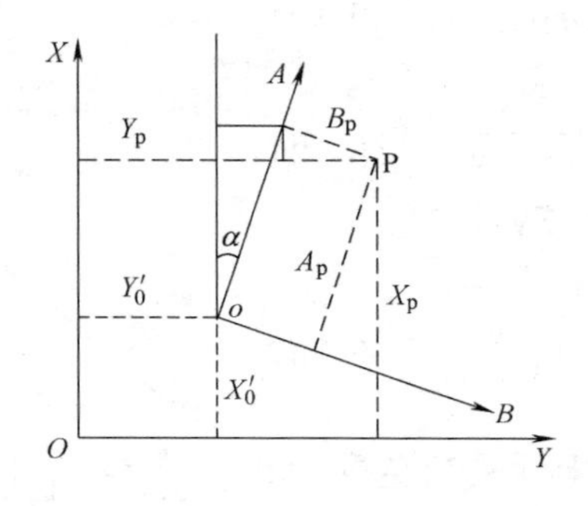

图 5-8　施工坐标系与测量坐标系转换

$$X_P = X_{O'} + A_P\cos\alpha - B_P\sin\alpha$$

$$Y_P = Y_{O'} + A_P\sin\alpha + B_P\cos\alpha \qquad (5\text{-}9)$$

由测量坐标换算为施工坐标的公式为：

$$A_P = (X_P - X_{O'})\cos\alpha + (Y_P - Y_{O'})\sin\alpha$$

$$B_P = -(X_P - X_{O'})\sin\alpha + (Y_P - Y_{O'})\cos\alpha \qquad (5\text{-}10)$$

$X_{O'}$，$Y_{O'}$、α 称为坐标换算元素，一般由设计文件明确给定。

二、极坐标与测量平面直角坐标的换算

在平面内取一个定点 O，叫极点，引一条射线 Ox，叫做极轴，再选定一个长度单位和角度的正方向（通常取逆时针方向）。对于平面内任何一点 M，用 ρ 表示线段 OM 的长度，θ 表示从 Ox 到 OM 的角度，ρ 叫做点 M 的极径，θ 叫做点 M 的极角，有序数对（ρ，θ）就叫点 M 的极坐标，这样建立的坐标系叫做极坐标系。

令极坐标系的极 O 与测量平面直角坐标系的原点重合，极轴 Ox 与正向纵轴（X 轴）重合。设 M 为平面上任意一点，x 和 y 为该点的直角坐标，D 和 α 为极坐标，如图 5-9 所示。

则：

$$x = D\cos\alpha$$

$$y = D\sin\alpha \qquad (5\text{-}11)$$

反之：

$$D^2 = \sqrt{x^2 + y^2} \qquad (5\text{-}12)$$

$$\tan\alpha = \frac{y}{x}$$

$$\alpha = \tan^{-1}\left(\frac{y}{x}\right) \qquad (5\text{-}13)$$

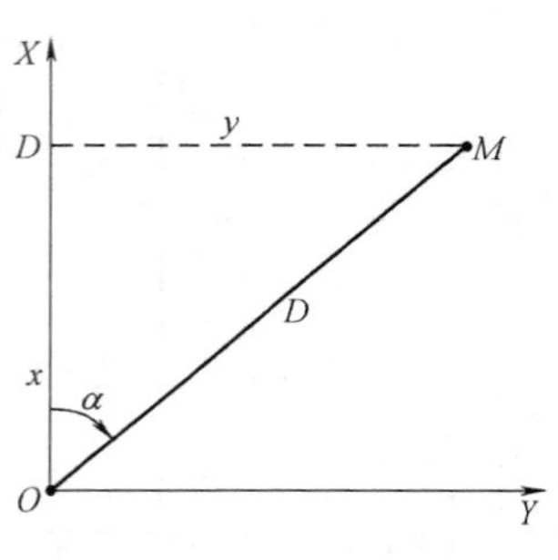

图 5-9　极坐标与测量平面直角坐标系换算

三、任意两坐标系的换算

实际工作中，常常需要对两组不同的平面坐标系进转换，其转换公式为：

平面直角坐标转换模型：

$$\begin{bmatrix} x_2 \\ y_2 \end{bmatrix} = \begin{bmatrix} x_0 \\ y_0 \end{bmatrix} + (1+m)\begin{bmatrix} \cos\alpha & -\sin\alpha \\ \sin\alpha & \cos\alpha \end{bmatrix}\begin{bmatrix} x_1 \\ y_1 \end{bmatrix} \qquad (5\text{-}14)$$

式中：x_0，y_0——平移参数；

α——旋转参数；

m——尺度参数；

x_2，y_2——目标大地坐标系下的平面直角坐标，单位：m；

x_1，y_1——原坐标系下平面直角坐标，单位：m。

上述公式，两坐标系之间的转换参数包括 2 个平移参数（x_0，y_0）、1 个旋转参数 α 和 1 个尺度参数 m，因此至少应不少于两个公共点才能求解，这一转换计算模型通常称为四参数模型。

实际工作中，如果公共点较多，计算上述参数的方程式也就越多，这时需要对公共点进行分析，选择误差较小的公共点和用最小二乘法原理来解算才能获得满意的结果。

第三篇　技能操作

第六章　水准测量

第一节　水准测量原理

一、水准测量的原理

水准测量是利用水平视线来求得两点的高差。例如图 6-1 中，为了求出 A、B 两点的高差 h_{AB}，在 A、B 两个点上竖立带有分划的标尺——水准尺，在 A、B 两点之间安置可提供水平视线的仪器——水准仪。当视线水平时，在 A、B 两个点的标尺上分别读得读数 a 和 b，则 A、B 两点的高差等于两个标尺读数之差。即：

$$h_{AB}=a-b \tag{6-1}$$

如果 A 为已知高程的点，B 为待求高程的点，则 B 点的高程为：

$$H_B=H_A+h_{AB}(\text{高差法}) \tag{6-2}$$

读数 a 是在已知高程点上的水准尺读数，称为“后视读数”；b 是在待求高程点上的水准尺读数，称为“前视读数”。高差必须是后视读数减去前视读数。高差 h_{AB} 的值可能是正，也可能是负，正值表示待求点 B 高于已知点 A，负值表示待求点 B 低于已知点 A。此外，高差的正负号又与测量进行的方向有关，例如图 6-1 中测量由 A 向 B 进行，高差用 h_{AB} 表示，其值为正；反之由 B 向 A 进行，则高差用 h_{BA} 表示，其值为负。所以说明高差时必须标明高差的正负号，同时要说明测量进行的方向。

由图 6-1 可以看出，B 点高程还可以通过仪器的视线高程 H_i 来计算，即：

$$H_i=H_A+a \tag{6-3}$$

$$H_B = H_i - b(\text{仪高法}) \quad (6\text{-}4)$$

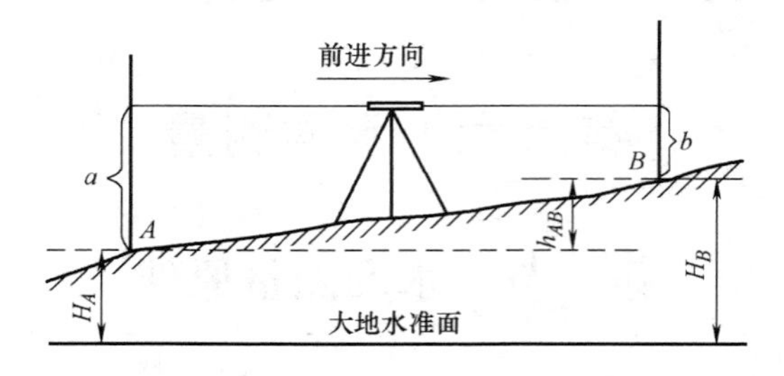

图 6-1　水准测量原理

二、转点、测站

如图 6-1 所示表示的水准测量是当 A、B 两点相距不远的情况，这时水准仪可以直接在水准尺上得到读数，且能保证一定的读数精度。如果两点之间的距离较远，或高差较大时，仅安置一次仪器并不能测得它们的高差，这时需要加设若干临时的立尺点，作为传递高程的过渡点，称为转点。转点的特点：传递高程，转点上产生的任何差错，都会影响到以后所有点的高程；既有前视读数又有后视读数，它们在前一测站先作为待求高程的点，然后在下一测站再作为已知高程的点，如图 6-2 所示。

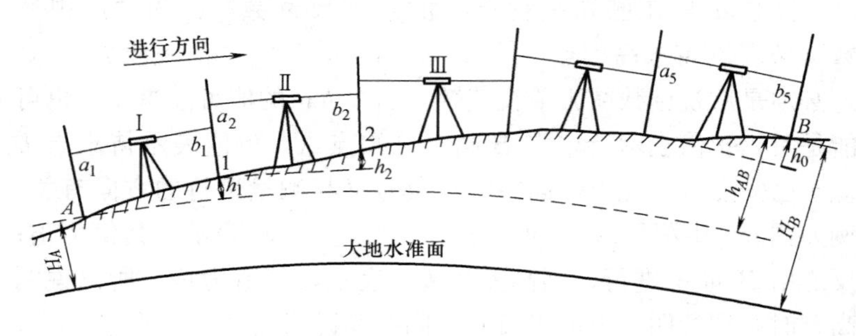

图 6-2　附合水准路线

从式（6-5）就可以看出来：每一站的高差等于此站的后视读数减去前视读数；起点到闭点的高差等于各段高差的代数和，

也等于后视读数之和减去前视读数之和。通常要同时用$\sum h$和（$\sum a-\sum b$）进行计算，用来检核计算是否有误。

$$h_1=a_1-b_1$$

$$h_2=a_2-b_2$$

$$\cdots\cdots$$

$$h_n=a_n-b_n$$

$$h_{AB}=\sum h=\sum a_n-\sum b_n \tag{6-5}$$

第二节　自动安平水准仪的构造及其操作使用

水准仪是进行水准测量的主要仪器，它可以提供水准测量所必需的水平视线。目前的普通水准仪一般都是自动安平水准仪，自动安平水准仪（Automatic Level）是在望远镜的光学系统中安装了补偿器，能使水准仪望远镜在倾斜±15″的情况下，仍能自动提供一条水平视线。水准仪安置后调置圆水准器气泡使其居中就可以进行水准测量，然后用望远镜照准水准尺，即可读取读数。再加上它无水平制动螺旋，水平微动螺旋依靠摩擦传动无限量限制，照准目标十分方便。在水准仪的基座上有水平度盘刻度线，利用它还能在较为平坦的地方进行碎部测量。所以水准仪在建筑施工测量中得到了广泛的使用。

一、水准仪及工具

1. 水准仪的构造

图6-3为水准仪的结构图，主要由望远镜、补偿器、基座三个主要部分组成。

2. 望远镜

望远镜一般是由物镜、物镜调焦镜、目镜和十字丝分划板组成。物镜的作用是使物体在物镜的另一侧构成一个倒立的实像，目镜的作用是使这一实像在同一侧形成一个放大的虚像（图6-4）。为了使物像清晰并消除单透镜的一些缺陷，物镜和目

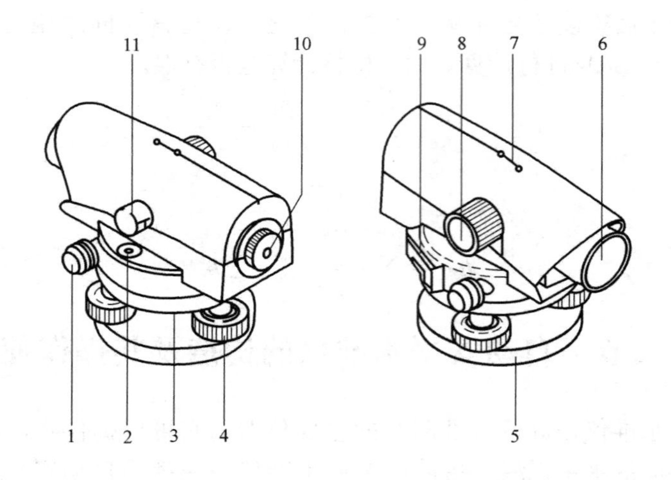

图 6-3　水准仪结构图

1—无级微动螺旋；2—圆水准气泡；3—水平圆环；4—脚螺旋；5—底盘；
6—物镜；7—粗瞄器；8—调焦螺旋；9—水平度盘读数窗；
10—目镜；11—圆水准气泡反射镜

镜都是用两种不同材料的复合透镜组合而成（图 6-5）。

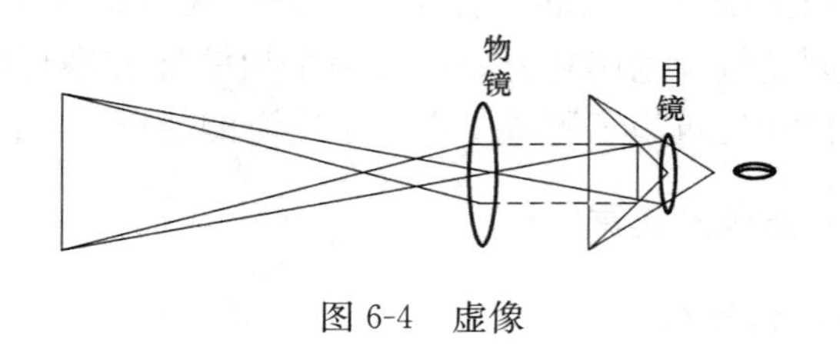

图 6-4　虚像

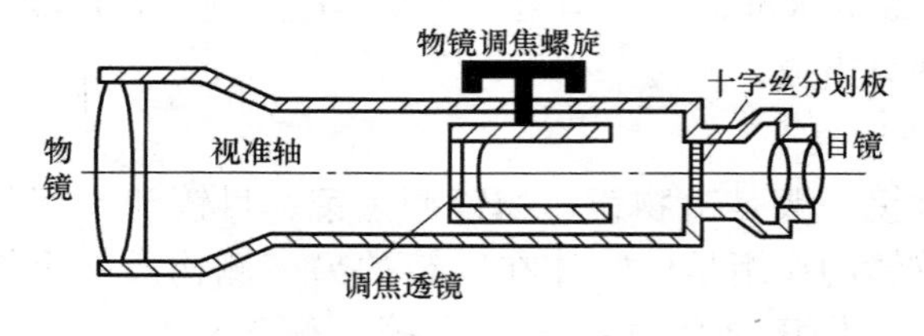

图 6-5　物镜和目镜

测量仪器上的望远镜还必须有一个十字丝分划板，是安装在物镜与目镜之间的一块平板玻璃，上面刻有两条相互垂直的细线，称为十字丝，中间横的一条称为中丝（或横丝），水准测量中其中丝所对应的水准尺读数是用来计算测站两观测点的高差的。与中丝平行的上、下两短丝称为视距丝，其在同一把尺上所对应读数则用来计算仪器与观测点间的水平距离。水准仪十字丝的示意图见图 6-6。

十字丝交点和物镜光心的连线称为视准轴，也就是视线方向，它是水准测量中用来读取中丝读数的视线。视准轴是水准仪的主要轴线之一。

为了能准确地照准目标且读出读数，在望远镜内必须同时能看到清晰的物像和十字丝刻划。为此必须使物像成像在十字丝分划板平面上。为了使离仪器不同距离的目标都能成像于十字丝分划板平面上，望远镜内还必须安装一个调焦透镜。观测不同距离的目标时，可旋转调焦螺旋改变调焦透镜的位置，从而能在望远镜内清晰地看到十字丝和所要观测的目标。

3. 补偿器

水准仪依靠补偿器来使视线轴处于水平。补偿器是利用地

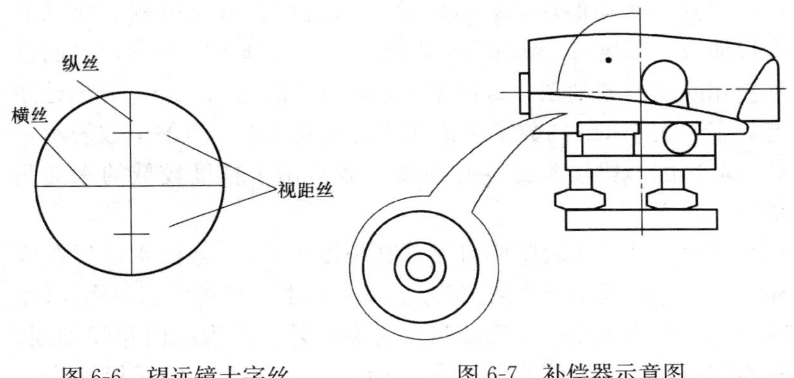

图 6-6　望远镜十字丝　　　　图 6-7　补偿器示意图

球引力进行工作的，它将一组透镜用掉丝悬挂，在地球引力的作用下，悬挂的透镜始终垂直于地面，当仪器没有完全整平时，也就是望远镜轴于水平线有一夹角（i），则相应的补偿器会始终垂直于地面，其也将与望远镜轴产生夹角（$i+90°$），经过悬挂的透镜改正视线，最终得到正确的水平视线。

4. 基座

基座起支撑仪器上部的作用，通过连接螺旋与三脚架相连接。基座由轴座、脚螺旋、底板和三角压板构成。转动脚螺旋，可使圆水准器气泡居中，使仪器竖轴竖直。

二、水准尺和尺垫

水准尺是水准测量使用的标尺，其质量的好坏直接影响水准测量的精度。因此，水准尺需要不易变形且干燥的优质木材或玻璃钢、铝合金等材料制成；要求尺长稳定，分划准确。常用的水准尺有塔尺和双面尺两种，用优质木材或铝合金制成。

塔尺为水准尺的一种。早期的水准尺大都采用木材制成，质重且长度有限（一般为 2m），测量时，携带不方便。后逐渐采用铝合金等轻质高强材料制成，采用塔式收缩形式，在使用时方便抽出，单次高程测量范围大大提高，携带时将其收缩即可，因其形状类似塔状，故常称之为塔尺。塔尺由两节或三节套接而成，长度有 3m 和 5m 两种。尺的底部为零刻划，尺面以黑白相间的分划刻划，每格宽 1cm，也有的为 0.5cm，分米处注有数字，大于 1m 的数字注记加注红点或黑点，点的个数表示米数。塔尺因节段接头处存在误差，故多用于精度较低的水准测量中。

双面水准尺比较坚固可靠，其长度为 3m。双面水准尺在两面标注刻划，尺的分划线宽为 1cm，其中，尺的一面为黑白相间刻划，称为黑面，尺底端起点为零；另一面为红白相间刻划，称为红面，尺底端起点不为零，而是一常数 K。每两根配为一对，其中一把尺常数为 4.687m，与之相配的另一把尺常数为 4.787m。利用黑红面尺零点差可对水准测量读数进行校核。为了方便扶尺竖直，在水准尺的两侧装有把手和圆水准器，双面水准尺多用在三、四等水准测量中。

尺垫是一种用在转点上的辅助测量工具，用钢板或铸铁制成（图 6-9）。使用时把三个尖脚踩入土中，把水准尺立在突出的圆顶上。依据尺垫可保证转点稳固，提高精度。

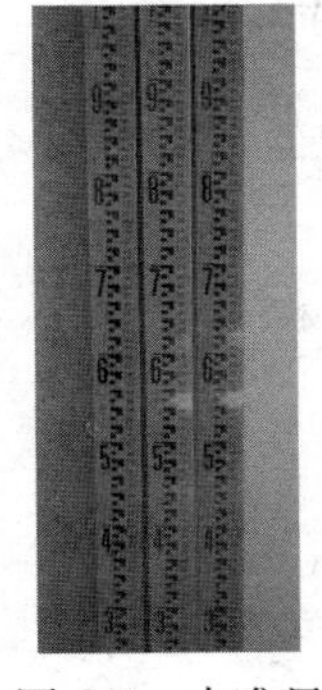

图 6-8　水准尺

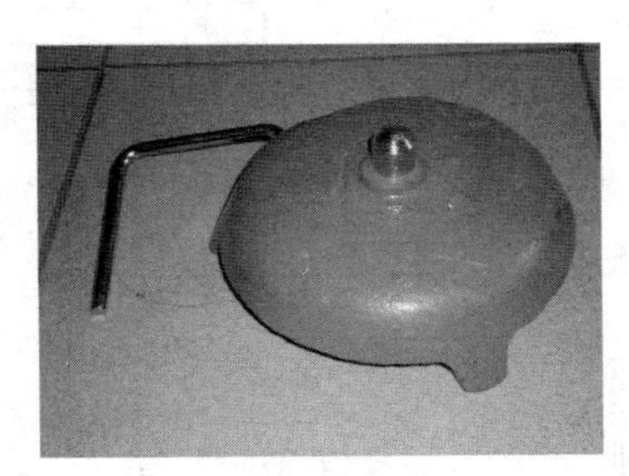

图 6-9　尺垫

三、自动安平水准仪的原理

水准仪是由望远镜、补偿器及基座等部分组成。光学系统如图 6-10 所示：望远镜为内调焦式的正像望远镜，大物镜采用单片加双胶透镜形式，具有良好的成像质量，结构简单。调焦机构采用齿轮齿条形式，操作方便，望远镜上有光学粗瞄器。

视线自动安平原理：如图 6-11 所示，当圆水准器气泡居中后，视准轴仍存在一个微小倾角 α，在望远镜的光路上安置一补偿器，使通过物镜光心的水平光线经过补偿器后偏转一个 β 角，仍能通过十字丝交点，这样十字丝交点上读出的水准尺读数，即为视线水平时应该读出的水准尺读数。

这样不仅可以缩短水准测量的观测时间，而且对于场地地

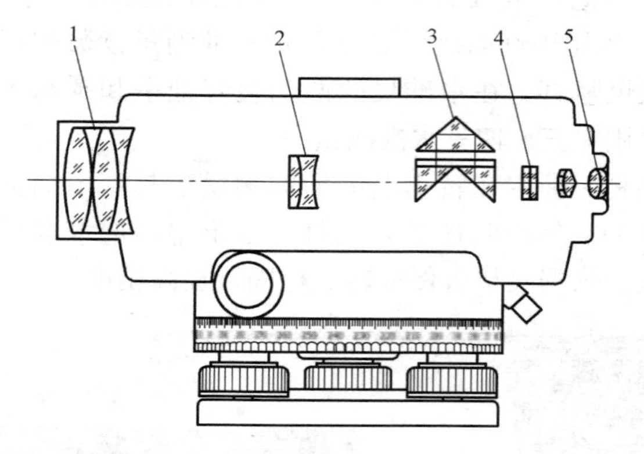

图 6-10　水准仪光学系统

1—物镜；2—物镜调焦透镜；3—补偿器棱镜组；
4—十字丝分划板；5—目镜

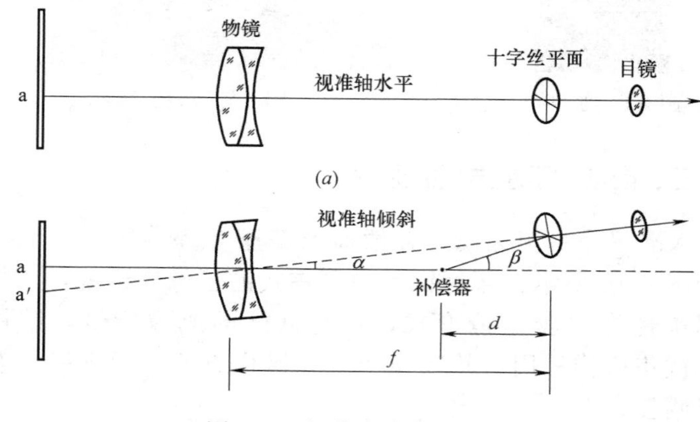

图 6-11　视线自动安平原理

面的微小震动以及风等原因，引起的视线微小倾斜，能迅速自动安平仪器，从而提高了水准测量的观测精度。

四、自动安平水准仪的使用操作

水准仪的基本作业程序为：首先在适当位置安置水准仪并

粗平仪器，然后照准立在观测点上的水准尺，等待2～4s后，即可读取水准尺上的读数并记录相应数据。水准仪的具体操作程序如下。

1. 安置仪器

首先打开三脚架，将三脚架置于两尺中间，三个脚尖大致等距，同时要注意三脚架的张角和高度要适宜，且应保持架面尽量水平，顺时针转动脚架下端的翼形手把，可将伸缩腿固定在适当位置。脚架尖要牢固插入地面，要保持三脚架在测量过程中稳定可靠。然后把水准仪用中心连接螺旋连接到三脚架上，取水准仪时必须握住仪器的坚固部位，并确认仪器可靠紧固的安置在三脚架上。

2. 粗略整平

粗平工作是旋转三个脚螺旋使圆水准器的气泡居中。操作方法如下：用两手分别以相对方向转动两个脚螺旋，此时气泡移动方向与左手大拇指旋转时的移动方向相同。然后再转动第三个脚螺旋使气泡居中。实际操作时可以不转动第三个脚螺旋，而以相同方向同样速度转动原来的两个脚螺旋使气泡居中。在操作熟练以后，不必将气泡移动分解为两步，而可以转动两个脚螺旋直接导致气泡居中。这时，两个脚螺旋各自的转动方向和转动速度都要视气泡的具体位置而定，按照气泡移动的方向及时控制两手的动作。若仍有偏差，可重复进行。

3. 瞄准标尺

调节视度：使望远镜对着亮处，逆时针旋转望远目镜，这时分划板变得模糊，然后慢慢顺时针转动望远镜，使分划板变得清晰可见时停止转动；用光学粗瞄准器粗略地瞄准目标：粗瞄时用双眼同时观测，一只眼睛注视瞄准口内的十字丝，一只眼睛注视目标，转动望远镜，使十字丝和目标重合，在视窗中观看水准尺的上下端，不应有视差晃动，否则应重调；调焦后，用望远镜精确瞄准目标，使目标清晰地成像在分划板上，观测过程中眼睛稍微上下移动，直到目标像与分划板刻划线应无任何相对位移为止。若发现尺像与十字丝有相对的移动，即读数有改变，则表示仪器存在视差。清除视差的方法是对仪器进行重新调焦，先对目镜调焦直至可清晰地看见板上的刻划丝，然后再对物镜调焦，直至十字丝板上的尺像清晰稳定，最后进行仔细观察，直到不再出现尺像和十字丝有相对移动为止。

4. 读数

在精确整平和水准标尺竖直的情况下，方可进行读数。还应注意，转动望远镜后，每次都要重新调整使水准器泡居中，在进行读数。

为了保证读数的准确性，并提高读数的速度，可以首先看估读数（即毫米数），然后再将全部读数报出。一般习惯上是报四个数字，即 m、dm、cm、mm，并且以 mm 为单位，例如 1.419m 只须读 1419 四个字，1.000m 则读 1000，0.049m 则读 0049。这对于观测、记录及计算工作都有一定的好处，可以防止不必要的误会和错误。

五、水准仪的检验与校正

根据水准测量的基本原理，要求水准仪具有一条水平视线。这个要求是水准仪构造上的一个极为重要的问题。此外还要创造一些条件使仪器便于操作。例如增设了一个圆水准器，利用它使水准仪初步安平。在正式作业之前必须对水准仪加以检验，视其是否满足要求。对某些不合要求的条件，应对仪器加以必要的校正，使之符合要求。

1. 水准仪应满足的条件

水准仪应满足的主要条件：水准管水准轴应与望远镜的视准轴平行；望远镜的视准轴不因调焦而变动位置。如果第一个主要条件的要求不能满足，水准测量的水准管气泡居中后，即水准轴已经水平而视准轴却未水平，不符合水准测量基本原理要求。第二个条件是为满足第一个条件而提出的。如果望远镜在调焦时视准轴位置发生变形，就不能设想在不同位置的许多条视线都能够与一条固定不变的水准轴平行。望远镜的调焦在水准测量中是绝不可免的，所以必须提出此项条件。

水准仪应满足的次要条件有：圆水准器的水准轴应与水准仪的旋转平行；十字丝的横丝应当垂直于仪器的旋转轴。第一个条件是为了能迅速地整置好仪器，提高作业速度。第二个条件是当仪器旋转已经竖直，在水准尺上的读数可以不必严格用十字丝的交点而可以用交点附近的横丝。

2. 水准仪的检验与校正

(1) 三脚架的检查和校正

为保证观测中仪器的安全稳固，脚架中的木质部分与金属部分的连接必须牢固可靠。如发现脚架松动，可用内六角扳手拧紧如图 6-12 所示的螺丝 2；调整脚架的压紧螺丝 1，使松紧度适中，以保证当脚架腿离开地面时仍能保持张开状态。

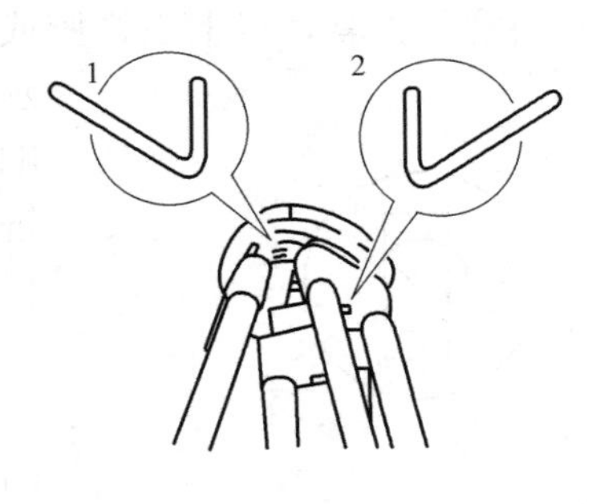

图 6-12　三角架的校正

(2) 圆水准器泡的检定

先将仪器整平，将仪器转动 180°；若气泡位于圆圈外或不居中，应适当进行调整；调整时需要使用内六角扳手，如果向左调整，则气泡向调整螺丝方向移动；向右则反之。反复 2～3 次，直至仪器转动 180°，气泡依然居中，说明调整完毕；应当注意调整完圆水准气泡后，要将所有的螺丝都要上紧。

3. 补偿器警示指示窗亮线位置的检校

将圆水准器气泡精确居中，指示窗中亮线应于三角缺口基

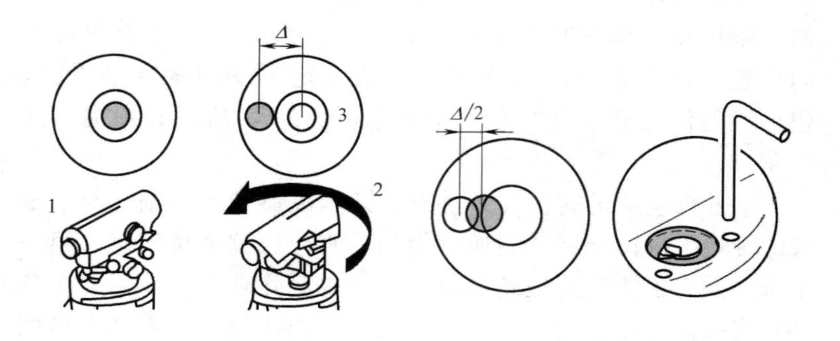

图 6-13　水准气泡的检定与校正

本重合，否则应予校正。方法如下：打开仪器两侧的盖，可以看到如左图所示的调整机构。松开螺丝 1，使其上下移动，可以调整亮线的清晰程度。松开螺丝 2，使滑动 3 左右移动，可以调整亮线的上下位置。拧动顶丝 4，可以调整亮线的歪斜。调整完毕，将螺丝拧紧，点上少许胶或清漆，然后将盖旋紧。警告指示窗的校正对望远镜成像无影响。校正应在干燥、清洁的室内进行。切勿使灰尘及水汽进入仪器。

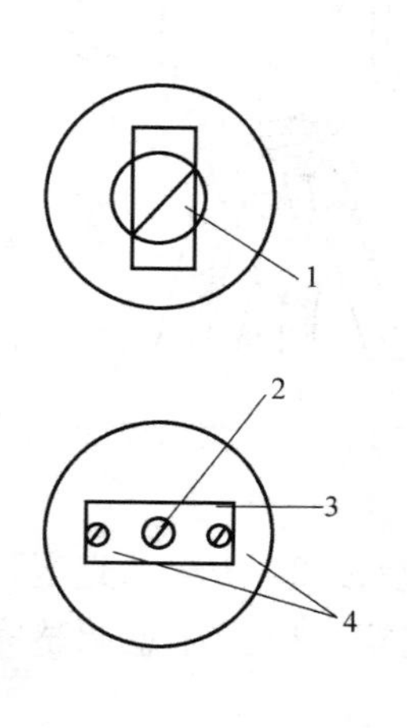

图 6-14　补偿器警示指示窗亮线位置的检校

4. 水准尺的检验

水准尺是水准测量所用仪器的重要组成部分，水准尺质量的好坏直接影响到水准测量的成果，如果尺的质量很差，甚至会造成返工。因此对水准尺进行检验也是十分必要的。

（1）一般检验

对水准尺进行一般的查看，首先应查看是否有弯曲，程度如何，若 $a<8\text{mm}$，则对尺长的影响可以不计。a 的量取系在水准尺两端张一细直线，量取尺中央至细直线的垂距。再看尺上刻划的着色是否清晰，注记有无错误，尺的底部有无磨损情况等。

（2）圆水准器的检验与校正

除一般检验，还要检查圆水准器装置是否正确，其检查与校正的方法有两种：一是用一个垂球挂在水准尺上，使尺的边缘与垂线一致，用圆水准器的校正螺钉导致气泡居中；这种方法须在室内或能避风之处进行。第二种方法是安置一架经检校后的水准仪，在相距约 50m 初的尺垫上竖立水准尺，检查时观测者指挥立尺人员将水准尺的边缘与望远镜中竖丝重合，用圆水准器校正螺钉导致气泡居中，然后将水准尺转动 90°，再次进行操作，这样反复进行至少两次。

六、水准观测误差

测量人员总是希望在进行水准测量时能够得到准确的观测数据，但由于使用的水准仪不可能完美无缺。观测人员的感官也有一定的局限，再加上野外观测必定要受到外界环境的影响，使水准测量中不可避免地存在着误差。为了保证应有的观测精度，测量人员应对水准测量误差产生的原因及控制误差在最小程度的方法有所了解。尤其是要避免误读尺上读数、错记读数、碰动脚架或尺垫等观测错误。

水准测量误差按其来源可分为：仪器误差、观测与操作者的误差以及外界环境的影响三个方面。

1. 仪器误差

（1）仪器校正后的残余误差

按照规定要求应定期对水准仪进行检验与校正，但是由于仪器检验与校正的不完善及其他原因的影响。例如水准仪的水准管轴与视准轴不平行，因而使读数产生误差。这项误差与仪器至立尺点的距离成正比。只要在测量中，使前、后视距离相等，在高差计算中就可消除或减少该项误差的影响。

（2）水准尺误差

由于水准尺刻划不准确、尺长变化、弯曲等影响，都会影响水准测量的精度。因此，水准尺须经过检验才能使用。至于水准尺的零点误差在成对使用水准尺时，可采取设置偶数测站的方法来消除；也可在前、后视中使用同一根水准尺来消除。

2. 观测误差

（1）水准管气泡居中误差

由于水准管内液体与管壁的粘滞作用和观测者眼睛分辨能力的限制，致使气泡没有严格居中引起的误差。水准管气泡居中误差一般为$\pm 0.15\tau''$（τ''为水准管分划值），采用符合水准器时，气泡居中精度可提高一倍。故由气泡居中误差引起的读数误差为：

$$m_{\mathrm{I}}=\frac{0.15\tau''}{2\rho}D \tag{6-6}$$

式中：D——水准仪到水准尺的距离。

（2）读数误差

在水准尺上估读毫米数的误差，该项误差与人眼分辨能力、望远镜放大率以及视线长度有关。通常按下式计算：

$$m_{V}=\frac{60''}{V}\cdot\frac{D}{\rho''} \tag{6-7}$$

式中：V——望远镜放大率；

$60''$——人眼能分辨的最小角度。

为保证估读数精度，各等级水准测量对仪器望远镜的放大率和最大视线长都有相应规定。

（3）视差影响

当存在视差时，十字丝平面与水准尺影像不重合，若眼睛观察位置的不同，便读出不同的读数，因此产生读数误差。操作中应仔细调焦，避免出现视差。

（4）水准尺倾斜误差

水准尺倾斜将使尺上读数增大，其误差大小与尺倾斜的角度和在尺上的读数大小有关。例如，尺子倾斜 3°30′，视线在尺上读数为 1.0 m 时，会产生约 2mm 的读数误差。因此，测量过程中，要认真扶尺，尽可能保持尺上水准气泡居中，将尺立直。

3. 外界条件影响

（1）仪器下沉

仪器安置在土质松软的地方，在观测过程中会产生下沉。由于仪器下沉，使视线降低，从而引起高差误差。若采用“后、前、前、后”的观测程序，可减小其影响。此外，应选择坚实的地面做测站，并将脚架踏实。

（2）尺垫下沉

仪器搬站时，如果在转点处尺垫下沉，会使下一站后视读数增大，这将引起高差误差。所以转点也应选在坚实地面并将尺垫踏实，或采取往返观测的方法，取其成果的平均值，可以消减其影响。

第三节　水准路线布设及常用水准测量方法

一、水准点

用水准测量的方法测定的高程控制点称为水准点（一般用 BM 表示）。水准点可作为引测高程的依据，水准点应按照水准路线等级，根据不同性质的土壤并结合现场实际情况和需要而设立。根据使用时间的长短，一般分为永久性和临时性两种。

二、水准路线

从一个水准点到另一个水准点所经过的水准测量线路称为水准路线。水准路线的选定主要包括两个方面：由已知点到引测点之间实测路线的选定，应选设在坡度较小、土质坚实、施测方便的道路附近；其二是根据已知点与引测点的个数、位置，选定水准路线的形式，为进行线路校核。根据测区情况和作业要求，水准路线可布设成以下几种形式：闭合水准路线、附合水准路线、支水准路线等。

1. 闭合水准路线

如图 6-15（*a*）所示。*BM*1 为已知高程的水准点，1、2、3、4 是待定高程的水准点。这样由一个已知高程的水准点出发，经过各待定高程水准点又回到原已知点上的水准测量路线，称为闭合水准路线。适用于施工场地附近只有一个水准点，想要求得多个新设的水准点时。

2. 附合水准路线

如图 6-15（*b*）所示。*BM*2 和 *BM*3 为已知高程的水准点，1、2、3 为待测高程的水准点。这种由一个已知高程的水准点出发，经过各待定高程水准点后附合到另一个已知高程点上的水准路线，称为附合水准路线。适用于有一个以上已知高程点的施工现场。

3. 支水准路线

如图 6-15（*c*）所示。*BM*4 为已知高程的水准点，1、2、3 为待测高程的水准点。由一个已知水准点出发，而另一端为未知点的水准路线。该路线既不自行闭合，也不附合到其他水准点上，这种既不联测到另一已知点，也未形成闭合的水准路线称为支水准路线。为了进行成果检核和提高观测精度，支水准路线必须进行往、返测量。

为了便于检核和观测精度，水准路线应尽量选择闭合水准路线或附合水准路线。支水准路线有距离的限制。

三、施测方法

1. 简单水准测量的观测程序

（1）在已知高程的水准点上立水准尺，作为后视尺。

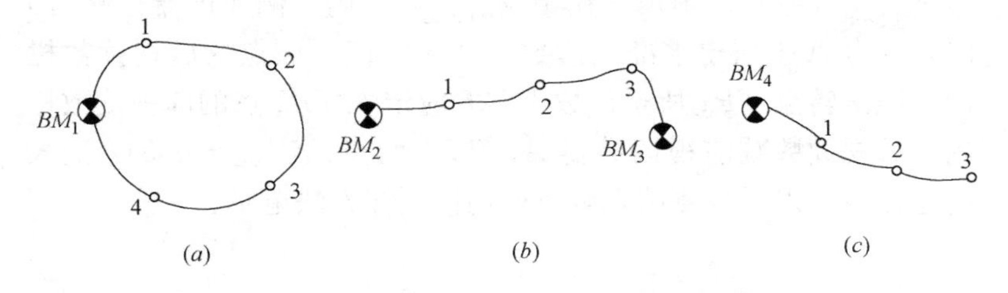

图 6-15 水准测量路线的布设形式

（a）闭合水准路线；（b）附合水准路线；（c）支水准路线

（2）在路线的前进方向上的适当位置设立第一个转点，必要时可以放置尺垫，在尺垫上竖立水准尺作为前视尺。仪器距离两水准尺间的距离基本相等，最大视距不大于 150m。

（3）安置仪器，使圆水准气泡居中。照准后视标尺，消除视差，调节水准气泡并使其精确居中，用中丝读取后视读数，记入手簿。

（4）照准前视标尺，使水准气泡居中，用中丝读取前视读数，并记入手簿。

（5）将仪器迁至第二站，同时，第一站的前视尺不动，变成第二站的后视尺，第一站的后视尺移至前面适当位置成为第二站的前视尺，按第一站相同的观测程序进行第二站测量。

（6）如此连续观测、记录，直至终点。

2. 复合水准测量的施测方法

在实际测量中，由于起点与终点间距离较远或高差较大，一个测站不能全部通视，需要把两点间分成若干段，然后连续多次安置仪器，重复一个测站的简单水准测量过程，这样的水准测量称为复合水准测量，它的特点就是工作的连续性。

四、记录

观测所得每一读数应立即记入手簿，见表 6-1，填写时应注意把各个读数正确地填写在相应的行和栏内。例如仪器在测站Ⅰ时，起点 A 上所得水准尺读数 2.073 应记入该点的后视读数栏内，照准转点 $TP1$ 所得读数 1.526 应记入 $TP1$ 点的前视读数栏内。后视读数减前视读数得 A、$TP1$ 两点的高差 +0.547 记入高差栏内。以后各测站观测所得均按同样方法记录。

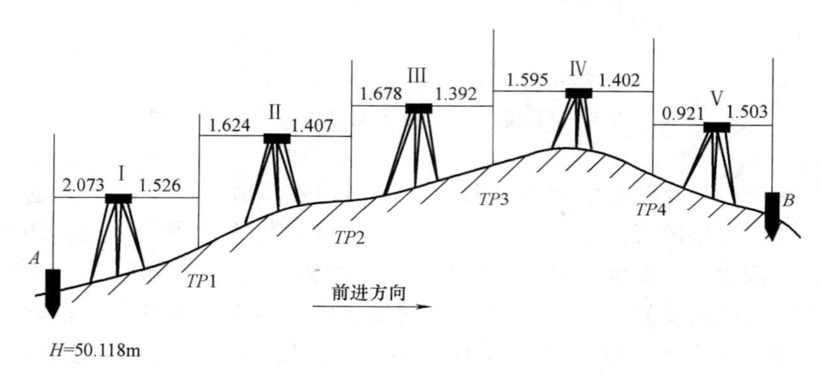

图 6-16　水准路线

水准测量手簿　　**表 6-1**

测站	测点	后视读数 (m)	前视读数 (m)	高差(m)		高程 (m)	备注
				+	−		
Ⅰ	A $TP1$	2.073	1.526	0.547			
Ⅱ	$TP1$ $TP2$	1.624	1.407	0.217			
Ⅲ	$TP2$ $TP3$	1.678	1.392	0.286			
Ⅳ	$TP3$ $TP4$	1.595	1.402	0.193			
Ⅴ	$TP4$ B	0.921	1.503		0.582		
∑		7.891	7.230	1.243	0.582		
计算校核	$\sum a-\sum b=(7.891-7.230)\text{m}=+0.661\text{m}$ $\sum h=(1.243-0.582)\text{m}=+0.661\text{m}$						

因为测量的目的是求 B 点的高程，所以各转点的高程不需计算。

为了节省手簿的篇幅，在实际工作中常把水准手簿格式简化。这种格式实际上是把同一转点的后视读数和前视读数合并填在同一行内，两点间的高差则一律填写在该测站前视读数的同一行内。其他计算和检核均相同。

在每一测段结束后或手簿上每一页之末，必须进行计算检核。检查后视读数之和减去前视读数之和（$\sum a-\sum b$）是否等于各站高差之和 $\sum h$，并等于终点高程减起点高程。如不相等，则计算中必有错误，应进行检查。但应注意这种检核只能检查计算工作有无错误，而不能检查出测量过程中所产生的错误，如读错记错等。

第四节　水准测量平差处理方法

一、水准测量成果校核

为了保证水准测量成果的正确可靠，对水准测量的外业成果必须进行校核。校核方法有测站校核和水准路线校核两种。

1. 测站检核

在水准测量每一站测量时，任何一个观测数据出现错误，都将导致所测高差不正确。因此，对每一站的高差，都必须采取措施进行检核测量，这种检核称为测站检核。测站检核通常采用变动仪高法和双面尺法。

（1）变动仪器高法

如图 6-17 所示，在每一测站上测出两点高差后，改变仪器高度再测一次高差，测得两次高差以进行比较检核。两次高差之差不超过容许值（如图根水准测量容许值为 ± 6mm），取其平均值作为该测站所得高差；若超过容许值，则需进行重测。

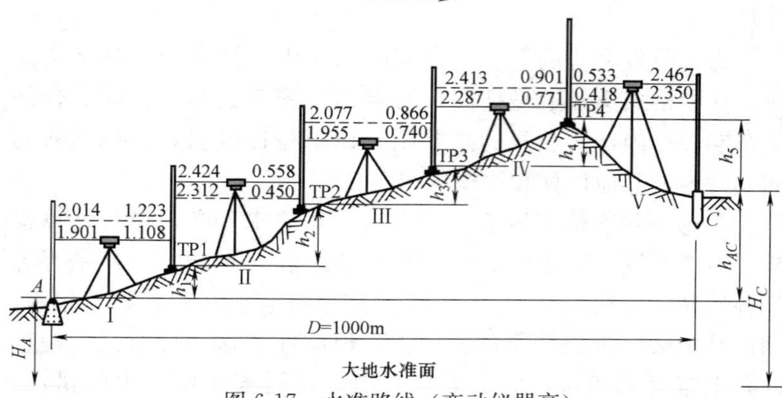

图 6-17 水准路线（变动仪器高）

水准测量记录（两次仪器高） **表 6-2**

测站	测点	后视读数（m）	前视读数（m）	高差（m）	平均高差（m）	高程（m）	备注
Ⅰ	*BMA*	2.014		+0.791		32.186	已知点
		1.901					
	*TP*1		1.223	+0.793			
			1.108		+0.792		
Ⅱ	*TP*1	2.312		+1.862			
		2.424					
	*TP*2		0.450	+1.866			
			0.558		+1.864		
Ⅲ	*TP*2	2.077		+1.211			
		1.955					
	*TP*3		0.866	+1.215			
			0.740		+1.213		
Ⅳ	*TP*3	2.413		+1.512			
		2.287					
	*TP*4		0.901	+1.516			
			0.771		+1.514		

续表

测站	测点	后视读数（m）	前视读数（m）	高差（m）	平均高差（m）	高程（m）	备　注
V	$TP4$	0.418		－1.932		35.636	已知点
		0.533					
	BMC		2.350	－1.934			
			2.467		－1.933		
∑		∑后＝18.334	∑前＝11.434		∑h＝3.450		
计算校核	$\sum a-\sum b=6.900\text{m}$　$(\sum a-\sum b)/2=3.450\text{m}$						

表 6-2 以测站为序，将每格测站，两次仪器高所读得的后视、前视读数，记入相应表格中，计算所得两个高差值也记入相应的栏中。

计算：AC 两点的高差等于各测站的高差总和，即：

$$h_{AC}=\sum h$$

则 C 点高程为：　$h_C=H_A+h_{AC}$

那么本题中：　$h_{AC}=+3.450\text{m}$

$$H_C=35.636\text{m}$$

计算校核：为了保证记录表中数据的正确，应对记录表中计算的高差和高程进行校核，即：

$$\sum a-\sum b=6.900\text{m}$$

$$(\sum a-\sum b)/2=3.450\text{m}$$

$$H_C-H_A=35.636\text{m}-32.186\text{m}=+3.450\text{m}$$

（2）双面尺法

在每一测站上，仪器高度不变，分别测出两点的黑面尺高差和红面尺高差，测得两次高差，相互进行校核。若同一水准尺红面读数与黑面读数之差，以及红面尺高差与黑面尺高差均在容许值范围内，取平均值作最后结果，否则应进行检查或重测，见表 6-3。

水准测量记录（双面尺法） **表 6-3**

测站	测点	后视读数（m）	前视读数（m）	高差（m）	平均高差（m）	高程（m）	备　注
1	BM1	1. 367				14. 077	已知点
		6. 056					
	1		0. 831	＋0. 536			
			5. 518	＋0. 538	＋0. 537		
2	1	1. 418					标准差 4. 687m
		6. 106					
	2		1. 010	＋0. 408			
			5. 698	＋0. 408	＋0. 408		
3	2	0. 794					
		5. 481					
	3		1. 424	－0. 630			
			6109	－0. 628	－0. 629		
4	3	1. 203				14. 077	
		5. 890					
	BM1		1. 519	－0. 316			
			6. 204	－0. 314	－0. 315		
计算校核	$\sum a$＝28. 315　$\sum b$＝28. 313　$\sum h$＝0. 001 $\sum a-\sum b$＝0. 002m　$(\sum a-\sum b)/2$＝0. 001m						

2. 水准路线检核

测站检核能检查每一测站的观测数据是否存在错误，但有些误差，例如在转站时转点的位置被移动，测站检核是查不出来的。此外，每一测站的高差误差如果出现符号一致性，随着测站数的增多，误差积累起来，就有可能使高差总和的误差积累过大。因此，还必须对水准测量进行成果检核，其方法是将水准路线布设成如下几种形式：

（1）附合水准路线

为使测量成果得到可靠的校核，最好把水准路线布设成附合水准路线。理论上附合水准路线中各测站实测高差的代数和应等于两已知水准点间的高差。即：

$$\sum h = \sum_{终} - \sum_{始} \tag{6-8}$$

由于实测高差存在误差，使两者之间不完全相等，其差值称为高差闭合差 f_h，即：

$$f_h = \sum h_{测} - (H_{终} - H_{始}) \tag{6-9}$$

式中：$H_{终}$——附合路线终点高程；

$H_{始}$——起点高程。

高差闭合差的大小在一定程度上反映了测量成果的质量。

（2）闭合水准路线

在闭合水准路线上亦可对测量成果进行校核。对于闭合水准路线，因为它起始于同一个水准点，所以理论上闭合水准路线中各段高差的代数和应为零，即：

$$\sum h = 0 \tag{6-10}$$

如果高差之和不等于零，则其差值即 $\sum h$ 就是闭合水准路线的高差闭合差，即：

$$f_h = \sum h_{测} \tag{6-11}$$

（3）支水准路线

支水准路线要在起点、终点间用往返测进行校核，理论上往测高差总和与返测高差总和应大小相等符号相反。或者是往返测高差的代数和应等于零，即：

$$\sum h_{往} = -\sum h_{返}$$

或 $$\sum h_{往} + \sum h_{返} = 0$$

但实测值两者之间存在差值，即产生高差闭合差 f_h：

$$f_h = \sum h_{往} + \sum h_{返} \tag{6-12}$$

有时也可以用两组并测来代替一组的往返测以加快工作进度。两组所得高差应相等，若不等，其差值即为支水准线路的高差闭合差。故：

$$f_h = \sum h_1 - \sum h_2 \tag{6-13}$$

高差闭合差是各种因素产生的测量误差，反映了测量成果的精度，故闭合差的数值应该在容许值范围内，否则应检查原因并进行返工。在各种不同性质的水准测量中，都规定了高差闭合差的限值即容许高差闭合差。图根水准测量高差闭合差容许值为：

平地 $$f_{h容}=\pm 40\sqrt{L}(\text{mm}) \tag{6-14}$$

山地 $$f_{h容}=\pm 12\sqrt{n}(\text{mm}) \tag{6-15}$$

四等水准测量高差闭合差容许值为：

平地 $$f_{h容}=\pm 20\sqrt{L}(\text{mm}) \tag{6-16}$$

山地 $$f_{h容}=\pm 6\sqrt{n}(\text{mm}) \tag{6-17}$$

式（6-14）和式（6-16）中：L 为水准路线总长（以 km 为单位），n 为测站数。

一般规定平坦场地水准线路的长度每 1000m 的测站数不应超过 16 站。

当实际测量高差闭合差小于容许闭合差时，表示观测精度满足要求，否则应对外业资料进行检查或返工重测。

二、高差闭合差的计算与调整

1. 高差闭合差的计算

当外业观测手簿检查无误后，便可进行内业计算，最后求得各待定点的高程。

水准路线的高差闭合差，根据其布设形式的不同而采用上述不同的计算公式进行，具体计算过程和步骤详见后面的示例。

2. 高差闭合差的调整

闭合差的调整是按与距离或与测站数成正比例反符号分配到各测段高差中。当实际的高差闭合差在容许值以内时，可把闭合差分配到各测段的高差上。显然，高差测量的误差是依水准路线的长度（或测站数）的增加而增加，所以分配的原则是把闭合差以相反的符号根据各测段路线的长度（或测站数）按正比例分配到各测段的高差上。故各第 i 测段高差改正数为：

$$V_i = -\frac{f_h}{n} n_i \tag{6-18}$$

或

$$V_i = -\frac{f_h}{L} D_i \tag{6-19}$$

式中：n——路线总测站数；

n_i——第 i 段测站数；

L——路线总长；

D_i——第 i 段距离。

求得各水准测段的高差改正数后，即可计算出各测段改正后的高差，它等于每段实测高差与本段高差的改正数之和。

3. 计算各点高程

根据已知高程点的高程和各测段改正后的高差，便可依次推算出各待定点的高程。各点的高程为其前一点的高程加上该测段改正后的高差。

通常，在计算完水准路线各段高差之后，应再次计算路线闭合差。闭合差应为零，否则就应检查各项计算是否有误。

三、水准测量成果计算及误差分配

1. 附合水准路线测量成果计算

水准测量的成果计算，首先要算出高差闭合差，它是衡量水准测量精度的重要指标。当高差闭合差在容许值范围内时，再对闭合差进行调整，求出改正后的高差，最后求出待测水准点的高程。

图 6-18 是一条附合水准路线，根据水准测量手簿整理得到

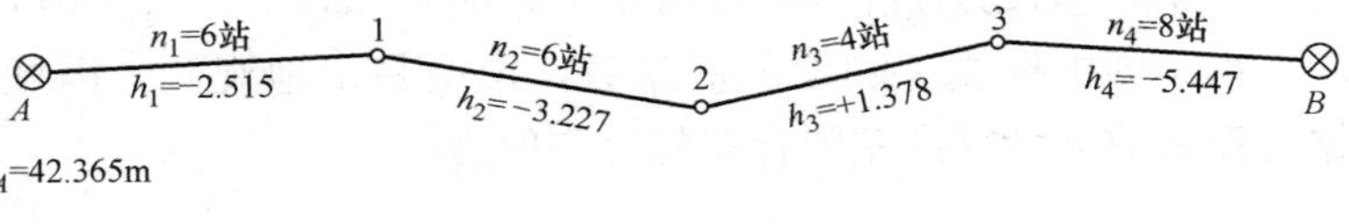

图 6-18　附合水准路线计算图

的观测数据，各测段高差和测站数如图所示。A、B 为已知高程水准点，1、2、3 点为待求高程的水准点。列表 6-4 进行高差闭合差的调整和高程计算。

附合水准路线成果计算　　　　表 6-4

测点	测站数	实测高差（m）	高差改正数（m）	改正后高差（m）	高程（m）
A					42.365
	6	−2.515	−0.011	−2.526	
1					39.839
	6	−3.227	−0.011	−3.238	
2					36.601
	4	+1.378	−0.008	+1.370	
3					39.971
	8	−5.447	−0.015	−5.462	
B					32.509
Σ	24	−9.811	−0.045	−9.856	
辅助计算	$f_h=45\text{mm}$ $f_{h容}=\pm12\sqrt{24}=\pm59\text{mm}$				

（1）将测点、各测段测站数、各测段的观测高差 、已知高程数填入相应栏目。

（2）进行高差闭合差计算

由式（6-9）：

$$f_h=\sum h_{测}-(H_B-H_A)=-9.811-(32.509-42.365)=+0.045\text{m}$$

由于图中标注了测段的测站数，说明是山地观测，因此依据总测站数 n 计算高差闭合差的容许值为：

$$f_{h容}=\pm12\sqrt{n}=\pm12\sqrt{24}=\pm59\text{mm}$$

计算的高差闭合差及其容许值填于表辅助计算栏。

（3）高差闭合差的调整

本例中，将高差闭合差反符号，按下式依次计算各测段的高差改正数：

$$\Delta h_i = -f_h / \sum n \times n_i = 45/24 \times 6 = -11\text{mm}$$

式中：$\sum n$——测站总数；

n_i——第 i 测段测站数。

同法算得其余各测段的高差改正数分别为－11mm、－8mm、－15mm，依次列入表中。

注：所算得的高差改正数总和应与高差闭合差的数值相等，符号相反，以此对计算进行校核，如因取整误差造成二者出现小的较差可对个别测段高差改正数尾数适当取舍 1mm，以满足改正数总和与闭合差数值相等的要求。

按水准精确度计算闭合差容许值为：

根据 $f_h \leqslant f_{h容}$，故符合图根水准测量技术要求。

（4）计算各点高程

用每段改正后的高差，由已知水准点 A 开始，逐点算出各点高程，列入表 6-4 中。由计算得到的 B 点高程应与 B 点的已知高程相等，以此作为计算检核。

将高差观测值加上改正数即得各测段改正后高差：

$$h_{i改} = h_i + \Delta h_i (i=1,2,3,4) \tag{6-20}$$

据此，即可依次推算各待定点的高程。

注：改正后的高差代数和，应等于高差的理论值（$H_B - H_A$），即：$\sum h_{改} = H_B - H_A$，如不相等，说明计算中有错误存在。最后推出的终点高程应与已知高程相等。

2. 闭合水准路线的内业计算

闭合水准路线的计算方法除高差闭合差的计算有所区别外，其余与附合路线的计算完全相同。计算时应当注意高差闭合差的公式为：$f_h = \sum h_{测}$。

表 6-5 为一闭合水准路线的闭合差校核和分配以及高程计算的实例。

闭合水准路线上共设置了4个待求水准点，各水准点间的距离和实测高差均列于表中。已知水准点的高程为已知，实际高程闭合差为+0.026 m小于容许高程闭合差±0.048 m。表中高差的改正数是依测站数相应计算的，改正数总和必须等于实际闭合差，但符号相反。实测高差加上高差改正数得各测段改正后的高差。由起点$BM1$的高程累计加上各测段改正后的高差，就得出相应各点的高程。

闭合水准测量高程的计算 **表6-5**

点号	测站数	实测高差(m)	改正数(mm)	改正后高差(m)	高程(m)
$BM1$					26.262
	3	+0.255	−5	+0.250	
1					26.512
	3	−1.632	−5	−1.637	
2					24.875
	4	+1.823	−6	+1.817	
3					26.692
	1	+0.302	−2	+0.300	
4					26.992
	5	−0.722	−8	−0.730	
$BM1$					26.262
Σ	16	26	−26	0	

$f_h=\sum h=+0.026\text{m}$

$f_{h容}=\pm 12\sqrt{n}\text{mm}=\pm 12\sqrt{16}\text{mm}=\pm 48\text{mm}$

$f_h<f_{h容}$(合格)

3. 支水准路线测量

对于支水准线路，应将高差闭合差按相反的符号平均分配在往测和返测所得的高差值上。具体计算举例如下。

在A、B两点间进行往返水准测量，已知$H_A=8.475\text{m}$，$\sum h_{往}=0.028\text{m}$，$\sum h_{返}=-0.018\text{m}$，A、B间线路长$L$为3km，求改正后的B点高程。

实际高差闭合差：

$$f_h=\sum h_{往}+\sum h_{返}=(0.028+(-0.018))\text{m}=0.010\text{m}$$

容许高差闭合差：$f_{h容}=\pm 40\sqrt{L}=\pm 40\sqrt{3}\text{mm}=\pm 69\text{mm}$，因 $f_h<f_{h容}$ 故精度符合要求。

改正后往测高差：

$$\sum h'_{往}=\sum h_{往}+1/2\times(-f_h)=(-0.028-0.005)\text{m}=0.023\text{m}$$

改正后返测高差：

$$\sum h'_{返}=\sum h_{返}+1/2\times(-f_h)=(-0.018-0.005)\text{m}=-0.023\text{m}$$

故 B 点高程为：

$$H_B=H_A+\sum h'_{往}=(8.475+0.023)\text{m}=8.498\text{m}。$$

四、水准测量中的注意事项

由于测量误差的产生与测量工作中的观测者、仪器和外界条件三个方面有关，所以整个测量过程应注意这三个方面对测量成果的影响，从而最大限度降低对测量结果的影响程度。为减少水准测量误差，提高测量的精度，在整个测量过程中应注意以下内容。

1. 在测量工作之前，应对水准仪、水准尺进行检验，符合要求方可使用。

2. 每次读数之前和之后均应检查水准气泡是否居中。

3. 读数之前检查是否存在视差，读数要估读至 mm。

4. 前后视距尽量相等，同一测站前后视距读数时尽量避免调焦。

5. 固定观测线路、人员、仪器、时段及数据处理方法。

6. 为防止水准尺竖立不直和大气折光对测量结果产生的影响，要求在水准尺上读取的中丝读数的最小读数应大于 0.3m，最大读数应小于 2.5m。

7. 为防止仪器和尺垫下沉对测量的影响，应选择坚固稳定的地方作转点，使用尺垫时要用力踏实，在观测过程中保护好转点位置，精度要求高时也可用往返观测取平均值的方法以减少其误差的影响。

8. 读数时，记录员要复述，以便核对；记录要整齐、清楚；记录有误不准擦去及涂改，应划掉重写。

第五节　路线纵断面测量

路线纵断面测量又称路线高程测量，其任务是测量路线上各里程桩（即中桩）的地面高程，绘制成中线纵断面图，供路线纵坡设计、计算中桩填挖尺寸时使用。

路线横断面测量是测定各中桩两侧垂直于中线的地面高程，绘制横断面图，供线路基础设计、计算土石方量及施工时放样边桩时使用。

为了保证测量精度和便于成果检查，根据“由整体到局部”的测量原则，路线水准测量可分两步进行：首先进行高程控制测量，即沿线路方向设置若干水准点，建立高程控制，称为基平测量；然后根据基平测量布设的水准点，分段进行中桩水准测量，测定各里程桩的地面高程，称为中平测量。

一、基平测量

1. 水准点的分类

道路沿线可布设永久性水准点和临时性水准点。水准点用“BM”标注，并注明编号、水准点高程、测设单位及埋设的年月。

（1）永久性水准点

在路线的起终点、大桥两岸、隧道两端以及一些需要长期观测高程的重点工程附近均应设置永久性水准点，在一般地区也应每隔适当距离设置一个。永久性水准点应为钢筋混凝土桩，点位用红油漆画上“⊠”记号；山区岩石地段的水准点可利用坚硬稳定的岩石并用金属标志嵌在岩石上。混凝土水准点桩顶面的钢筋应锉成球面。

（2）临时性水准点

临时性水准点可埋设大木桩，顶面钉入大铁钉作为标志，也可设在地面突出的坚硬岩石或建筑物墙角处，并用红油漆标识。

2. 水准点布设密度

（1）基平测量一般结合勘测阶段已布设的水准点，沿路线中心线两侧50～300m范围内布设高程控制点，水准点的位置应选在地基稳固、易于引测以及施工时不易被破坏的地方。

（2）水准点的设置应视工程需要而定，布设间距宜为1～1.5km；山岭重丘区可根据需要适当加密为0.5～1km；大桥、隧道洞口及其他大型构造物两端应按要求增设水准点。

3. 基平测量要点

（1）应将起始水准点与附近国家水准点进行连测，以获取绝对高程，并对测量结果进行检测。

（2）当路线附近没有国家水准点或引测困难时，则可参考地形图选定一个与实际高程接近的高程作为起始水准点的假定高程。

（3）基平测量一般按四等水准测量的精度要求进行，可采用一台水准仪在水准点间作往返观测，也可使用两台水准仪按四等水准测量精度的要求作单程观测。

（4）高程应采用1985国家高程基准。同一条路线应采用同一个高程系统，不能采用同一系统时，应给定高程系统的转换关系。

二、中平测量

中平测量是以基平测量布设的相邻两个水准点为一测段，从一个水准点出发，沿路线适当位置设置转点传递高程，用视线高法逐点测定路线上各中桩的地面高程，并附合到下一个水准点上。中平测量只作单程观测，可按普通水准测量精度要求进行。

观测时，将水准仪安置于水准点（转点）与转点（水准点）中间，首先读取后、前视水准点（转点）的尺上读数，再读取后、前视两点间所有中桩地面点的尺上读数（这些中桩点读数称为中视读数）。

由于转点起传递高程的作用，因此转点尺应立在尺垫、稳固的桩顶或坚石上，尺上读数至 mm，视线长一般不应超过 150m。中桩点尺上读数至 cm（高速公路测设规范规定读至 mm），要求尺子立在紧靠桩边的地面上。

当路线跨越河流时，还需测出河床断面、洪水位和常水位高程，并注明年、月，以便为桥梁设计提供资料。

1. 观测步骤与记录

如图 6-4 所示，水准仪置于①站，后视水准点 BM. 1，前视转点 TP. 1，将观测结果分别记入表 6-2 中“后视”和“前视”栏内；然后将后视点 BM. 1 上的水准标尺依次立于 0＋000，0＋050，…，0＋120 等各中桩地面上，观测 BM. 1 与 TP. 1 之间的各个中桩，将读数分别记入表 6-2 中的“中视”栏内 D 仪器搬至②站，后视转点 TP. 1，前视转点 TP. 2，然后观测竖立于各中桩地面点上的水准标尺 D 用同法继续向前观测，直至附合到水准点 BM. 2，完成一测段的观测工作。

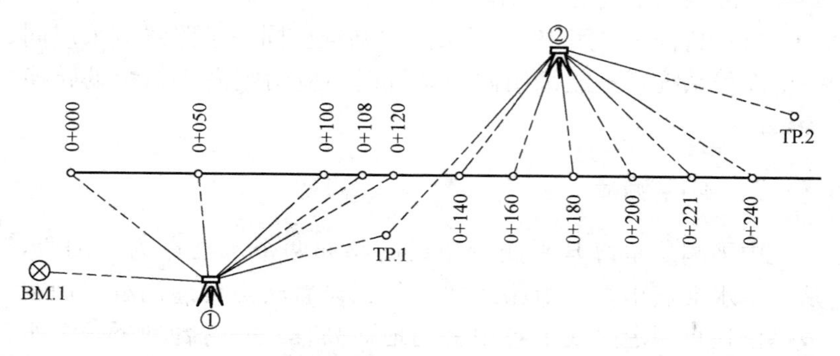

图 6-19　纵断面测量示意图

路线纵断面水准（中平）测量记录　　　　表 6-6

测站	点号	水准标尺读数(mm)			仪器视线高程(m)	高程(m)	备注
		后视	中视	前视			
1	BM.1	2.191			14.505	12.314	
	0+000		1.62			12.89	
	0+050		1.90			12.61	
	0+100		0.62			13.89	ZY.1
	0+108		1.03			13.48	
	0+120		0.91			13.60	
	TP.1			1.006		13.499	
2	TP.1	2.162			15.661	13.499	
	0+140		0.50			15.16	
	0+160		0.52			15.14	
	0+180		0.82			14.84	
	0+200		1.20			14.46	QZ.1
	0+221		1.01		14.65		
	0+240		1.06			14.60	
	TP.2			1.521		14.140	
3	TP.2	1.421			15.561	14.140	
	0+260		1.48			14.08	
	0+280		1.55			14.01	
	0+300		1.56			14.00	YZ.1
	0+320		1.57			13.99	
	0+335		1.77			13.79	
	0+350		1.97			13.59	
	TP.3			1.388		14.173	
4	TP.3	1.724			15.897	14.173	
	0+384		1.58			14.32	
	0+391		1.53			14.37	JD.2
	0+400		1.57			14.33	
	BM.2			1.281		14.616	(14.618)

2. 计算与复核

中桩的地面高程以及前视点高程应按所属测站的视线高程进行计算。每一测站的计算方法如下：

视线高程＝后视点高程＋后视读数

中桩高程＝视线高程－中视读数

$$转点高程=视线高程-前视读数$$

计算完成后，应复核路线闭合差等，计算如下：

$f_{h容}=\pm 40\sqrt{L}=\pm 40\sqrt{0.40}\text{mm}=\pm 25.3\text{mm}$（$L=400\text{m}-0\text{m}=400\text{m}=0.4\text{km}$）

$\Delta h_{基}=14.618\text{m}-12.314\text{m}=2.304\text{m}$

$$\sum a-\sum b=(2.191\text{m}+2.162\text{m}+1.421\text{m}+1.724\text{m})-(1.006\text{m}+1.521\text{m}+1.388\text{m}+1.281\text{m})=2.302\text{m}$$

$\Delta h_{基}-\Delta h_{中}=2.304\text{m}-2.302\text{m}=0.002\text{m}=2\text{mm}<f_{h容}$

精度符合要求。

三、绘制纵断面图与施工量计算

纵断面图表示了中线方向上地面的高低起伏情况，可在其上进行纵坡设计，它是路线设计和施工中的重要资料。

纵断面图是以中桩的里程为横坐标，其高程为纵坐标进行绘制的。常用的里程比例尺有1∶5000，1∶2000和1∶1000几种。为了明显地表示地面起伏，一般取高程比例尺为里程比例尺的10倍或20倍。例如里程比例尺用1∶2000，则高程比例尺取1∶200或1∶100。

如图6-19所示为道路纵断面图，图的上半部从左至右绘有贯穿全图的两条线，细折线表示中线方向的地面线，是根据中平测量的中桩地面高程绘制的；粗折线表示纵坡设计线。此外，上部还注有水准点编号、高程和位置；竖曲线示意图及其曲线元素；桥梁的类型、孔径、跨数、长度、里程桩号和设计水位；涵洞的类型、孔径和里程桩号；其他道路、铁路交叉点的位置、里程桩号和有关说明等。图的下部几栏表格注记有关测量及纵坡设计的资料。在图纸左面自下而上填写直线与曲线、桩号、填挖土、地面高程、设计高程、坡度与距离栏。上部纵断面图上的高程按规定的比例尺注记，首先要确定起始高程（如图6-19中0+000桩号的地面高程）在图上的位置，且参考其他中桩的地面高程，以使绘出的地面线处在图纸上适当位置。下面以

图 6-19 为例说明各栏内容的计算与绘制方法。

1. 桩号

自左至右按规定的里程比例尺标注中桩的桩号。桩号标注的位置表示了纵断面图上各中桩的横坐标位置。

2. 地面高程

在对应于各中桩桩号的位置注上地面高程，并在纵断面图上按各中桩的地面高程，用规定的高程比例尺画虚线，依次点出其相应的位置，用细直线连接各相邻点位，即得中线方向的地面线。

3. 直线与曲线

按里里桩号标明路线的直线部分和曲线部分。曲线部分用直角折线表示一上凸表示路线右偏，下凹表示路线左偏，并注明交点编号及其桩号和曲线半径，在不设曲线的交点位置，用锐角折线表示。

4. 纵坡设计在上部地面线部分进行纵坡设计

设计时要考虑施工时土石方工程量最小、填挖方尽量平衡及小于限制坡度等道路相关技术规定。

5. 坡度与距离

分别用斜线或水平线表示设计坡度的方向，线上方注记坡度数值（以百分比表示），下方注记坡长，水平线表示平坡。不同的坡段以竖线分开。某段的设计坡度值按下式计算：

设计坡度=(终点设计高程−起点设计高程)/平距

6. 设计高程

分别填写相应中桩的设计路基高程。某点的设计高程按下式计算设计高程=起点高程+设计坡度×起点至该点的平距

7. 填挖土方填写各中桩处填挖高度。

按下式进行填挖高度的计算

某点的填挖高度=该点设计高程−该点地面高程

按上式求得的填挖高度，正号为填土高度，负号为挖土深度。

地面线与设计线的交点称为不填不挖的“零点”，零点也给以桩号，可由图上直接量得，以供施工放样时使用。

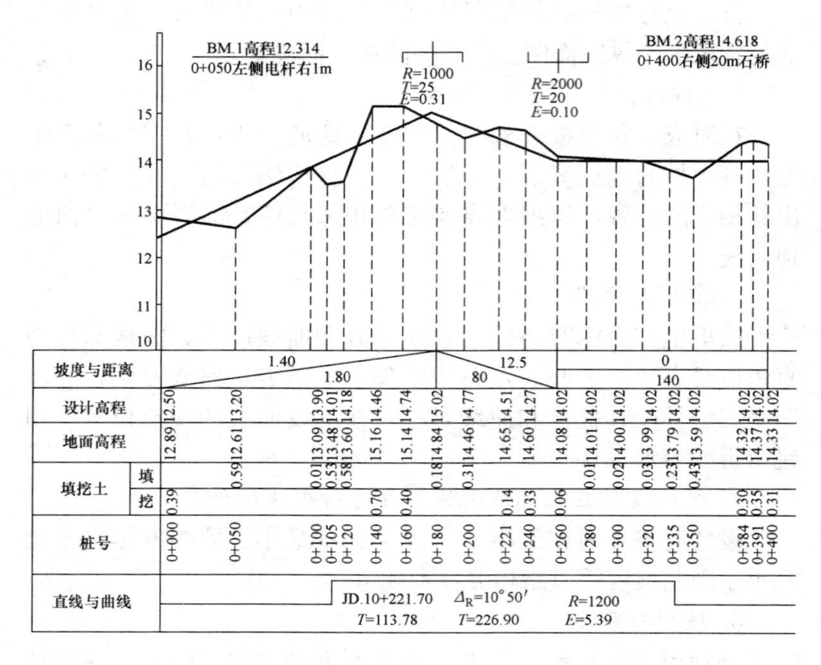

图 6-20　纵断面图

第六节　水准测量技能训练实例

一、实训1　常规水准仪的认识及使用

1. 实训目的

(1) 认识自动安平水准仪的构造，熟悉各部件的名称及作用。

(2) 掌握自动安平水准仪的操作步骤及水准尺的读数方法，会进行高差计算。

2. 实训仪器及工具

DS3 型自动安平水准仪 1 台，水准尺 2 根（对尺），尺垫 2 个，测伞 1 把，自备铅笔、计算器和记录本。

3. 实训内容

（1）实训课时为 2 学时，每一实训小组由 3～4 人组成。

（2）熟悉 DS3 型自动安平水准仪各部件的名称及作用。

（3）练习自动安平水准仪粗平的方法。

（4）练习瞄准目标、调焦、消除视差及在水准尺上读数的方法。

（5）练习水准测量一个测站上高差的测量、记录、计算及检核方法。

4. 实训方法和步骤

步骤 1　安置仪器

选择平坦、坚固的地面安置水准仪。

步骤 2　认识仪器各部件的名称、作用及使用方法

自动安平水准仪主要部件的作用如下：

（1）脚螺旋及圆水准气泡。调节三个脚螺旋，使圆水准器气泡居中；当圆水准器的气泡居中时，自动安平水准仪的视线即处于水平状态。

（2）粗瞄准器用于粗略瞄准水准尺。

（3）目镜、目镜调焦螺旋使望远镜中十字丝分化板的成像清晰。

（4）物镜、物镜调焦手轮使物体的成像清晰。

（5）水平微动螺旋用于精确瞄准水准尺。

步骤 3　粗平

粗平就是通过旋转脚螺旋，使圆水准器气泡居中的过程。自动安平水准仪在粗平后，借助仪器内部的自动补偿装置即可获得水平视线。

步骤 4　照准水准尺

先转动望远镜，通过粗瞄准器大致瞄准水准尺；然后转动目镜调焦螺旋，使十字丝成像清晰，再转动物镜调焦螺旋，使

水准尺成像清晰；此时，若目标成像不在望远镜视场的中间位置，可转动水平微动螺旋准确对准水准尺；最后应检查是否存在视差现象，即眼睛在目镜端略做上下移动，检查十字丝与水准尺成像之间是否有相对移动，如有，则需重新进行目镜调焦和物镜调焦，以消除视差现象。

步骤 5　读数

视线水平后，读取十字丝中丝在水准尺上的读数。无论水准仪成像是正像还是倒像，读数均按从小到大的顺序读出，并估读至毫米位。读数时，扶尺人员应将水准尺立直。

步骤 6　一个测站上高差的测量、记录、计算及检核

（1）每个小组在地面上选定 A、B 两个固定点作为后视点和前视点，并在点上立尺。

（2）在 A、B 两点之间安置自动安平水准仪并粗平，要求仪器至两点之间的距离大致相等。

（3）瞄准后视点 A（设 A 点高程已知），读取后视读数 a，记入水准测量记录表中。

（4）瞄准前视点 B，读取前视读数 b，记入水准测量记录表中。

（5）计算 A、B 两点之间的高差 H_{AB}，$h_{AB}=a-b$。

若前、后视点不变，则同组每位成员所测高差互差不应超过±5mm。

5. 实训注意事项

（1）仪器放置到三脚架架头上，必须适度旋紧三脚架的连接螺旋，以保障仪器的安全。

（2）在读数之前，必须检查并消除视差现象；读数时，水准尺必须立直。

（3）在水准尺上必须读四位数：米、分米、厘米和毫米。记录的数据应以米或毫米为单位。

6. 实训记录及报告书

将原始测量记录填入水准测量记录表，计算、检核后作为实训成果上交（表 6-7）。

水准测量记录表　　表 6-7

测站	测点	后视读数(m)	前视读数(m)	高差(m)	高程(m)

二、实训 2　闭合（附合）水准线路测量实训

1. 实训目的

（1）掌握自动安平水准仪的操作步骤及水准尺的读数方法。

（2）掌握闭合（附合）水准路线外业选点、测量、记录、计算及检核的方法。

（3）掌握闭合（附合）水准路线观测成果整理、高差闭合差调整及待定点高程计算的方法。

2. 实训仪器及工具

DS3 型自动安平水准仪 1 台，水准尺 2 根（对尺），尺垫 2 个，记录板 1 个，测伞 1 把，自备铅笔、计算器和记录本。

3. 实训内容

（1）实训课时为 2 学时，每一个实训小组由 3～4 人组成。

（2）在教师指定的场地布设一条闭合（附合）水准路线，路线长度约 800m。若为闭合水准路线，则给出起始水准点 BM_A 的位置和高程（H_A＝500.00m）；若为附合水准路线，则应给出起点 BM_A 和终点 BM_B 的位置和高程。在闭合（附合）水准路线上选定三个待测高程点，设为 BM_1、BM_2、BM_3，由起始水准点 BM_A 出发，沿着待定水准点 BM_1、BM_2、BM_3 进行水

准测量，最后闭合到水准点 BM_A（附合到另一已知水准点 BM_B），如图 6-21 所示。将外业采集的数据填入闭合水准测量记录表（表 6-8），并填写闭合水准测量成果计算表（表 6-9）。

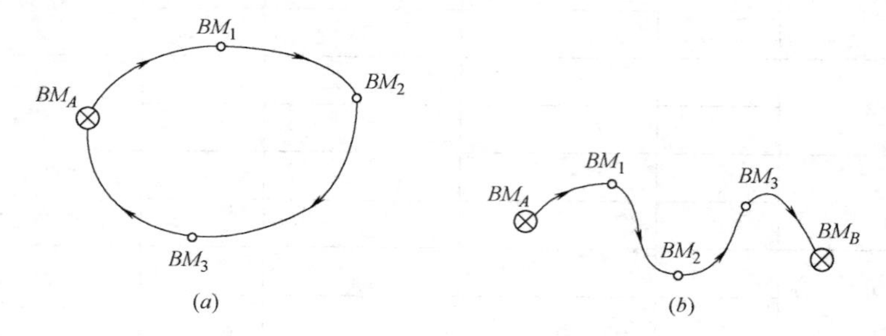

图 6-21　普通水准测量路线

（a）闭合水准路线；（b）附合水准路线

闭合水准测量记录表　　　　**表 6-8**

测站	测点	后视读数(m)	前视读数(m)	高差(m)	高程(m)	备注

4. 实训方法和步骤

以下以闭合水准路线测量为例进行说明，附合水准路线测量方法类似，在此不再详述。

（1）在教师指定的实训场地上选定起始水准点 BM_A 并做好标记，设 H_A＝500.00m。布设一条长约 800m 的闭合水准路线，并在水准路线上选定 3 个待测高程点（设为 BM_1、BM_2、BM_3）并做好标记，各测段之间的距离控制在 200m 左右。

闭合水准测量成果计算表　　　　表 6-9

点号	测站 n_f(站)	实测高差 h_f(m)	高差改正数 v_f(m)	改正后高差 $h_{i数}$(m)	高程 H(m)	备注
BM_A						
BM_1						
BM_2						
BM_3						
BM_4						
Σ						

（2）从起始水准点 BM_A 出发，按照分段连续水准测量的方法依次测量各点之间的高差。即在观测时，扶尺者先在 BM_A 点立尺，另一人沿线路前进方向适当位置处选一转点 TP_1，安置尺垫，将水准尺立于尺垫之上。后尺和前尺之间的距离控制在 50m 左右（主要为增加观测次数）。观测者将仪器安置在适当位置，并使仪器至前、后水准尺的距离（即前、后视距）大致相等，视距可用步测法进行估测。仪器整平后，分别读取后视水准尺 BM_A 的读数 a_1，前视水准尺 TP_1 的读数 b_1，填入水准测量记录表中，并计算第一站的高差 $h_1 = a_1 - b_1$。第一站测完后，将水准仪沿前进方向搬至第二站，将 BM_A 点的水准尺移至第二站的前视点 TP_2，TP_1 点的水准尺不动。仪器整平后，分别读取第二站后视水准尺 TP_1 的读数 a_2，前视水准尺 TP_2 的读数 b_2，填入水准测量记录表中，计算第二站的高差 $h_2 = a_2 - b_2$。

（3）按照第二步的步骤依次设站，观测整条水准路线，最后闭合到起始水准点 BM_A。

（4）水准测量数据的检核：$\sum_{i=1}^{n} a_i - \sum_{i=1}^{n} b_1 = \sum_{i=1}^{n} h_i$，其中，$n$ 为整个闭合水准路线的测站数。

（5）计算闭合水准路线的高差闭合差：$f_h = \sum_{i=1}^{n} h_i$，高差闭合差的容许值：

$$f_{h容}=\pm 40\sqrt{L}(\mathrm{mm})\text{或 } f_{h容}=\pm 12\sqrt{n}(\mathrm{mm})$$

式中：L——水准路线长度（km）；

n——测站数。

当 f_h 在容许的限差范围内时，即 $|f_h| \leqslant |f_{h容}|$，则认为观测结果合格，此时按与水准路线长度或测站数成正比例、反符号分配的原则进行高差调整，分别计算出待定点 BM_1、BM_2、BM_3 的高程，计算表格见表 6-9；若超限，应查找原因并返工重测。

5. 实训注意事项

（1）已知水准点和待测水准点上均不放尺垫，只在转点上放置尺垫，也可选择有凸出点的坚实地物作为转点而不用尺垫。

（2）每一测站上，后视距离和前视距离应大致相等。

（3）同一测站上，水准仪只能整平一次。若转动望远镜后，仪器未精平，则应重新检查并整平仪器，整个测站应重新读数。

（4）水准尺应严格立直，不得前后左右倾斜。立尺员应随时注意观测者的指挥，仪器未搬站，后视尺、前视尺及尺垫不可移动；仪器搬站时，前视尺及其尺垫不可移动。

（5）仪器安置应稳固，读数前应注意消除视差。

（6）记录员必须复述观测员所读数值，每一测站观测完毕，必须现场计算出高差。

（7）当水准路线观测完成后，须当场计算高差闭合差。若超限应检查原因，先检查计算是否有误，若计算无误则说明错误是由测量引起的，需重测。

6. 实训记录及报告书

上交水准测量记录表（表 6-8）和水准测量成果计算表（表 6-9）。

三、实训 3　路线纵断面测量

1. 训练目的

（1）掌握路线纵断面水准测量的过程及基本方法。

（2）掌握纵断面图的绘制方法。

2. 训练步骤

实验时，选择一条约 2km 的路线，观测及绘图方法详见本章第五节。

3. 注意事项

（1）水准点要设置在稳定、便于保存的地方。

（2）施测前需抄写各中桩桩号，避免漏测。施测时立尺员要随时报告桩号，以便核对。

（3）转点的设置必须要牢靠，若有碰动，一定要重测。

第七章 角度测量

第一节 全站仪构造及操作使用

全站仪又称全站型电子速测仪，是一种可以同时进行角度测量和距离测量，由机械、光学、电子元件组合而成的测量仪器。在测站上安置好仪器后，除照准需人工操作外，其余可以自动完成，而且几乎是在同一时间得到平距、高差和点的坐标。全站仪是由电子测距仪、电子经纬仪和电子记录装置三部分组成。从结构上分，全站仪可分为组合式和整体式两种。组合式全站仪是用一些连接器将测距部分、电子经纬仪部分和电子记录装置部分连接成一组合体。它的优点是能通过不同的构件进行灵活多样的组合，当个别构件损坏时，可以用其他的构件代替，具有很强的灵活性。整体式全站仪是在一个仪器内装配测距、测角和电子记录三部分。测距和测角共用一个光学望远镜，方向和距离测量只需一次照准，使用十分方便。

一、全站仪的基本结构及功能

随着我国经济和技术水平的飞速发展，全站仪以其性能稳定、操作简便，在建筑施工测量中得到广泛应用，下面以某型号全站仪为例介绍。

1. 仪器部件的名称

如图 7-1 所示标示出了仪器各个部件的名称。

2. 显示

(1) 显示屏

显示屏采用点阵式液晶显示（LCD），可显示 4 行，每行 20 个字符，通常前三行显示测量数据，最后一行显示随测量模式变化的按键功能。

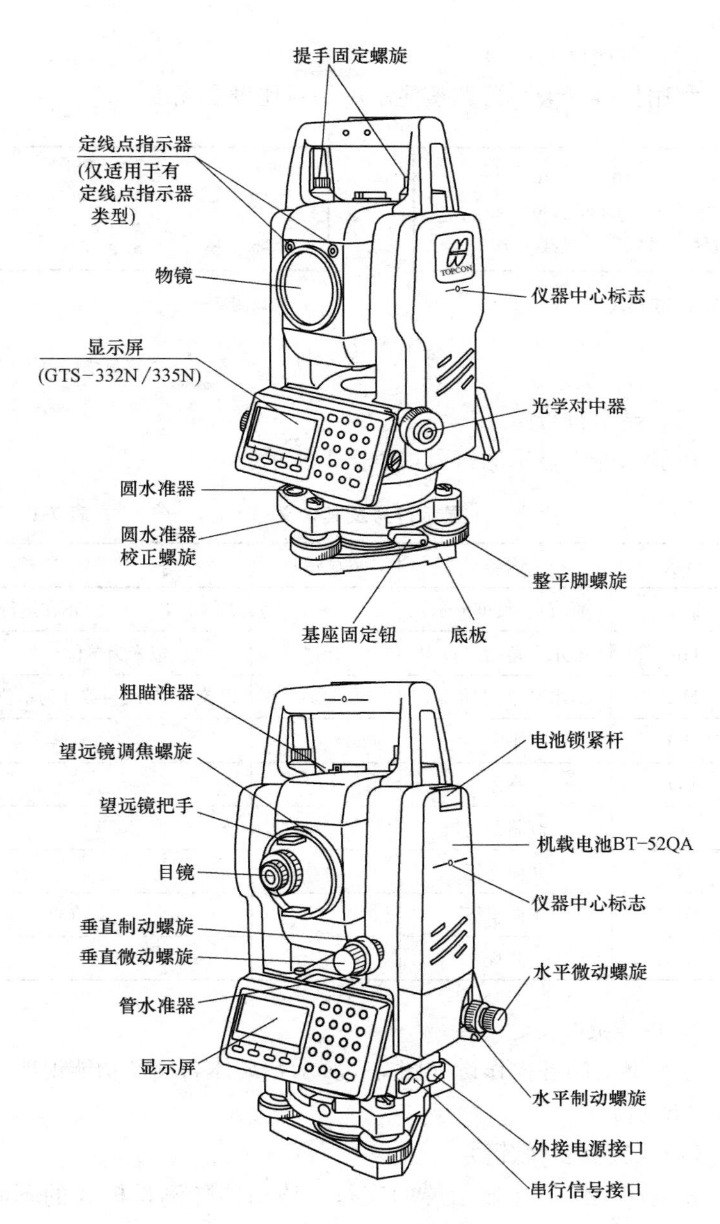
提手固定螺旋
定线点指示器
(仅适用于有
定线点指示器
类型)
物镜
仪器中心标志
显示屏
(GTS−332N/335N)
光学对中器
圆水准器
圆水准器
校正螺旋
整平脚螺旋
基座固定钮
底板
粗瞄准器
电池锁紧杆
望远镜调焦螺旋
望远镜把手
机载电池BT−52QA
目镜
仪器中心标志
垂直制动螺旋
垂直微动螺旋
水平微动螺旋
管水准器
显示屏
水平制动螺旋
外接电源接口
串行信号接口

图 7-1　GTS-330 结构图

（2）对比度与亮度

利用星键（★）可调整显示屏的对比度和亮度。

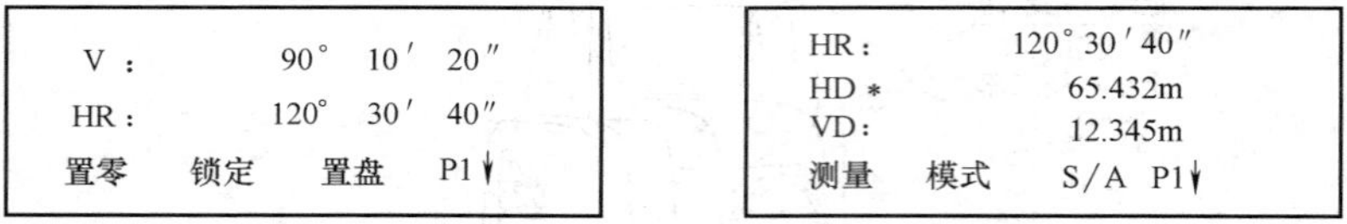

V：	90° 10′ 20″
HR：	120° 30′ 40″
置零 锁定 置盘	P1↓

角度测量模式

HR：	120° 30′ 40″
HD *	65.432m
VD：	12.345m
测量 模式	S/A P1↓

距离测量模式

图 7-2 显示屏

（3）显示符号

在显示屏中显示的符号如表 7-1 所示。

显示符号及其含义 表 7-1

显示	内容	显示	
V%	垂直角(坡度显示)	*	EDM(电子测距)正在进行
HR	水平角(右角)	m	以米为单位
HL	水平角(左角)	f	以英尺/英尺与英寸为单位
HD	水平距离		
VD	高差		
SD	倾斜距离		
N	北向坐标		
E	东向坐标		
Z	高程		

3. 操作键

显示屏上的各操作键如图 7-3 所示，具体名称及功能说明如表 7-2 所示。

（1）功能键（软键）

软键功能标记在显示屏的底行。该功能随测量模式的不同而改变。

操作键名称及功能说明　　表 7-2

键	名称	功　能
★	星键	星键模式用于如下项目的设置或显示： (1)显示屏对比度(2)十字丝照明(3)背景光 (4)倾斜改正(5)定线点指示器(仅适用于有定线点指示器类型)(6)设置音响模式
	坐标测量键	坐标测量模式
	距离测量键	距离测量模式
ANG	角度测量键	角度测量模式
POWER	电源健	电源开关
MENU	菜单键	在菜单模式和正常测量模式之间切换，在菜单模式下可设置应用测量与照明调节、仪器系统误差改正
ESC	退出键	·返回测量模式或上一层模式 ·从正常测量模式直接进入数据采集模式或放样模式 ·也可用做为正常测量模式下的记录键 设置退出键功能的方法参见 16“选择模式”
ENT	确认输入键	在输入值末尾按此键
F1-F4	软键(功能键)	对应于显示的软键功能信息

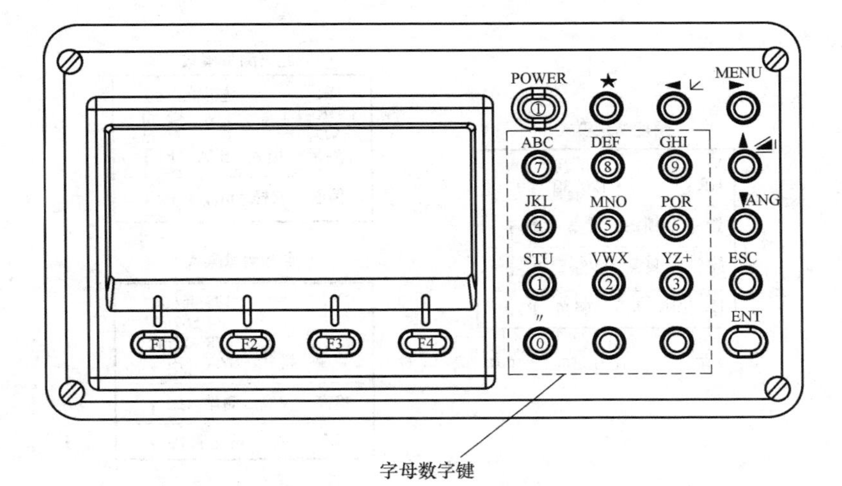

图 7-3　显示屏操作键示意图

测量模式有角度测量模式、距离测量模式和坐标测量模式。具体操作及模式说明见图 7-4 及表 7-3～表 7-5。

角度测量模式　　表 7-3

页数	软键	显示符号	功　　能
1	F1	置零	水平角置为 0°00′00″
	F2	锁定	水平角读数锁定
	F3	置盘	通过键盘输入数字设置水平角
	F4	P1↓	显示第 2 页软键功能
2	F1	倾斜	设置倾斜改正开或关，若选择开，则显示倾斜改正值
	F2	复测	角度重复测量模式
	F3	V%	垂直角百分比坡度(%)显示
	F4	P2↓	显示第 3 页软键功能
3	F1	H-蜂鸣	仪器每转动水平角 90°是否要发出蜂鸣声的设置
	F2	R/L	水平角右/左计数方向的转换
	F3	竖盘	垂直角显示格式(高度角/天顶距)的切换
	F4	P3↓	显示下一页(第 1 页)软键功能

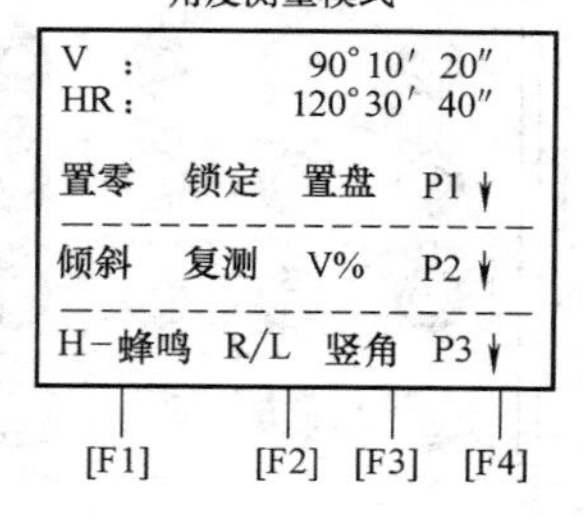

距离测量模式

HR： 120°30′40″
HR＊[r] <<m
VD： m
测量 模式 S/A P1↓
偏心 放样 m/f/i P2↓

坐标测量模式

N： 123.456m
E： 34.567m
Z： 78.912m
测量 模式 S/A P1↓
镜高 仪高 测站 P2↓
偏心 — m/f/i P3↓

图 7-4　测量模式

平距测量模式　　　　表 7-4

页数	软键	显示符号	功　能
1	F1	测量	启动测量
	F2	模式	设置测距模式精测/粗测/跟踪
	F3	S/A	设置音响模式
	F4	P1↓	显示第 2 页软键功能
2	F1	偏心	偏心测量模式
	F2	放样	放样测量模式
	F3	m/f/i	米，英尺或者英尺、英寸单位的变换
	F4	P2↓	显示第 1 页软键的功能

（2）星键模式

按下（★）键即可看到仪器的若干操作选项。具体操作及模式说明见图 7-5 及表 7-6。

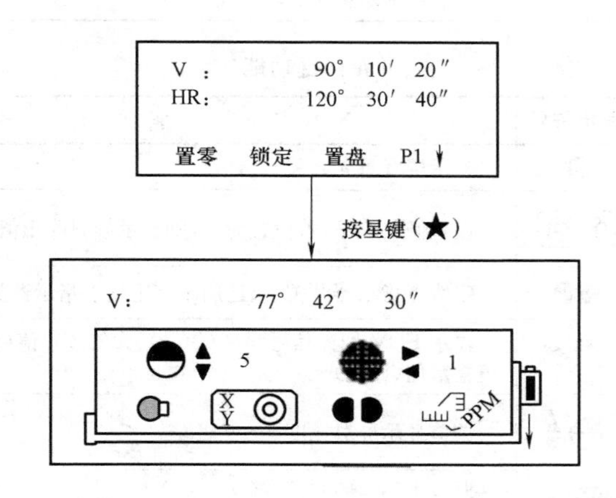

图 7-5　（★）键操作

二、反射棱镜

可根据需要选用各种棱镜框、棱镜、标杆连接器、三角基座连接器以及基座等系统组件，并可根据测量的需要进行组合，形成满足各种距离测量所需的棱镜组合。

坐标测量模式　　　　表 7-5

页数	软键	显示符号	功　　能
1	F1	测量	开始测量
	F2	模式	设置测量模式，精测/粗测/跟踪
	F3	S/A	设置音响模式
	F4	P1↓	显示第 2 页软件功能
2	F1	镜高	输入棱镜高
	F2	仪高	输入仪器高
	F3	测站	输入测站点（仪器站）坐标
	F4	P2↓	显示第 3 页软件功能
3	F1	偏心	偏心测量模式
	F3	m/f/i	米、英尺或者英尺寸、英寸单位的变换
	F4	P3	显示第 1 页软件功能

（★）键功能　　　　表 7-6

键	显示符号	功　　能
F1		显示屏背景光开关
F2		设置倾斜改正，若设置为开，则显示倾斜改正值
F3		定线点指示器开关（仅适用于有定线点指示器类型）
F4	PPM	显示 EDM 回光信号强度（信号）、大气改正值（PPM）和棱镜常数值（棱镜）
▲或▼		调节显示屏对比度（0～9 级）
◀或▶		调节十字丝照明亮度（1～9 级） 十字丝照明开关和显示屏背景光开关是联通的

棱镜有单棱镜、三棱镜、测杆棱镜等不同种类，如图 7-6 所示。

不同的棱镜数量，测程不同，棱镜数越多，测程越大，但全站仪的测程是有限的。所以棱镜数应根据全站仪的测程和所测距离来选择。

单棱镜、三棱镜等在使用时一般安置在三角架上，用于控制测量。在放样测量和精度要求不高的测量中，采用测杆棱镜是十分便利的。

一般依据棱镜常数设置棱镜改正数。

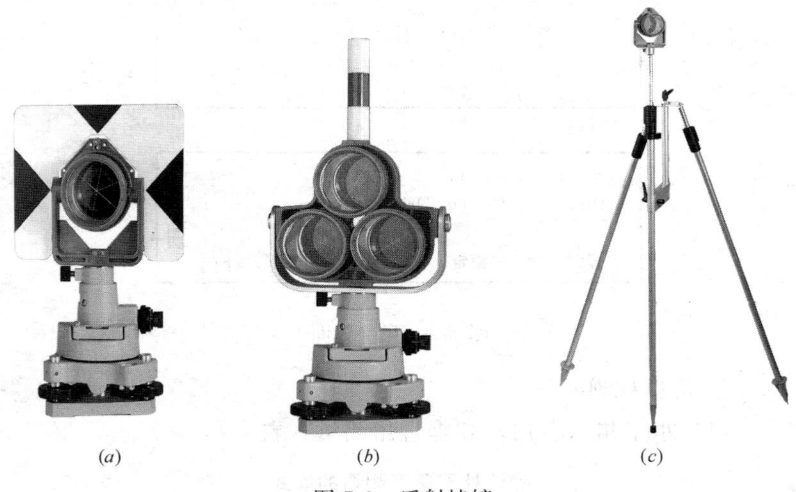

(a)　(b)　(c)

图 7-6　反射棱镜

(a) 单棱镜；(b) 三棱镜；(c) 测杆棱镜

三、全站仪的操作

1. 全站仪的安置

将仪器安置在三脚架上，精确对中和整平。一般采用光学对中器完成对中；利用长管水准器精平仪器。

(1) 仪器开机

仪器对中整平后，打开电源开关，见图 7-7 开机界面。

(2) 瞄准目标

1) 将望远镜对准明亮地方，旋转目镜筒，调焦看清十字丝(先朝自己方向旋转目镜筒，再慢慢旋进调焦清楚十字丝)。

2) 利用粗瞄准器内的三角形标志的顶尖瞄准目标点，照准时眼睛与瞄准器之间应保留有一定距离。

3) 利用望远镜调焦螺旋使目标成像清晰。

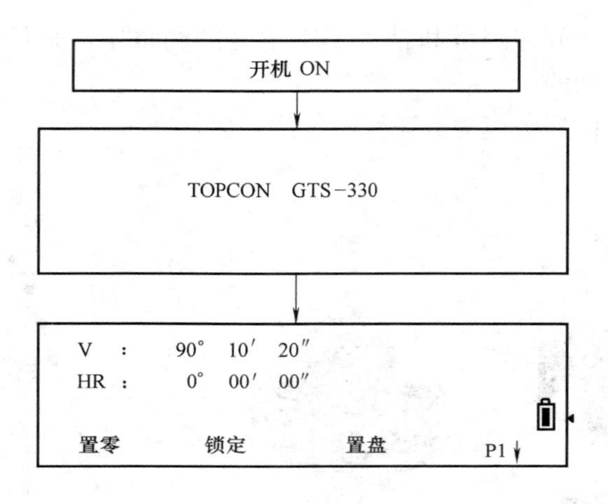

图 7-7 开机界面

2. 角度观测

(1) 水平角（右角）和垂直角测量（表 7-7）

确认处于角度测量的模式　　表 7-7

操作过程	操作	显示
①照准第一个目标 A	照准 A	V:90°10′20″ HR:120°30′40″ 置零 锁定 置盘 P1↓
②设置目标 A 的水平角为 0°00′00″,按[F1](置零)键和(是)键	[F1]	水平角置零 >OK? … …[是] [否]
	[F3]	V:90°10′20″ HR:0°0′00″ 置零 锁定 置盘 P1↓
③照准第二个目标 B,显示目标 B 的 V/H	照准目标 B	V:98°36′20″ HR:160°40′20″ 置零 锁定 置盘 P1↓

（2）水平角测量模式（右角/左角）转换（表 7-8）

水平角测量模式（右角/左角）转换　　表 7-8

操作过程	操作	显示
①按[F4]（↓）键两次转到第 3 页功能	[F4] 两次	V：90°10′20″ HR：120°30′40″ 置零 锁定 置盘 P1↓ ------------- 倾斜 复测 V% P2↓ ------------- H-峰鸣 R/L 竖角 P3↓
②按[F2]（R/L）键。右角模式（HR）切换到左角模式（HL）	[F2]	V：90°10′20″ HL：239°29′20″ H-峰鸣 R/L 竖角 P3↓
③以左角 HL 模式进行测量		

＊每次按[F2]（R/L）键，HR/HL 两种模式交替切换

（3）水平度盘设置

1）利用锁定水平角法设置（表 7-9）

利用锁定水平角法设置　　表 7-9

操作过程	操作	显示
①用水平微动螺旋旋转到所需的水平角	显示 角度	V：90°10′20″ HR：130°40′20″ 置零 锁定 置盘 P1↓
②按[F2]（锁定）键 ③照准目标	[F2]	水平角锁定 HR：130°40′20″ >设置？ --- ---[是] [否]
④按[F3]（是）键完成水平角设置＊1），显示窗变为正常的角度测量模式	照准 [F3]	V：90°10′20″ HR：130°40′20″ 置零 锁定 置盘 P1↓

＊1）若要返回上一个模式，可按[F4]（否）键

2）利用数字键设置（表 7-10）

利用数字键设置 **表 7-10**

操作过程	操作	显示
①照准目标	照准	V:90°10′20″ HR:170°30′20″ 置零 锁定 置盘 P1↓
②按[F3](置盘)键	[F3]	水平角设置 HR: 输入 --- ---回车 ------------- -------[CLR] [ENT]
③通过键盘输入所要求的水平角*1)，如:70°40′20″	[F1] 70.4020 [F4]	V:90°10′20″ HR:70°40′20″ 置零 锁定 置盘 P1↓

（4）垂直角百分度模式（表 7-11）

垂直度百分度模式 **表 7-11**

操作过程	操作	显示
①按[F4](↓)键转到第 2 页	[F4]	V:90°10′20″ HR:170°30′20″ 置零 锁定 置盘 P1↓ ------------- 倾斜 复测 V% P1↓
②按[F3](V%)键*1)	[F3]	V:-0.30% HR:170°30′20″ 倾斜 复测 V% P1↓

*1)每次按[F3](V%)键，显示模式交替切换。

当高度角超过 45°(100%)时，显示窗将出现(超限)

(5) 天顶距/高度角的切换

垂直角显示如图 7-8 及表 7-12 所示。

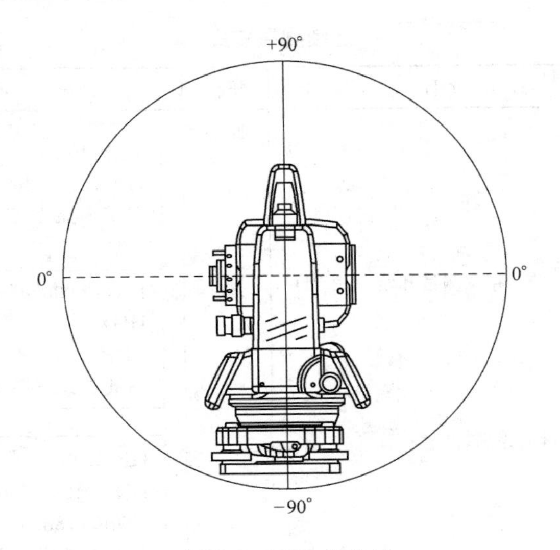

图 7-8 垂直角显示

天顶距/垂直角切换 **表 7-12**

操作过程	操作	显示
①按[F4](↓)键转到第 3 页	[F4] 两次	V:98°10′20″ HR:170°30′40″ 置零 锁定 置盘 P1↓ - - - - - - - - - - - - - H-峰鸣 R/L 竖角 P3↓
②按[F1](竖角)键*1)	[F3]	V:−8°10′20″ HR:170°30′40″ H-峰鸣 R/L 竖角 P3↓

*1)每次按[F3](竖角)键,显示模式交替切换

3. 距离测量

进行距离测量之前,首先进行大气改正设置和棱镜常数

设置。

(1) 连续测量(表 7-13)

连续测量模式　　表 7-13

操作过程	操作	显示
①照准棱镜中心	照准	V:90°10′20″ HR:120°30′40″ 置零 锁定 置盘 P1↓
②按[◢]键,距离测量开始*1)、*2)	[◢]	HR:120°30′40″ HD*:[r]　　<<m VD:　　　　m 测量 模式 S/A P1↓
显示测量的距离*3)~*5)		HR:120°30′40″ HD*:123.456m VD:5.678m 测量 模式 S/A P1↓
·再次按[◢]键,显示变为水平角(HR)、垂直角(V)和斜距(SD)	[◢]	V:90°10′20″ HR:120°30′40″ SD:131.678m 测量 模式 S/A P1↓

(2) 单次和 N 次测量

当预置了观测次数时,仪器就会按设置的次数进行距离测量并显示出平均距离值。若预置次数为 1,则由于是单次观测,故不显示平均距离。仪器出厂时设置的是单次观测。

1) 设置观测次数

在角度测量模式下见表 7-14。

2) 观测方法(表 7-15)

① 精测模式:这是正常测距模式。

最小显示单位:0.2mm 或 1mm

设置观测次数　　　　表 7-14

操作过程	操作	显示
①照准棱镜中心	照准	V:90°10′20″ HR:120°30′40″ 置零 锁定 置盘 P1↓
②按[◢]键,连续测量开始*1)	[◢]	HR:120°30′40″ HD*:[r]　<<m VD:　m 测量 模式 S/A P1↓
③当连续测量不再需要时,可按[F1](测量)键*2) "*"标志消失并显示平均值	[F1]	HR:120°30′40″ HD* [r]　<<m VD:　m 测量 模式 S/A P1↓ ↓
·当光电测距(EDM)正在工作时,再按[F1](测量)键,模式转变为连续测量模式		HR:120°30′40″ HD:123.456m VD:5.678m 测量 模式 S/A P1↓

测量时间：0.2mm 模式：大约 2.8 秒；1mm 模式：大约 1.2s。

② 跟踪模式：此模式观测时间要比精测模式短，在跟踪移动目标或放样时非常有用。

最小显示单位：10mm

测量时间：约 0.4s

③ 粗测模式：该模式观测时间比精测模式短。

最小显示单位：10mm 或 1mm

测量时间：约 0.7s

精测/跟踪/粗测模式步骤 **表 7-15**

操作过程	操作	显示
		HR:120°30′40″ HD*:123.456m VD:5.678m 测量 模式 S/A P1↓
①在距离测量模式下按[F2](模式)*1)键所设置模式的首字符(F/T/C)将显示出来(F:精测 T:跟踪 C:粗测)	[F2]	HR:120°30′40″ HD*:123.456m VD:5.678m 精测 跟踪 粗测 F
②按[F1](精测)键,[F2](跟踪)键或[F3](粗测)键	[F1]~[F3]	HR:120°30′40″ HD*:123.456m VD:5.678m 测量 模式 S/A P1↓
*1)要取消设置,按[ESC]键		

4. 放样

该功能可显示测量的距离与预置距离之差。

显示值=观测值−标准（预置）距离，可进行各种距离测量模式如平距（HD)、高差（VD）或斜距（SD）的放样。表 7-16 为高程的放样的示例。

放样示例 **表 7-16**

操作过程	操作	显示
①在距离测量模式下按[F4](↓)键,进入第 2 页功能	[F4]	HR:120°30′40″ HD*:123.456m VD:5.678m 测量 模式 S/A P1↓ ------------- 偏心 放样 m/f/i P2 ↓
②按[F2](放样)键,显示出上次设置的数据	[F2]	放样 HD: 0.000m 平距 高差 斜距 ---

续表

操作过程	操作	显示
③通过按[F1]~[F3]键选择测量模式 例:水平距离	[F1]	放样: HD:　　0.000m 输入－－－－－－－回车 －－－－－－－－－－－－－－ －－－－－－－[CLR] [ENT]
④输入放样距离	[F1] 输入数据 [F4]	放样: HD:　　100.000m 输入－－－－－－－回车
⑤ 照准目标(棱境)测量开始。显示出测量距离与放样距离之差	照准 P	HR:120°30′40″ dHD * [r]　　<<m VD:　　　　m 测量 模式 S/A P1↓
⑥移动目标棱镜,直至距离差等于 0m 为止		HR:120°30′40″ dHD * [r]　　23.456m VD:　　5.678m 测量 模式 S/A P1↓

5. 坐标测量

(1) 设置测站点坐标

设置好测站点（仪器位置）相对于原点的坐标后，仪器便可求出、显示未知点（棱镜位置）的坐标。测站点坐标设置见表 7-17 和图 7-9。

测站点坐标设置　　表 7-17

操作过程	操作	显示
①在坐标测量模式下,按[F4](↓)键,进入第 2 页功能	[F4]	N:123.456m E:34.567m Z:78.912m 测量 模式 S/A P1↓ －－－－－－－－－－－－ 镜高 仪高 测站 P2 ↓

续表

操作过程	操作	显　　示
②按[F3](测站)键	[F3]	N→　0.000m E:0.000m Z:0.000m 输入 ------回车 -------[CLR] [ENT]
③输入N坐标*1)	[F1] 输入数据 [F4]	N→　51.456m E:0.000m Z:0.000m 输入 ------回车
④按同样方法输入E和Z坐标输入数据后,显示屏返回坐标测量显示		N→　51.456m E:34.567m Z:78.912m 测量 模式 S/A P1↓

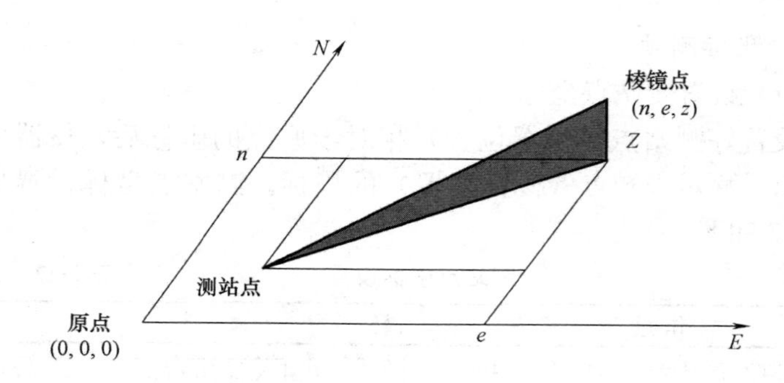

图 7-9　测站点坐标设置

(2) 设置仪器高和棱镜高

坐标测量须输入仪器高与棱镜高，以便直接测定未知点坐标，见表 7-18 和表 7-19。

仪器高设置 **表 7-18**

操作过程	操作	显示
①在坐标测量模式下，按[F4](↓)键，进入第 2 页功能	[F4]	N:123.456m E:34.567m Z:78.912m 测量 模式 S/A P1↓ ------------ 镜高 仪高 测站 P2 ↓
②按[F2](仪高)键，显示当前值	[F2]	仪器高 输入 仪高:0.000m 输入 -------回车 ------------ -------[CLR] [ENT]
③输入仪器高*1)	[F1] 输入仪器高 [F4]	N:123.456m E:34.567m Z:78.912m 测量 模式 S/A P1↓

棱镜高设置 **表 7-19**

操作过程	操作	显示
①在坐标测量模式下，按[F4]键，进入第 2 页功能	[F4]	N:123.456m E:34.567m Z:78.912m 测量 模式 S/A P1↓ ------------ 镜高 仪高 测站 P2 ↓
②按[F1](镜高)键，显示当前值	[F1]	镜高 输入 镜高:0.000m 输入 ------回车 ------------ -------[CLR] [ENT]

续表

操作过程	操作	显示
③输入棱镜高*1)	[F1] 输入棱镜高 [F4]	N:123.456m E:34.567m Z:78.912m 测量 模式 S/A P1↓

(3) 坐标测量的操作

在进行坐标测量时，通过输入测站坐标、仪器高 i 和棱镜高 v，即可直接测定未知点的坐标。

未知点坐标的计算和显示过程如下：

测站点坐标（N_0，E_0，Z_0）；仪器中心至棱镜中心的坐标差（n，e，z）；未知点坐标（N_1，E_1，Z_1）

$$N_1 = N_0 + n$$
$$E_1 = E_0 + e$$
$$Z_1 = Z_0 + i + z - v \tag{7-1}$$

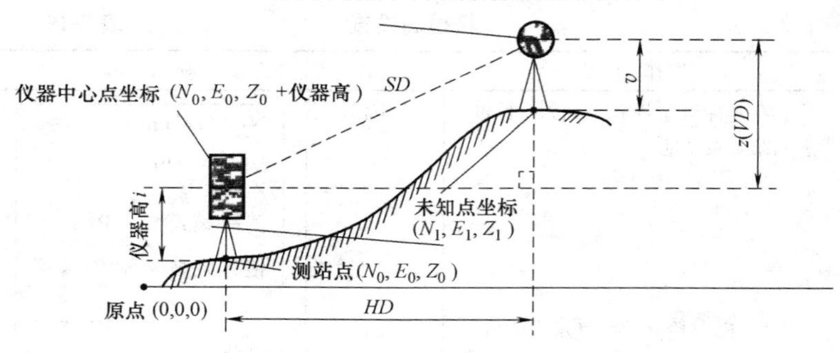

图 7-10　位置点坐标原理图

6. 数据采集

按［MENU］键，仪器进入主菜单 1/3 模式，按下［F1］键，显示数据采集菜单 1/2，见图 7-11。

坐标测量过程　　表 7-20

操作过程	操作	显　示
①设置已知点 A 的方向角*1)	设置方向角	V：90°10′20″ HR：120°30′40″ 置零 锁定 置盘 P1↓
②照准目标 B ③按[↗]键，开始测量	照准棱镜 [↗]	N*[r]　　<<m E：　　m Z：　　m 测量 模式 S/A P1↓
显示测量结果		N：123.456m E：34.567m Z：78.912m 测量 模式 S/A P1↓

（1）准备工作

1）数据采集文件的选择

首先必须选定一个数据采集文件，见表 7-21。

2）坐标文件的选择

如需调用坐标数据文件中的坐标作为测站点或后视点坐标用，则预先应由数据采集菜单 2/2 选择一个坐标文件，见表 7-22。

3）测站点与后视点

测站点与定向角在数据采集模式和正常坐标测量模式是相互通用的，可以在数据采集模式下输入或改变测站点和定向角数值，见表 7-23。

测站点坐标可按如下两种方法规定：利用内存中的坐标数据来设定；直接由键盘输入。

后视点定向角可按如下三种方法设定：用内存中的坐标数据来设定；直接键入后视点坐标；直接键入设置的定向角。

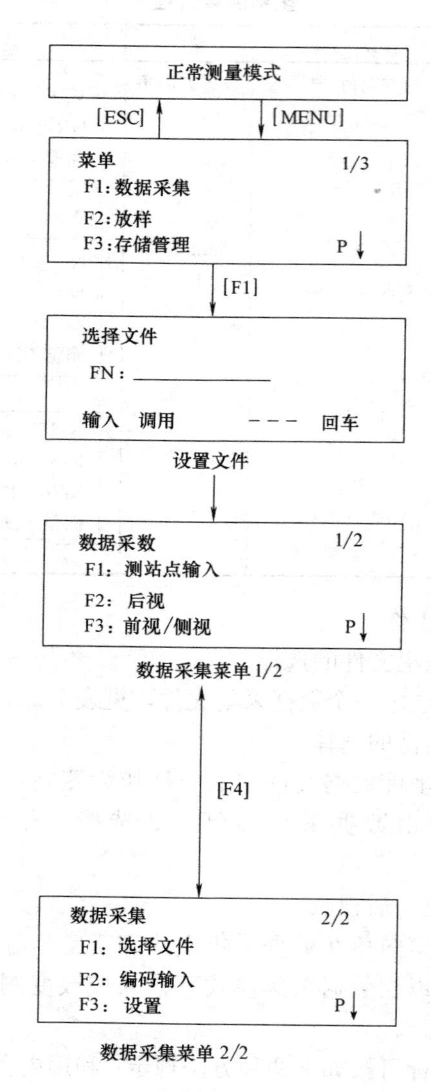

图 7-11 数据采集基本流程

文件选择 **表 7-21**

操作过程	操作	显示
		菜单 1/3 F1:数据采集 F2:放样 F3:存储管理 P↓
①由主菜单 1/3 按[F1](数据采集)键	[F1]	选择文件 FN:__________ 输入 调用 --- 回车
②按[F2](调用)键,显示文件目录*1)	[F2]	AMIDATA /M0123 →*HILDATA /M0345 TOPDATA /M0789 --- 查找 --- 回车
③按[▲]或[▼]键使文件表向上下滚动,选定一个文*2),*3)	[▲]或[▼]	TOPDATA /M0789 →RAPDATA /M0345 SATDATA /M0789 --- 查找 --- 回车
④按[F4](回车)键,文件即被确认显示数据采集菜单 1/2	[F4]	数据采集 1/2 F1:测站点输入 F2:后视 F3:前视/侧视 P↓

*1)如果您要创建一个新文件,并直接输入文件名,可按[F1](输入)键,然后键入文件名;

2)如果菜单文件已被选定,则在该文件名的左边显示一个符号"";

*3)按[F2](查找)键可查看箭头所标定的文件数据内容

数据采集 2/2
F1:选择文件
F2:编码输入
F3:设置 P↓

选择文件也可由数据采集菜单 2/2 按上述同样方法进行

坐标文件选择　　　　表 7-22

操作过程	操作	显示
		数据采集　2/2 F1:选择文件 F2:编码输入 F3:设置　P↓
①由数据采集菜单 2/2 按[F1](选择文件)键	[F1]	选择文件 F1:测量数据 F2:坐标数据
②按[F2](坐标数据)键	[F2]	选择文件 FN:________ 输入 调用　---回车

测站点输入操作　　　　表 7-23

操作过程	操作	显示
①由数据采集菜单 1/2 按[F1](测站点输入)键即显示原有数据	[F1]	点号→PT-01　2/2 标识符: 仪高:　0.000m 输入　查找　记录　测站
②按[F4](测站)键	[F4]	测站点 点号:PT-01 输入　调用　坐标　回车
③按[F1](输入)键	[F1]	测站点 点号:PT-01 ---　---[CLR] [ENT]
④输入 PT #，按[F4](ENT)键*1)	输入 PT# [F4]	点号→PT-11 标识符: 仪高:　0.000m 输入　查找　记录　测站

续表

操作过程	操作	显示
⑤ 输入标识符,仪高*2)*3)	输入标识符,仪高	点号→PT-11 标识符: 仪高:→ 1.335m 输入 查找 记录 测站
⑥ 按[F3](记录)键	[F3]	>记录? [是] [否]
⑦ 按[F3](是)键显示屏返回数据采集菜单 1/2	[F3]	数据采集 1/2 F1:测站点输入 F2:后视 F3:前视/侧视 P↓

以下通过输入点号设置后视点后将后视定向角数据寄存在仪器内，见表 7-24。

设置方向操作　　表 7-24

操作过程	操作	显示
①由数据采集菜单 1/2 按[F2](后视)即显示原有数据	[F2]	后视点→ 编码: 镜高: 0.000m 输入 置零 测量 后视
②按[F4](后视)键*1)	[F4]	后视 点号: 输入 调用 NE/AZ 回车
③按[F1](输入)键	[F1]	后视 点号= --- ---[CLR][ENT]
④输入 PT #,按[F4](ENT)键*2)按同样方法,输入点编码、反射镜高*3)*4)	输入点号 [F4]	后视点→PT-22 编码: 镜高: 0.000m 输入 置零 测量 后视

续表

操作过程	操作	显示
⑤ 按[F3](测量)键	[F4]	后视后→PT-22 编码: 镜高:　　　　0.000m ＊角度　斜距　坐标 - - -
⑥照准后视后 选择一种测量模式并按相应的软键 例:[F2](斜距) 进行斜距测量 根据定向角计算结果设置水平度盘读数 测量结果被寄存,显示屏返回到数据 采集菜单 1/2		V:90°00′0″ HR:0°00′0″ SD＊[n]　　　　<<m >测量- - - 数据采集　　　　1/2 F1:测站点输入 F2:后视 F3:前视/侧视　P↓

(2) 数据采集操作(表 7-25)

数据采集操作 **表 7-25**

操作过程	操作	显示
		数据采集　　　　1/2 F1:测站点输入 F2:后视 F3:前视/侧视　P↓
①由数据采集菜单 1/2 按[F3]前视/侧视键,即 显示原有数据	[F3]	点号→ 编码: 镜高:　　　　0.000m 输入　查找　测量　同前
②按[F1](输入)键,输入点号后 按[F4](ENT)确认	[F1] 输入点号 [F4]	点号=PT-01 编码: 镜高;　　　　0.000m - - -　- - -[CLR] [ENT]

续表

操作过程	操作	显示
		点号＝PT-01 编码→ 镜高 0.000m 输入 查找 测量 同前
③按同样方法输入编码，棱镜高	[F1] 输入编码 [F4] [F1] 输入镜高 [F4] [F3] 照准	点号→PT-01 编码：TOPCON 镜高： 1.200m 输入 查找 测量 同前 - - - - - - - - - - - - - 角度 ＊斜距 坐标 偏心
④按[F3]（测量）键 ⑤ 照准目标点 ⑥按[F1]到[F3]中的一个键＊4 例：[F2]（斜距）键 开始测量 测量数据被存储，显示屏变换到下一个镜点点号自动增加	[F2]	V：90°10′20″ HR：120°30′40″ SD＊[n]m <m >测量 - - - - - - - - - - - - - 完成 点号→PT-02 编码：TOPCON 镜高： 1.200m 输入 查找 测量 同前
⑦输入下一个镜点数据并照准该点	照准	V：90°10′20″ HR：120°30′40″ SD＊[n] <m >测量 - - - - - - - - - - - - - <完成>
⑧ 按[F4]（同前）键 按照上一个镜点的测量方式进行测量 测量数据被存储 按同样方式继续测量 按[ESC]键即可结束数据采集模式	[F4]	点号→PT-03 编码：TOPCON 镜高： 1.200m 输入 查找 测量 同前

7. 数据通讯

可以直接将内存中的数据文件传送到计算机（表 7-26），也可以从计算机将坐标数据文件和编码库数据直接装入仪器内存（表 7-27）。

发送数据 **表 7-26**

操作过程	操作	显示
①由主菜单 1/3 按[F3](存储管理)键	[F3]	存储管理 1/3 F1:文件状态 F2:查找 F3:文件维护 P↓
②按[F4](P↓)键两次	[F4] [F4]	存储管理 3/3 F1:数据通讯 F2:初始化 P↓
③按[F1](数据通讯)键	[F1]	数据传输 F1:发送数据 F2:接收数据 F3:通讯参数
④按[F1 键]	[F1]	发送数据 F1:测量数据 F2:坐标数据 F3:编码数据
⑤ 选择发送数据类型,可按[F1]至[F3]中的一个键 例:[F1](测量数数据)	[F1]	发送测量数据 F1:11 位 F2:12 位
⑥ 按[F1]或[F2]键,选择 11 位或 12 位数据。 例:[F1](11 位)	[F1]	选择文件 FN: 输入 调用- - -回车

续表

操作过程	操作	显示
⑦ 按[F1]9 输入键，输入待发送的文件名，按[F4](ENT)键	[F1] 输入 FN [F4]	发送测量数据 >OK? [是][否]
⑧ 按[F3](是)键，发送数据，显示屏返回到菜单	[F3]	发送测量数据！ 正在发送数据！> 停止

接收数据 表 7-27

操作过程	操作	显示
①由主菜单 1/3 按[F3](存储管理)键	[F3]	存储管理 1/3 F1:文件状态 F2:查找 F3:文件维护 P↓
②按[F4](P↓)键两次	[F4] [F4]	存储管理 3/3 F1:数据通讯 F2:初始化 P↓
③按[F1](数据通讯)键	[F1]	数据传输 F1:发送数据 F2:接收数据 F3:通讯参数
④按[F2]键	[F2]	接收数据 F1:坐标数据 F2:编码数据
⑤ 选择待接收的数据类型，按[F1]或[F2]键 例:[F1](坐标数据)	[F1]	坐标文件名 FN: 输入 --- --- 回车

续表

操作过程	操作	显　示
⑥ 按[F1](输入)键,输入待接收的新文件名 按[F4](ENT)键*1)	[F1] 输入 FN [F4]	接收坐标数据 〉OK? --- ---[是][否]
⑦ 按[F3]是键*2) 接收数据, 显示屏返回到菜单	[F3]	接收坐标数据 〈正在接收数据/!〉 停止

四、全站仪使用时的注意事项

全站仪是集电子经纬仪、电子测距仪和电子记录装置为一体的现代精密测量仪器，其结构复杂，因此必须严格按操作规程进行操作，并注意维护。

1. 一般操作注意事项

使用前应结合仪器，仔细阅读使用说明书。熟悉仪器各功能和实际操作方法。

望远镜的物镜不能直接对准太阳。

迁站时即使距离很近，也应取下仪器装箱后方可移动。

仪器安置在三脚架上前，应旋紧三脚架的三个伸缩螺旋。仪器安置在三脚架上时，应旋紧中心连接螺旋。

运输过程中必须注意防震。

仪器和棱镜在温度的突变中会降低测程，影响测量精度。要使仪器和棱镜逐渐适应周围温度后方可使用。

作业前检查电压是否满足工作要求。

仪器一般野外作业温度控制在－30℃～＋60℃范围。

在需要进行高精度观测时，应采取遮阳措施，防止阳光直射仪器和三脚架，影响测量精度。

三脚架伸开使用时，应检查其部件，包括各种螺旋应活动自如。

2. 仪器的维护

每次作业后，应用毛刷扫去灰尘，然后用软布轻擦。镜头不能用手擦，可先用毛刷扫去浮尘，再用镜头纸擦净。

仪器出现故障，不可非专业人员拆卸仪器，而应由专业维修部门维修。仪器应存放在清洁、干燥、通风、安全的房间内，并有专人保管。

电池充电时间不能超过充电器规定的时间。仪器长时间不用，一个月之内应充电一次。

第二节　电子经纬仪构造及操作使用

随着电子技术的发展，19 世纪 80 年代出现了能自动显示、自动记录和自动传输数据的电子经纬仪。这种仪器的出现标志着测角工作向自动化迈出了新的一步。

电子经纬仪与光学经纬仪相比，外形结构相似，但测角和读数系统有很大的区别。电子经纬仪测角系统主要有以下三种：

编码度盘测角系统：采用编码度盘及编码测微器的绝对式测角系统。

光栅度盘测角系统：采用光栅度盘及莫尔干涉条纹技术的增量式读数系统。

动态测角系统：采用计时测角度盘及光电动态扫描绝对式测角系统。

一、电子经纬仪测角原理

由于目前电子经纬仪大部分是采用光栅度盘测角系统和动态测角系统，现介绍这两种测角原理。

1. 光栅度盘测角原理

在光学玻璃上均匀地刻划出许多等间隔细线，即构成光栅。刻在直尺上用于直线测量，称为直线光栅。刻在圆盘上由圆心向外辐射的等角距光栅，称为经向光栅，用于角度测量，也称光栅度盘，见图 7-12。

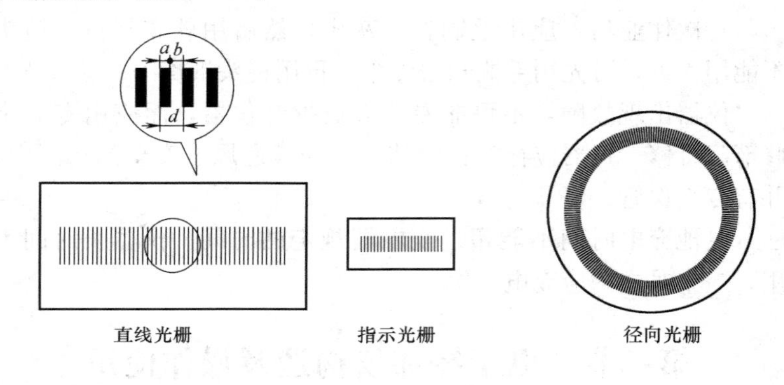

图 7-12　光栅

光栅的基本参数是刻划线的密度和栅距。密度为一毫米内刻划线的条数。栅距为相邻两栅的间距。光栅宽度为 a，缝隙宽度为 b，栅距为 $d=a+b$。

电子经纬仪是在光栅度盘的上、下对称位置分别安装光源和光电接收机。由于栅线不透光，而缝隙透光，则可将光栅盘是否透光的信号变为电信号。当光栅度盘移动时，光电接收管就可对通过的光栅数进行计数，从而得到角度值。这种靠累计计数而无绝对刻度数的读数系统称为增量式读数系统。

由此可见，光栅度盘的栅距就相当于光学度盘的分划，栅距越小，则角度分划值越小，即测角精度越高。例如在 80mm 直径的光栅度盘上，刻划有 12500 条细线（刻线密度为 50 条/mm），栅距分划值为 $1'44''$。要想再提高测角精度，必须对其做进一步的细分。然而，这样小的栅距，再细分实属不易。所以，在光栅度盘测角系统中，采用了莫尔条纹技术进行测微。

所谓莫尔条纹，就是将两块密度相同的光栅重叠，并使它们的刻划线相互倾斜一个很小的角度，此时便会出现明暗相间的条纹，如图 7-13（a）所示，该条纹称为莫尔条纹。

根据光学原理，莫尔条纹有如下特点：

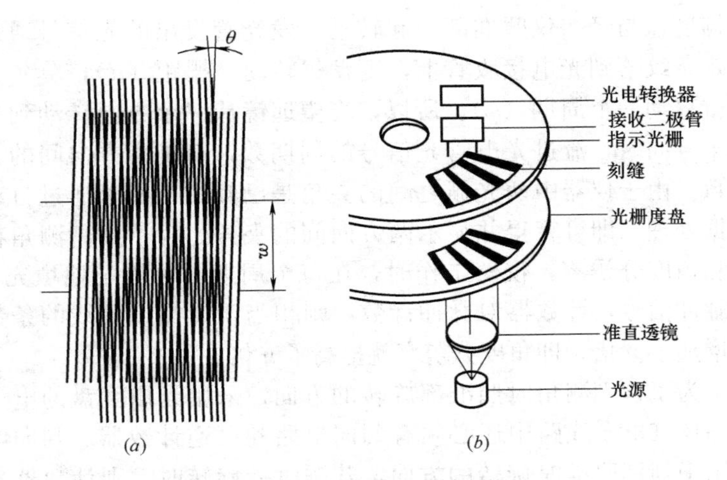

图 7-13　光栅度盘测角原理

(a) 莫尔条纹；(b) 光栅度盘

（1）两光栅之间的倾角越小，条纹间距 ω 越宽，则相邻明条纹或暗条纹之间的距离越大。

（2）在垂直于光栅构成的平面方向上，条纹亮度按正弦规律周期性变化。

（3）当光栅在垂直于刻线的方向上移动时，条纹顺着刻线方向移动。光栅在水平方向上相对移动一条刻线，莫尔条纹则上下移动一周期，如图 7-13（a）所示，即移动一个纹距 ω。

（4）纹距 ω 与栅距 d 之间满足如下关系：

$$\omega=\frac{d}{\theta}\rho' \tag{7-2}$$

式中：ρ'——3438′；

θ——两光栅（图 7-13 中的指示光栅和光栅度盘）之间的倾角。

例如，当 $\theta=20'$时，纹距 $\omega=172d$，即纹距比栅距放大了 172 倍。这样，就可以对纹距进一步细分，以达到提高测角精度的目的。

使用光栅度盘的电子经纬仪，如图 7-13（b）所示，其指示光栅、发光管（光源）、光电转换器和接收二极管位置固定，而光栅度盘与经纬仪照准部一起转动。发光管发出的光信号通过莫尔条纹落到光电接收管上，度盘每转动一栅距（d），莫尔条纹就移动一个周期（ω）。所以，当望远镜从一个方向转动到另一个方向时，流过光电管光信号的周期数，就是两方向间的光栅数。由于仪器中两光栅之间的夹角是已知的，所以通过自动数据处理，即可算得并显示两方向间的夹角。为了提高测角精度和角度分辨率，仪器工作时，在每个周期内再均匀地填充 n 个脉冲信号，计数器对脉冲计数，则相当于光栅刻划线的条数又增加了 n 倍，即角度分辨率就提高了 n 倍。

为了判别测角时照准部旋转的方向，采用光栅度盘的电子经纬仪其电子线路中还必须有判向电路和可逆计数器。判向电路用于判别照准时旋转的方向，若顺时针旋转时，则计数器累加；若逆时针旋转时，则计数器累减。

2. *动态测角原理*

动态测角原理的仪器的度盘为玻璃圆环，测角时，由微型马达带动而旋转。度盘分成 1024 个分划，每一分划由一对黑白条纹组成，白的透光，黑的不透光，相当于栅线和缝隙，其栅距设为 φ_0，如图 7-14 所示。光阑 L_S 固定在基座上，称固定光阑（也称光闸），相当于光学度盘的零分划。光阑 L_R 在度盘内侧，随照准部转动，称活动光阑，相当于光学度盘的指标线。它们之间的夹角即为要测的角度值。因此这种方法称为绝对式测角系统。两种光阑距度盘中心远近不同，照准部旋转以瞄准不同目标时，彼此互不影响。为消除度盘偏心差，同名光阑按对径位置设置，共 4 个（两对），图中只绘出两个。竖直度盘的固定光阑指向天顶方向。

光阑上装有发光二极管和光电二极管，分别处于度盘上、下侧。发光二极管发射红外光线，通过光阑孔隙照到度盘上。当微型马达带动度盘旋转时，因度盘上明暗条纹而形成透光亮的不断变化，这些光信号被设置在度盘另一侧的光电二极管接收，转换成正弦波的电信号输出，用以测角。

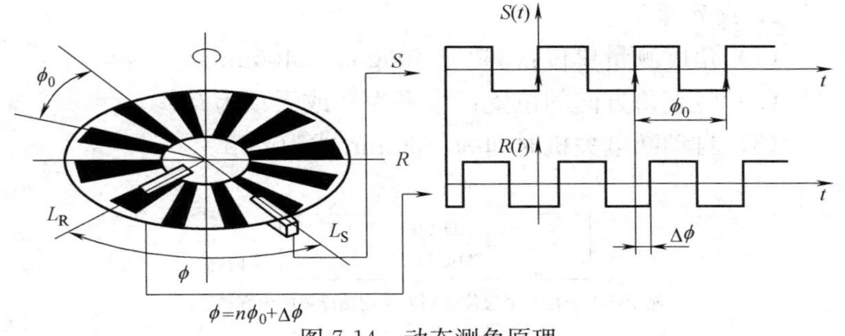

图 7-14　动态测角原理

二、电子经纬仪使用

图 7-15 以国内应用较广泛的南方 ET-02 电子经纬仪为例进行介绍。

1. ET-02 电子经纬仪构造

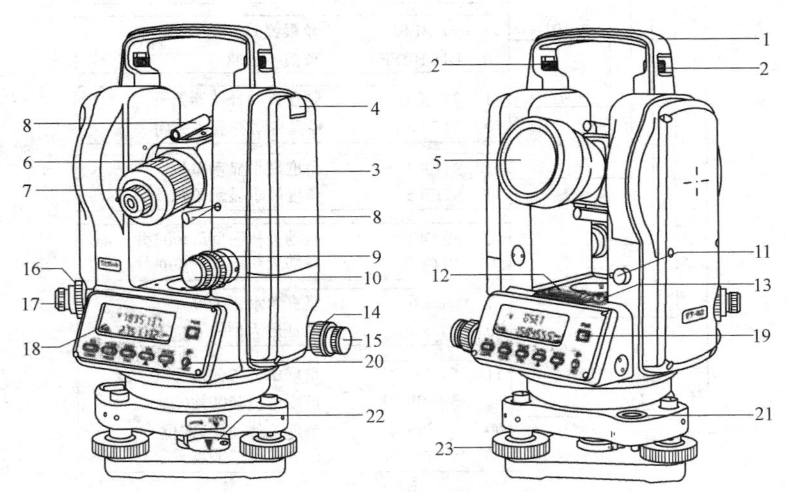

图 7-15　ET-02 电子经纬仪结构

1—手柄；2—手柄固定螺丝；3—电池盒；4—电池盒按钮；5—物镜；6—物镜调焦螺旋；7—目镜调焦螺旋；8—光学粗瞄器；9—望远镜制动螺旋；10—望远镜微动螺旋；11—光电测距仪数据接口；12—管水准轴；13—管水准器校正螺丝；14—水平制动螺旋；15—水平微动螺旋；16—光学对中器物镜调焦螺旋；17—光学对中器调焦螺旋；18—显示窗；19—电源开关键；20—显示窗照明开关键；21—圆水准器；22—轴套锁定钮；23—脚螺旋

2. 设置项目

（1）角度测量单位：360°、400gon、6400mil。

（2）竖直角方向的位置：水平为0°或天顶为0°。

（3）自动断电关机时间为：30min或10min。

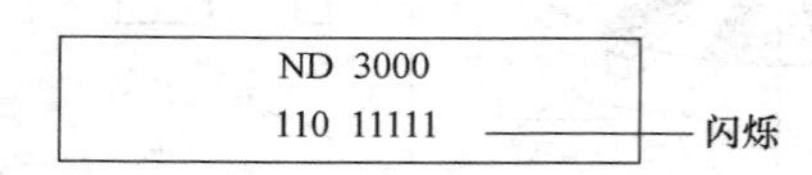

显示器下一行八个数位分别表示初始设置的内容如下：

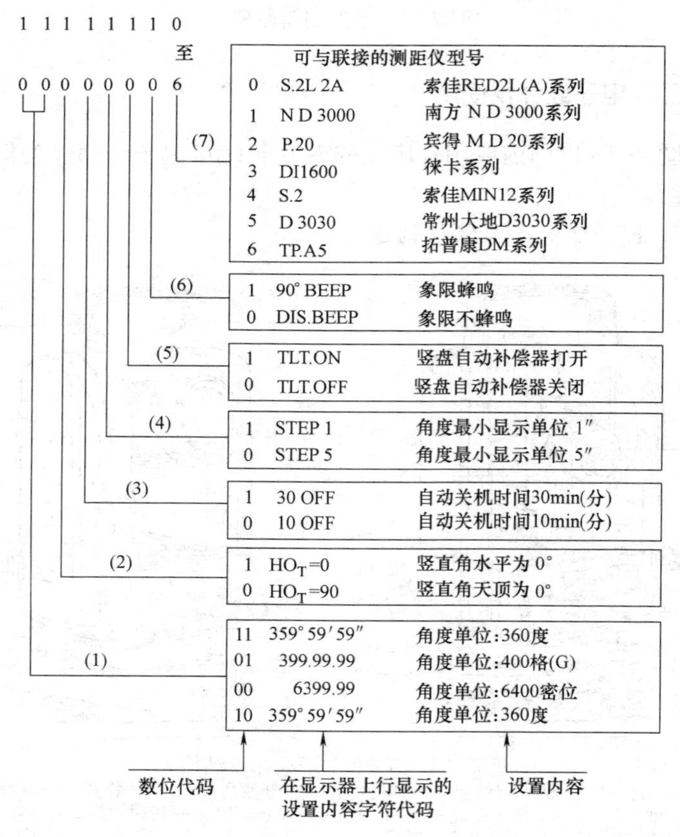

图 7-16　ET-02 电子经纬仪设置内容

（4）角度最小显示单位：1″或 5″。

（5）竖盘指标零点补偿选择：自动补偿或不补偿。

（6）水平角读数经过 0°、90°、180°、270°象限时蜂鸣或不蜂鸣。

（7）选择不同类型的测距仪连接。

3. 设置方法

（1）按住［CONS］键打开电源开关，至三声蜂鸣后松开［CONS］键。仪器进入初始设置模式状态，显示器显示状态见图 7-20。

（2）按［MEAS］或［TRK］键使闪烁的光标向左或向右移动到要改变的数字位。

（3）按▲或▼键改变数字，该数字所代表的设置内容在显示器上行以字符代码的形式予以提示。

（4）重复（2）和（3）操作进行其他项目的初始设置直至全部完成。

（5）设置完成后按［CONS］键予以确认，仪器返回测量模式。

4. 角度测量

由于 ET-02 是采用光栅读盘测角系统，当转动仪器照准部时，即自动开始测角，所以观测员精确照准目标后，显示窗将自动显示当前视线方向的水平读盘和竖盘读数。

（1）将电子经纬仪对中整平后，按住［PWR］键开启仪器，瞄准目标 A 后，按［0 SET］键两次，使水平角读数设置为“0°00′00″”。作为水平角起算的零方向如图 7-17 所示。

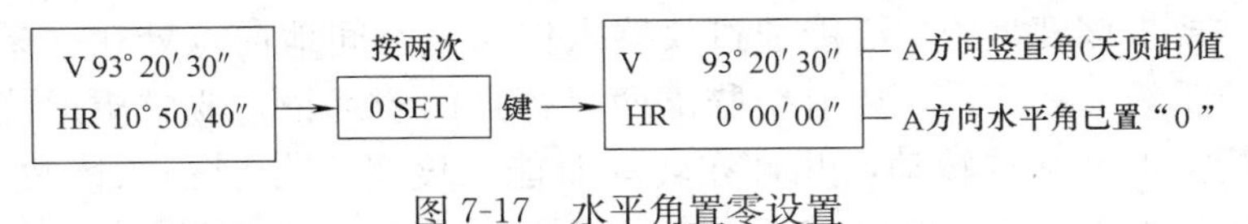

图 7-17　水平角置零设置

（2）顺时针转动仪器照准部，瞄准另一个目标 B，这时仪器显示见图 7-18。

（3）按［R/L］键后，水平角设置成左旋测量方式。逆时针方向转动仪器照准部，瞄准目标 A，对水平角度置零。然后逆时针方向转动仪器照准部，照准目标 B 时显示见图 7-19。

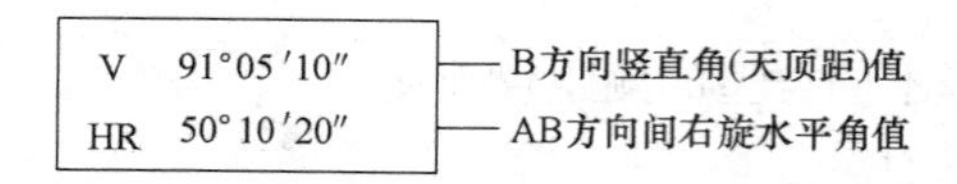

图 7-18　AB 方向间右旋读数图

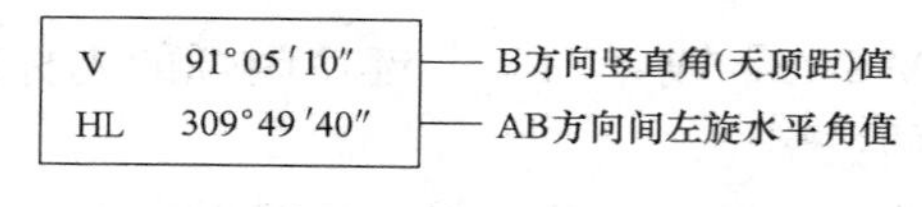

图 7-19　AB 方向间左旋读数图

第三节　测回法、方向法测量水平角

一、水平角概念及原理

水平角是指地面上一点到两个目标的方向线在同一水平面上的垂直投影间的夹角。如图 7-20 所示，A、B、C 为地面三点，过 AB、AC 直线的竖直面，在水平面 P 上的交线 ab、bc 所夹的角 β，就是直线 AB 和 AC 之间的水平角。

依据水平角的概念，欲直接观测水平角，其观测的设备必须具备两个条件：其一，要有一个与水平面平行的水平度盘，并要求该度盘的中心能通过仪器操作与该空间地面点处在一条铅垂线上；其二，要有个瞄准两目标点的望远镜，要求望远镜能上下、左右转动，并且在转动时能在度盘上分别获取读数，以计算水平角。经纬仪即具备此条件，因而可以完成该角度的观测，观测时，只要通过对中操作将仪器安置于欲测角的顶点 A，且整平水平度盘，则可利用望远镜观测目标 B、C，并在水

平度盘上产生投影 Ob、Oc，读取各自对应的水平读数 b、c，即测得 $\angle bOc$ 为 A、B、C 三点的平角。一般水平度盘为顺时针注记，故

$$\angle bOc = c - b = \beta \tag{7-3}$$

水平角值为 0°～360°。

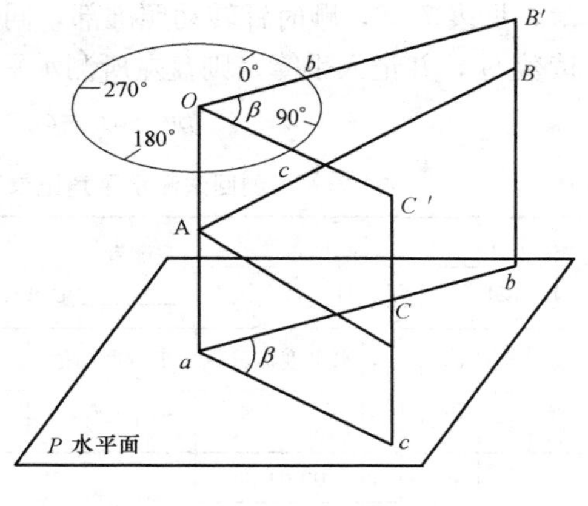

图 7-20　水平角测量原理

二、测回法测水平角

如图 7-21 所示，在测站点 O，需要测出 OA、OB 两方向间的水平角 β，则操作步骤如下。

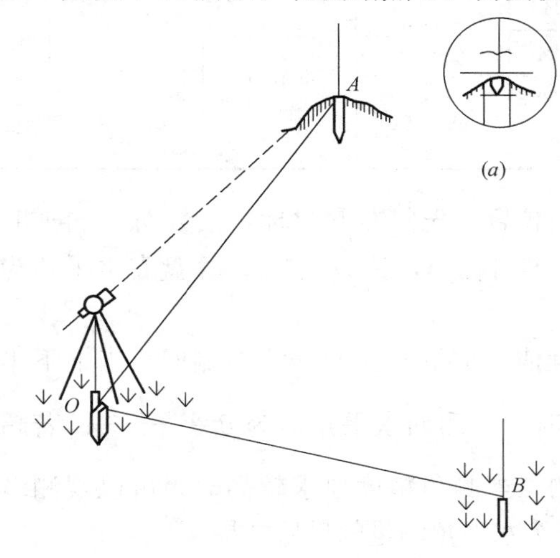

图 7-21　测回法测水平角

1. 安置经纬仪于角度顶点 O，进行对中、整平，并在 A、B 两点立上照准标志。

2. 将仪器置为盘左位置。转动照准部，利用望远镜准星初步瞄准 A 点，调节目镜和望远镜调焦螺旋，使十字丝和目标像均清晰，以消除视差。再用水平微动螺旋和竖直微动螺旋进行微调，直至十字丝中点照准目标，配置水平度盘，读数 a_L 并记入记录手

簿，见表 7-28，顺时针转动照准部，同上操作，照准目标 B 点，读数 b_L，并记入手簿。则盘左所测水平角为：

$$\beta_L = a_L - b_L \tag{7-4}$$

测回法测水平角记录手簿 **表 7-28**

仪器号________观测地点________观测者________
日　期______年　月　日　天　气________记录者________

测站	测回数	竖盘位置	目标	水平度盘读数 (°′″)	半测回角值 (°′″)	一测回角值 (°′″)	各测回平均值 (°′″)	备注
0	1	左	A	00 01 36	89 40 56	89 40 52	89 40 54	
			B	89 42 32				
		右	A	180 01 30	89 40 48			
			B	269 42 18				
	2	左	A	90 04 24	89 41 00	89 40 57		
			B	179 45 24				
		右	A	270 05 30	89 40 54			
			B	359 46 24				

3. 将仪器置为盘右位置。先照准 B 目标，读数 b_R；再逆时针转动照准部，直至照准目标 A，读数 a_R，计算盘右水平角为 $\beta_R = a_R - b_R$。

4. 计算一测回角度值。上下半测回合称一测回。当上下半测回值之差在±40″内时，一测回水平角值为 $\beta = \frac{\beta_L + \beta_R}{2}$。若超过此限差值应重新观测。当测角精度要求较高时，可以观测多个测回，取其平均值作为水平角测量的最后结果。

三、方向（全圆）观测法测水平角

观测方向多于三个方向时见图 7-22，每半测回都从一个选定的起始方向（零方向）开始观测，在依次观测所需的各个目标之后，再次观测起始方向（称为归零）称为方向观测法，又称全圆方向法。

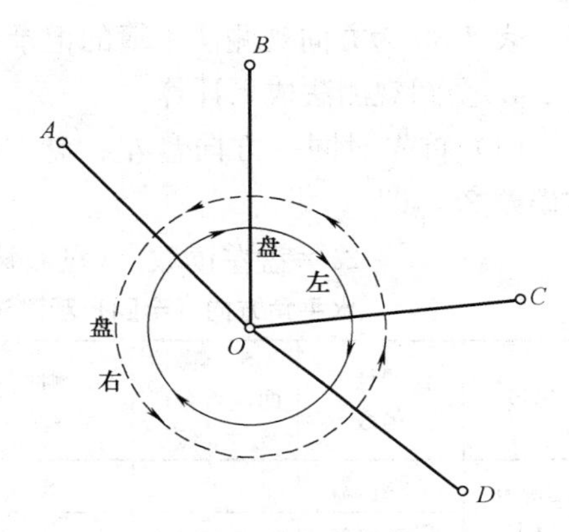

图 7-22　方向观测法示意图

方向（全圆）观测法的步骤：

1. 在测站点 O 安置经纬仪。

2. 盘左位置　选择一个明显目标 A 作为起始方向，瞄准零方向 A，将水平度盘读数安置在稍大于 0°处，读取水平度盘读数，记入表方向观测法观测手簿。

松开照准部制动螺旋，顺时针方向旋转照准部，依次瞄准 B、C、D 各目标，分别读取水平度盘读数，记入表中，为了校核，再次瞄准零方向 A，称为上半测回归零，读取水平度盘读数，记入表中。

零方向 A 的两次读数之差的绝对值，称为半测回归零差，归零差不应超过 18″，如果归零差超限，应重新观测。以上称为上半测回。

3. 盘右位置

逆时针方向依次照准目标 A、D、C、B、A，并将水平度盘读数由下向上记入表中，此为下半测回。

上、下两个半测回合称一测回。为了提高精度，有时需要观测 n 个测回，则各测回起始方向仍按 $180°/n$ 的差值，安置水平度盘读数。

检核：各测回盘左归零差 $\leqslant 18''$，盘右归零差 $\leqslant 18''$，$2c \leqslant 40''$。

表 7-30 为方向观测法手簿的记录和计算实例。

4. 全圆观测法成果计算

(1) 首先对同一方向盘左、盘右值求差，该值称为两倍照准误差 $2c$，即：

$$2c = \text{盘左读数} - (\text{盘右读数} \pm 180°) \tag{7-5}$$

水平角方向（全圆）观测法的技术要求　　表 7-29

等级	仪器精度等级	光学测微器两次重合读数之差(″)	半测回归零差(″)	一测回内 2c 互差(″)	同一方向值各测回较差(″)
四等及以上	1″级仪器	1	6	9	6
	2″级仪器	3	8	13	9
一级及一下	2″级仪器	—	12	18	12

方向（全圆）观测法记录手簿　　表 7-30

测站	测回数	目标	水平读盘读数		2c	方向值 (′ ″)	归零后方向值 (′ ″)	归零后方向值平均值 (′ ″)	备注
			盘左 L (′ ″)	盘右 R (′ ″)					
1	2	3	4	5	6	7	8	9	10
O	1					0 00 08			
		A	0 00 00	179 59 30	30	0 00 15	0 00 00	0 00 00	
		B	12 09 00	192 09 06	−06	12 09 03	12 08 55	12 08 54	
		C	20 13 24	200 13 54	−30	20 13 39	20 13 31	20 13 24	
		D	31 37 18	211 37 06	12	31 37 12	31 37 04	31 37 05	
		A	0 00 00	180 00 00	0	0 00 00			
	2					90 00 09			
		A	90 00 12	270 00 06	6	90 00 09	0 00 00		
		B	102 09 06	282 09 00	6	102 09 03	12 08 54		
		C	110 13 18	290 13 36	−18	110 13 27	20 13 18		
		D	121 37 24	301 37 06	18	121 37 15	31 37 06		
		A	90 00 06	270 00 12	−6	90 00 09			

续表

测站	测回数	目标	水平读盘读数		2c	方向值 (′ °″)	归零后方向值 (′ °″)	归零后方向值平均值 (′ °″)	备注
			盘左 L (′ °″)	盘右 R (′ °″)					
O	1					0 00 20			
		A	00 00 18	180 00 12	6	0 00 15	0 00 00	0 00 00	
		B	14 22 54	194 22 24	30	14 22 39	14 22 19	14 22 14	
		C	21 33 18	201 33 12	6	21 33 15	21 32 55	21 32 44	
		D	34 53 12	214 53 06	6	34 53 09	34 52 49	34 52 48	
		A	00 00 24	180 00 24	0	0 00 24			
	2					90 00 22			
		A	90 00 24	270 00 18	6	90 00 21	0 00 00		
		B	104 22 36	284 22 24	12	104 22 30	14 22 08		
		C	111 32 54	291 32 54	0	111 32 54	21 32 32		
		D	124 53 12	304 53 06	6	124 53 09	34 52 47		
		A	90 00 30	270 00 18	12	90 00 24			

通常，由同一台仪器测得各等高目标的 $2c$ 值应为常数，因此 $2c$ 的大小可作为衡量观测质量的标准之一。$2c$ 大小符合表 7-29中的技术要求。

（2）计算各方向的平均读数，公式为：

$$各方向平均读数=\frac{1}{2}[盘左读数+(盘右读数\pm 180°)] \quad (7-6)$$

由于存在归零读数，则起始方向有两个平均值。将这两个值再取平均，所得结果为起始方向的方向值。

（3）计算归零后的方向值。将各方向的平均读数减去括号内的起始方向平均值，即得各方向的归零后的方向值。同一方向各测回互差符合表 7-28 中的技术要求。

（4）计算各测回归零后方向值的平均值。

（5）计算各目标间的水平角。

第四节 角度测量的简单应用

一、测设直线

在施工过程中，经常需要在两点之间测设直线或将已知直线延长，由于现场条件不同和要求不同，有多种不同的测设方法，应根据实际情况灵活应用，下面介绍一些常用的测设方法。

1. 在两点间测设直线

这是最常见的情况，如图 7-23 所示，A、B 为现场上已有的两个点，欲在其间再定出若干个点，这些点应与 AB 同一直线，或再根据这些点在现场标绘出一条直线来。

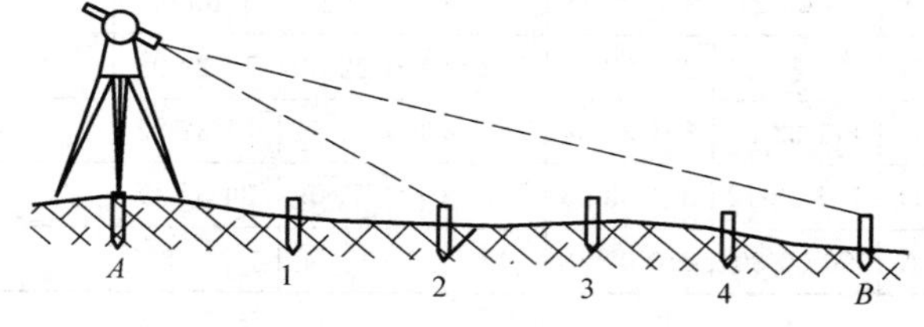

图 7-23 两点间测设直线

(1) 一般测设法

如图 7-23 所示，如果两点之间能通视，并且在其中一个点上能安置经纬仪，则可用经纬仪定线法进行测设。

如果经纬仪与直线上的部分点不通视，例图 7-24 中深坑下面的 P_1、P_2 点，则可先在与 P_1、P_2 点通视的地方（如坑边）

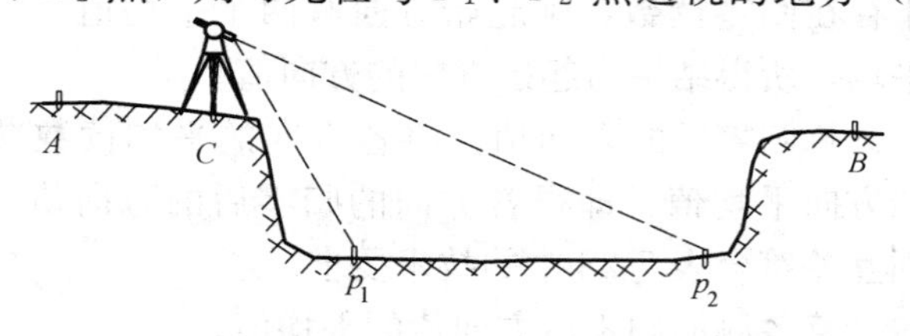

图 7-24 经纬仪定线法

测设一个直线点 C，再搬站到 C 点测设 P_1、P_2 点。

一般测设法通常只需在盘左（或盘右）状态下测设一次即可，但应在测设完所有直线点后，重新照准另一个端点，检验经纬仪直线方向是否发生了偏移，如有偏移，应重新测设。此外，如果测设的直线点较低或较高（如深坑下的点），应在盘左和盘右状态下各测设一次，然后取两次的中点作为最后结果。

（2）正倒镜投点法

如果两个端点均不能安置经纬仪，可采用正倒镜投点法测设直线。如图 7-25 所示，A、B 为现场两个点，需在地面上测设以 A、B 为端点的直线，测设方法如下：

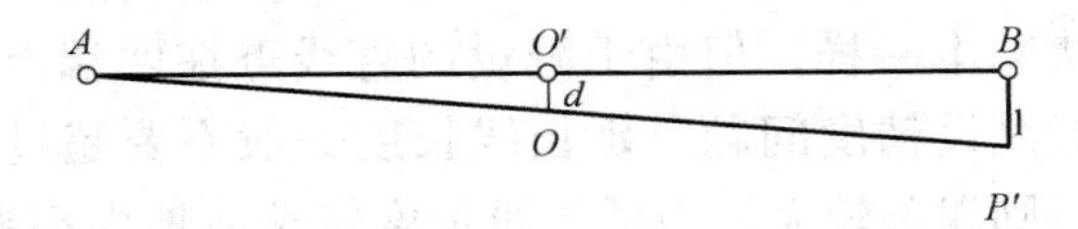

图 7-25　正倒镜投点法

在 A、B 之间选一个能同时与两端点通视的 O 点处安置经纬仪，尽量使经纬仪中心在 A、B 的连线上，最好是与 A、B 的距离大致相等。盘左（也称为正镜）瞄准 A 点并固定照准部，再倒转望远镜观察 B 点，若望远镜视线与 B 点的水平偏差为 $BP'=l$，则根据距离 OB 与 AB 的比，计算经纬仪中心偏离直线的距离 d：

$$d=l\cdot\frac{OA}{AB} \tag{7-7}$$

然后将经纬仪从 O 点往直线方向移动距离 d，重新安置经纬仪并重复上述步骤的操作，使经纬仪中心逐次往直线方向趋近。

最后，当瞄准 A 点，倒转望远镜便正好瞄准 B 点，这样就使仪器位于 AB 直线上，这时即可用前面所述的一般方法测设直线。

2. 延长已知直线

如图 7-26 所示，在现场有已知直线 AB 需要延长至 C，根

据 BC 是否通视，以及经纬仪设站位置不同，有几种不同的测设方法。

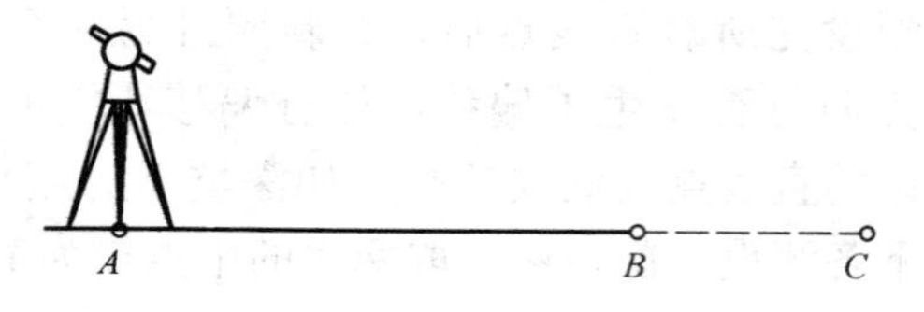

图 7-26　延长已知直线

（1）顺延法

在 A 点安置经纬仪，照准 B 点，抬高望远镜，用视线（纵丝）指挥在现场上定出 C 点即可。这个方法与两点间测设直线的一般方法基本一样，但由于测设的直线点在两端点以外，因此更要注意测设精度问题。延长线长度一般不要超过已知直线的长度，否则误差较大，当延长线长度较长或地面高差较大时，应用盘左盘右各测设一次。

（2）倒延法

当 A 点无法安置经纬仪，或者当 AC 距离较远，使从 A 点用顺延法测设 C 点的照准精度降低时，可以用倒延法测设。如图 7-27 所示，在 B 点安置经纬仪，照准 A 点，倒转望远镜，用视线指挥在现场上定出 C 点，为了消除仪器误差，应用盘左和盘右各测设一次，取两次的中点。

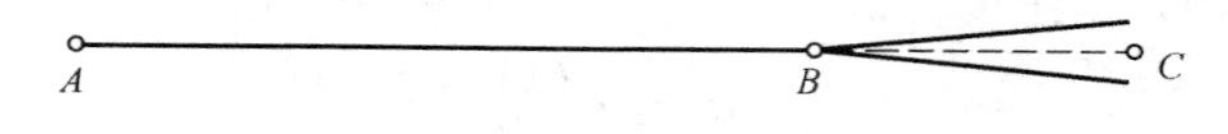

图 7-27　倒延法

3. 平行线法

当延长直线上不通视时，可用测设平行线的方法，延过障碍物。如图 7-28 所示，AB 是已知直线，先在 A 点和 B 点以合适的距离 d 作垂线，得 A' 和 B'，再将经纬仪安置在 A'（或 B'），用顺延法（或倒延法）测设 $A'B'$ 直线的延长线，得 C' 和 D'，然后分别在 C' 和 D' 以距离 d 作垂线，得 C 和 D，则 CD

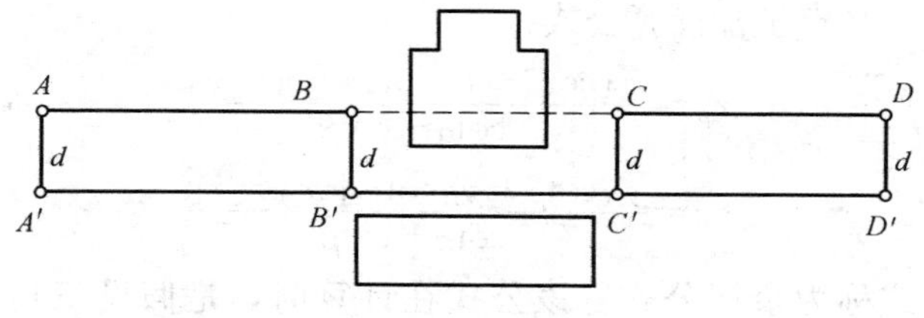

图 7-28　平行线法

是 AB 的延长线。

二、前方交会法

如图 7-29（a）所示，已知 A、B 的坐标为 x_A、y_A 和 x_B、y_B，分别在 A、B 两点设站，测得 α、β 两角，通过解算方法算出未知点 P 点的坐标。

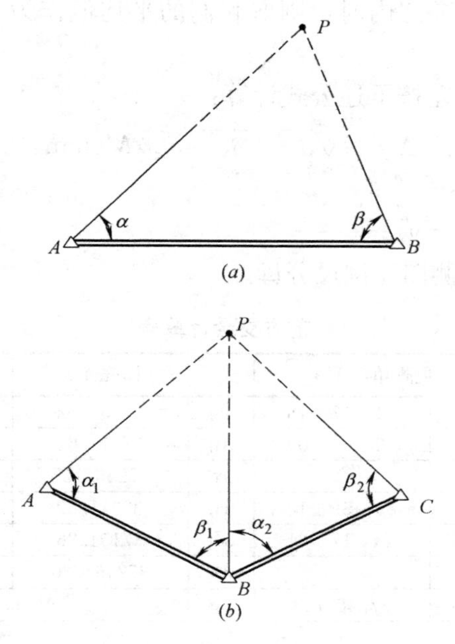

图 7-29　前方交会法

（a）前方交会示意图；（b）前方交会的检核

P 点坐标计算公式：

$$x_p=\frac{x_A\cot\beta+x_B\cot\alpha+y_B-y_A}{\cot\alpha+\cot\beta} \tag{7-8}$$

$$y_p=\frac{y_A\cot\beta+y_B\cot\alpha+x_A-x_B}{\cot\alpha+\cot\beta} \tag{7-9}$$

上式称为余切公式。该公式在计算时，是假设三角形顶点 A、B、P 按逆时针方向编号的。其中，A、B 为已知点，A、B 点所测的角度编号分别为 α、β，P 为未知点。

为了防止外业观测错误，并提高未知点 P 点的精度，一般的测量规范都要求布设有三个已知点的前方交会，如图 7-29*b* 所示。此时在 A、B、C 三个已知点上观测 P 点，测出四个角度值 α_1、β_1、α_2、β_2，按照△ABP 求出 P 点的坐标为（x'_p，y'_p）。按照△BCP 求出 P 点的坐标为（x''_p，y''_p）。当两组 P 点坐标的较差在容许误差之内时，则取它们的平均值作为 P 点的最终坐标，见表 7-31。

通常，限差按下述公式计算：

$$\Delta_{\varepsilon容}=\sqrt{\delta_x{}^2+\delta_y{}^2}\leqslant 0.2M(\text{mm}) \tag{7-10}$$

式中：$\delta_x=x'_P-x''_p$；

$\delta_y=y'_p-y''_p$；

M——测图比例尺分母。

前方交会计算表　　　　表 7-31

点名	观测角(° ′ ″)		x 坐标(m)		y 坐标(m)	
A	α_1	44 17 18	x_A	37450.52	y_A	16316.25
B	β_1	52 04 09	x_B	37311.62	y_B	16090.90
P			x_P	37246.727	y_P	16265.200
B	α_2	89 39 10	x_B	37311.62	y_B	16090.90
C	β_2	48 17 21	x_C	37154.86	y_C	16033.62
p			x_P	37246.730	y_P	16265.202
中数	x_P	37246.728	y_P	16265.201		
辅助计算	$\delta_x=x'_P-x''_P=-3$mm；$\delta_y=y'_p-y''_p=-2$mm，$\Delta e=4$mm；$M=1000$；$\Delta_{\varepsilon容}=0.2\times10^3(mm)=0.2$m					

第五节　角度测量技能实训

一、测回法测水平角实训

1. 实训目的

（1）掌握经纬仪的使用方法。

（2）掌握测回法测量水平角的观测步骤和计算方法。

2. 实训仪器及工具

电子经纬仪 1 台，配套三脚架 1 个，木桩 5 根，锤子 1 把，小钉若干，花杆 2 根，测伞 1 把，自备铅笔、计算器和记录本。

3. 实训内容

（1）实训课时为 2 学时，每一实训小组由 4～5 人组成。

（2）认识电子经纬仪各部件的名称及作用。

（3）练习电子经纬仪对中、整平、瞄准目标、调焦及测量角度的操作方法。

（4）练习测回法测量水平角的观测程序和计算方法。

4. 实训方法和步骤

（1）在实训场地上选择一点 O，打入木柱并在木柱顶端钉入小钉，作为测站站点；在 O 点周围选择 2 个明显目标 A、B 点，分别打入木柱并钉小钉作为观测点，如图 7-30 所示。

（2）安置经纬仪于测站点 O，进行对中、整平，并在 A、B 两点立上照准标志。

（3）将仪器置为盘左位置。转动照准部，瞄准 A 点，配置水平度盘、读数、记录。顺时针转动照准部，照准目标 B 点，读数记录。计算盘左水平角。

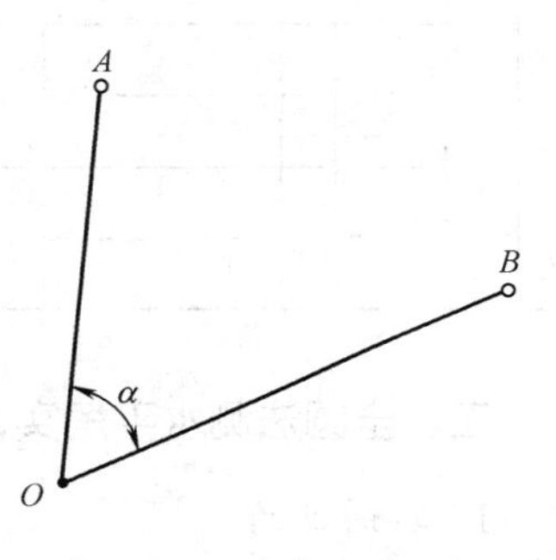

图 7-30　测回法测水平角

（4）将仪器置为盘右位置。

先照准 B 目标，读数记录；再逆时针转动照准部，直至照准目标 A，读数记录，计算盘右水平角。

（5）计算第一测回角度值。

（6）同法进行第二测回观测，计算各测回角度均值。

5. 实训注意事项

（1）盘左、盘右测回之间不能进行对中、整平操作。

（2）选择距离适中、成像清晰、通视良好的方向作为零有向。

（3）观测目标时，应尽量照准目标的底部。

（4）装卸电池时应关闭电源开关，观测前应进行相关的初始设置，迁站时应关闭电源。

6. 实训记录及报告书

将原始测量记录填入测回法观测手簿（表 7-32），计算、检核后作为实训成果上交。

测回法测水平角记录手簿 **表 7-32**

<table>
<tr><th rowspan="2">测站</th><th rowspan="2">测回数</th><th rowspan="2">竖盘位置</th><th rowspan="2">目标</th><th>水平度盘读数</th><th>半测回角值</th><th>一测回角值</th><th>各测回平均值</th><th rowspan="2">备注</th></tr>
<tr><th>(°′″)</th><th>(°′″)</th><th>(°′″)</th><th>(°′″)</th></tr>
<tr><td rowspan="8"></td><td rowspan="4"></td><td rowspan="2"></td><td></td><td></td><td rowspan="2"></td><td rowspan="4"></td><td rowspan="8"></td><td rowspan="8"></td></tr>
<tr><td></td><td></td></tr>
<tr><td rowspan="2"></td><td></td><td></td><td rowspan="2"></td></tr>
<tr><td></td><td></td></tr>
<tr><td rowspan="4"></td><td rowspan="2"></td><td></td><td></td><td rowspan="2"></td><td rowspan="4"></td></tr>
<tr><td></td><td></td></tr>
<tr><td rowspan="2"></td><td></td><td></td><td rowspan="2"></td></tr>
<tr><td></td><td></td></tr>
</table>

二、全圆法测水平角实训

1. 实训目的

掌握全圆法测量水平角的观测步骤和计算方法。

2. 实训仪器及工具

电子经纬仪1台，配套三脚架1个，木桩5根，锤子1把，小钉若干，花杆2根，测伞1把，自备铅笔、计算器和记录本。

3. 实训内容

（1）实训课时为2学时，每一实训小组由4～5人组成。

（2）练习经纬仪对中、整平、瞄准目标、调焦及测量角度的操作方法。

（3）练习全圆法测量水平角的观测程序和计算方法。

4. 实训方法和步骤

（1）在实训场地上选择一点O，打入木柱并在木柱顶端钉入小钉，作为测站点；在O点周围选择4个明显目标A、B、C、D点，分别打入木柱并钉小钉作为观测点，如图7-31所示。

（2）将电子经纬仪安置于O点，对中、整平仪器后，打开电源开关。

（3）选择OA方向作为起始零方向，盘左位置精确瞄准A目标，使水平度盘读数略大于$0°00'00''$，将读数记录在观测手簿中。

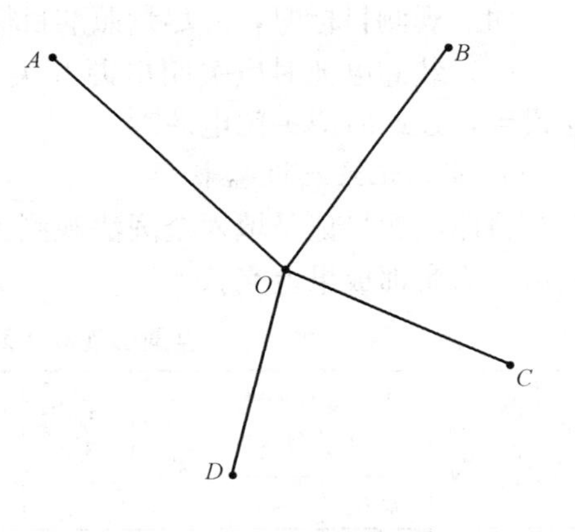

图7-31　全圆法测水平角

（4）顺时针方向转动照准部，依次瞄准B、C、D、A点目标，读取水平度盘读数，并将读数分别记录在观测手簿的相应栏目中。瞄准A目标读数时，应检验归零差是否合格，若超限应重测。

（5）纵转望远镜，以盘右位置按逆时针方向分别瞄准A、D、C、B\$A$点目标，读数并记录，检查归零差和$2C$互差是否合格若超限应重测。

（6）分别计算同一方向两倍视准差、各方向的平均读数、各方向的归零方向值，填入观测手簿的相应栏目中。

（7）同法进行第二测回观测，此时将起始方向（*OA* 方向）的水平度盘读数设置为略大于 90°。

（8）检查各测回同一方向归零方向值是否超限，若不超限，则取其平均值作为该方向的观测结果。

5. 实训注意事项

（1）DJ2 型电子经纬仪的限差要求如下：半测回归零差不大于 12″；一测回内 2C 互差不大于 18″；同，一方向值各测回较差不大于 12″。

（2）盘左、盘右测回之间不能进行对中、整平操作。

（3）选择距离适中、成像清晰、通视良好的方向作为零有向。

（4）观测目标时，应尽量照准目标的底部。

（5）装卸电池时应关闭电源开关，观测前应进行相关的初始设置，迁站时应关闭电源。

6. 实训记录及报告书

将原始测量记录填入全圆法观测手簿（表 7-33），计算、检核后作为实训成果上交。

全圆法观测手簿　　　　表 7-33

测站	测回数	目标	水平度盘读数（° ′ ″）		2*C*（″）	平均读数（° ′ ″）	归零方向值（° ′ ″）	各测回归零方向值的平均值（° ′ ″）	各方向间的水平角（° ′ ″）
			盘左	盘右					
O	1	*A*							
		B							
		C							
		D							
		A							
	2	*A*							
		B							
		C							
		D							
		A							

三、盘左、盘右做直线延长线

1. 实训目的

掌握盘左、盘右做直线延长线的步骤和方法。

2. 实训仪器及工具

电子经纬仪 1 台，配套三脚架 1 个，木桩 3 根，锤子 1 把，小钉若干，尺子 1 把，测伞 1 把，自备铅笔、计算器和记录本。

3. 实训内容

（1）实训课时为 2 学时，每一实训小组由 4～5 人组成。

（2）练习经纬仪对中、整平、瞄准目标、调焦、消除视差的操作方法。

（3）练习盘左、盘右做直线延长线。

4. 实训方法和步骤

（1）在实训场地选定 A、B 两点，打入木桩钉小钉，应保证 AB 延长线方向无障碍物。

（2）将经纬仪安置于 B 点，对中、整平仪器后，打开电源开关。

（3）经纬仪盘左位置精确瞄准 A 目标，倒转望远镜，用视线指挥在现场上定出 C' 点。

（4）经纬仪盘右位置精确瞄准 A 目标，倒转望远镜，用视线指挥在现场上定出 C'' 点。

（5）盘左和盘右两次取中点，见图 7-32。

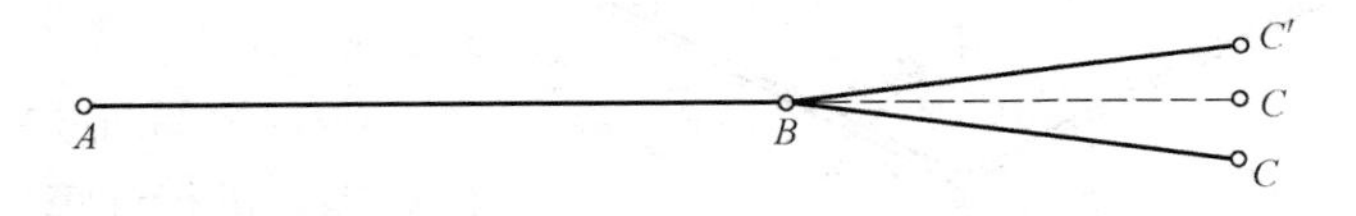

图 7-32　盘左、盘右做直线延长线

5. 实训注意事项

（1）观测目标时，应尽量照准目标的底部。

（2）仪器要严格对中、整平。

6. 实训记录及报告书

依据现场作业过程编制测量报告，作为实训成果上交。

四、前方交会测量

1. 实训目的

掌握前方交会法测量步骤和计算方法。

2. 实训仪器及工具

经纬仪1台，配套三脚架1个，木桩4根，锤子1把，小钉若干，测伞1把，自备铅笔、计算器和记录本。

3. 实训内容

（1）实训课时为2学时，每一实训小组由4～5人组成。

（2）练习经纬仪对中、整平、瞄准目标、调焦及测量角度的操作方法。

（3）练习前方交会法测量步骤和计算方法。

4. 实训方法和步骤

（1）在实训场地上选择 A、B、C 三点作为已知测站点。P 点未待测点，分别打入木柱并钉小钉，如图7-33所示。

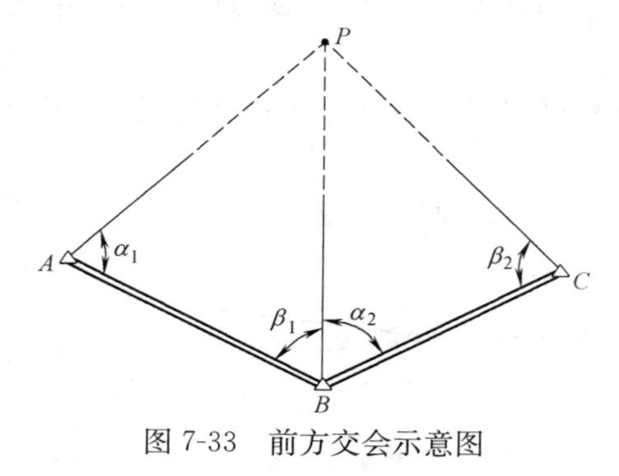

图7-33　前方交会示意图

（2）将经纬仪安置于A点，对中、整平仪器后，测量水平角 α_1。

（3）经纬仪迁站依次测量其余水平角 β_1、α_2、β_2。

（4）填写前方交会计算表，进行计算。

5. 实训注意事项

（1）观测目标时，应尽量照准目标的底部。

（2）仪器迁站时应确保仪器设备安全。

6．实训记录及报告书

填写前方交会计算表（表7-34），计算、检核后作为实训成果上交。

前方交会计算表 **表7-34**

点号	观测角度(°′″)		x 坐标(m)		y 坐标(m)	
A	α_1		x_A		y_A	
B	β_1		x_B		y_B	
P			x_P		y_P	
B	α_2		x_B		y_B	
C	β_2		x_c		y_c	
P			x_P		y_P	
中数	x_P			y_P		
辅助计算						

第八章　距离测量与准直测量

测量地面两点间的水平距离，是测量的基本工作之一。地面两点间的水平距离是指地面两点沿铅垂线方向在水准面上的投影长度，在较小的范围内可看成是在水平面上的投影长度，即地面两点沿铅垂线方向投影到水平面上的投影点间的直线长度。目前距离测量的常用方法有钢尺量距、视距测量和电磁波测距等。

第一节　钢 尺 量 距

钢尺量距方法是利用具有标准长度的钢尺直接测量地面两点间的距离，又称为距离丈量。钢尺量距方法简单，但易受地形限制，一般适合于平坦地区进行短距离量距，距离较长时其测量工作繁重。

钢尺量距常用的测量工具和设备有钢尺、标杆、测钎和垂球等，较精密的测量还需用弹簧秤和温度计。

一、精密钢尺量距

量距的精密方法，是指量距的精度要求较高、方法较严格的测量距离的方法。精密量距要对钢尺进行检定，得出在标准拉力和标准温度下的尺长方程式。精密量距时要严格操作，对测量的结果要进行各项必要的改正，最后得出该直线的精确长度。

1. 尺长方程式

钢尺在出厂时一般都经过较精密的检定，确定出钢尺检定时的温度、拉力和钢尺的实际长度，并用尺长方程式表示其测量时的实际长度，见式（8-1）。

$$L_t = l_0 + \Delta l + a \times (t - t_0) l_0 \quad (8\text{-}1)$$

式中：L_t——钢尺在温度t℃时的实际长度；

l_0——钢尺的名义长度，即钢尺标注的长度（如20m、30m、50m）；

Δl——钢尺在温度t℃时的尺长改正数；

α——钢尺的线膨胀系数，当温度变化1℃时其值约为$1.15 \times 10^{-5} \sim 1.25 \times 10^{-5}$；

t_0——钢尺检定时的温度，通常为20℃；

t——钢尺实际测量时的地面温度。

每盘钢尺的尺长方程式不是固定不变的，当使用了一段时间后，必须对钢尺重新进行检定，求出新的尺长方程式。使用钢尺时的拉力应与检定时的拉力相同，通常30m钢尺的拉力为100N，50m钢尺的拉力为150N。

2. 精密量距的方法

（1）进行直线定线

首先应清除欲丈量直线上的障碍物，并开辟出宽度不小于2m的通道，然后用经纬仪进行定线。如图8-1所示，AB为欲丈量的直线，在A点安置经纬仪，照准B点，然后在AB的视线上依次定出1、2、3……各点。同时用一盘钢尺（不要用进行精密量距的钢尺）进行概量，使相邻两点间的距离（A1、12、23……）略小于一整尺段，然后再打下木桩，并在木桩顶部划一“+”形标记，以表示相应点的位置。

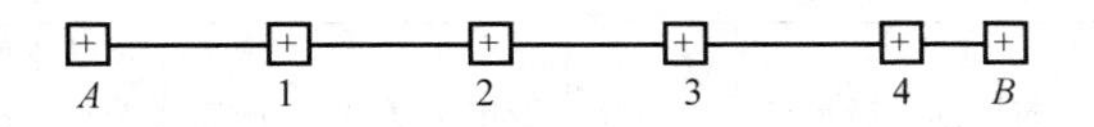

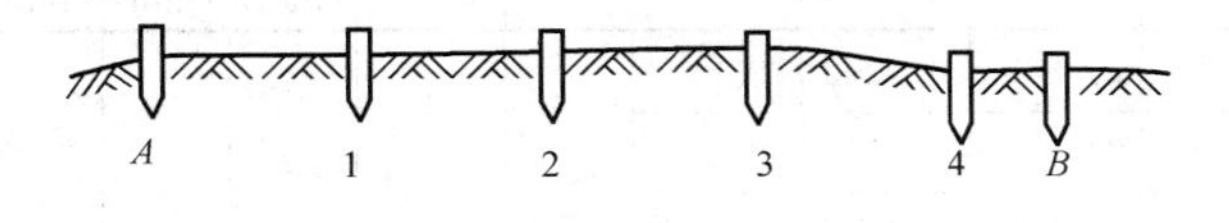

图8-1 定线及定标

(2) 量距

精密量距时应采用经过检定的钢尺进行。量距的方法通常采用“读数法”。开始测量时，后尺手持挂在钢尺零端铁环内的弹簧秤，前尺手手持钢尺末端的手柄，前尺手将钢尺末端某一整刻划对准木桩顶部“+”形标记中心点，发出“预备”的口令，两人同时用力拉尺，当后尺手所拉的弹簧秤指向检定时的拉力，并待钢尺稳定后，回声“好”，此时前、后两读尺员依据“+”形标记中心点读出钢尺上的标注值，精确读至 mm 位，估读到 0.1mm，并将读取的数据记入观测手簿（表 8-1）。

每一尺段要有三组读数，各组读数之间要前后移动尺子 1cm 左右，三组读数计算出的距离，其误差要小于 2mm，否则应重测一组。如未超过限差，应取三次结果的平均值作为该尺段的测量长度。在每一尺段测量过程中，应测定地面温度一次。按上述方法依次测量各个尺段。当往测进行完毕后，应立即进行返测。

(3) 相邻两点间高差的测定

用水准仪测量相邻两木桩顶部之间的高差，以便将倾斜距离改算成水平距离。水准测量一般在量距前进行往测，量距结束后进行返测，记录如表 8-1 所示。同一尺段往返高差的较差应小于 5mm（量距精度为 1/40000），或者应小于 10mm（量距精度为 1/20000）。

钢尺精密量距记录及成果计算　　表 8-1

钢尺号码：No.1　钢尺膨胀系数：0.0000125　钢尺检定时的温度 t_0：20℃　计算者：

尺段编号	实测次数	前尺读数(m)	后尺读数(m)	尺段长度(m)	温度(℃)	高差(m)	温度改正数(mm)	尺长改正数(mm)	倾斜改正数(mm)	改正后尺段长(m)
A1	1	29.8955	0.0200	29.8755	26.5	−0.115	+2.4	+2.5	−0.2	29.8802
	2	29.9115	0.0345	29.8770						
	3	29.8980	0.0240	29.8740						
	平均			29.8755						

续表

尺段编号	实测次数	前尺读数(m)	后尺读数(m)	尺段长度(m)	温度(℃)	高差(m)	温度改正数(mm)	尺长改正数(mm)	倾斜改正数(mm)	改正后尺段长(m)
12	1	29.9350	0.0250	29.9100	25.0	+0.411	+1.9	+2.5	−2.8	29.9113
	2	29.9565	0.0460	29.9105						
	3	29.9780	0.0695	29.9085						
	平均			29.9097						
…										
6B	1	19.9345	0.0385	19.8960	28.0	+0.112	+2	+1.7	−0.3	19.8991
	2	19.9470	0.0510	19.8960						
	3	19.9565	0.0615	19.8950						
	平均			19.8957						
总和										196.5186

3. 直线总水平距离的计算

精密量距应按每一尺段计算尺长改正数、温度改正数和倾斜改正数，最后求得该直线在水平面上的真实水平长度。

（1）尺长改正

任一长度 l_d 的尺长改正公式为：

$$\Delta l_d = \frac{\Delta l}{l_0} l_d \tag{8-2}$$

（2）温度改正

受温度影响钢尺长度会伸缩。当量距时的温度 t 与检定钢尺时的温度 t_0 不一致时，要进行温度改正，其改正公式为：

$$\Delta l_t = a \times (t - t_0) l_d \tag{8-3}$$

（3）倾斜改正

设沿地面量得斜距为 l_d，测得高差为 h，换算成平距 D 时要进行倾斜改正，其改正公式为：

$$\Delta l_h = -\frac{h^2}{2l_d} \tag{8-4}$$

综上所述，每量一段距离 l_d，其相应改正后的水平距离为：

$$L=l_d+\Delta l_d+\Delta l_t+\Delta l_h \tag{8-5}$$

最后，将各段数据汇总即得直线的总水平距离，见表 8-1。

二、钢尺量距误差及注意事项

1. 钢尺量距的误差

（1）尺长误差

钢尺的名义长度和实际长度不符，产生尺长误差。尺长误差是积累性的，它与所量距成正比。精密量距时，钢尺虽经检定并在丈量结果中进行了尺长改正，其成果中仍存在尺长误差。

（2）定线误差

钢尺丈量时钢尺偏离定线方向，将使测线成为一折线，导致丈量结果偏大，这种误差成为定线误差。

（3）拉力误差

钢尺有弹性，受拉会伸长。量距时，钢尺在丈量时所受拉力应与检定时拉力相同。如果拉力变化±2.6kg，尺长将改变±1mm。一般量距时，主要保持拉力均匀即可。精密量距时，必须使用弹簧秤。

（4）钢尺垂曲误差

钢尺悬空丈量时中间下垂，称为垂曲，由此产生的误差为钢尺垂曲误差。垂曲误差会使量得的长度大于实际长度，故在钢尺检定时，亦可按悬空情况检定，得出相应的尺长方程式。在成果整理时，按此尺长方程式进行尺长改正。

（5）钢尺不水平误差

用平量法丈量时，钢尺不水平，会使所量距离增大。对于 30m 的钢尺，如果目估尺子水平误差为 0.5m（倾角约 1°），由此产生的量距误差为 4mm。因此，用平量法丈量时应尽可能使钢尺水平。

精密量距时，测出尺段两端点的高差，进行倾斜改正，可消除钢尺不水平的影响。

（6）丈量误差

钢尺端点对不准、测钎插不准、尺子读数不准等引起的误差都属于丈量误差。这种误差对丈量结果的影响可正可负，大小不定。在量距时应尽量认真操作，以减小丈量误差。

（7）温度改正

钢尺的长度随温度变化，丈量时温度与检定钢尺时温度不一致，或测定的空气温度与钢尺温度相差较大，都会产生温度误差。所以，精度要求较高的丈量，应进行温度改正，并尽可能用温度计测定尺温，或尽可能在阴天进行，以减小空气温度与钢尺温度的差值。

2. 钢尺量距注意事项

（1）应熟悉钢尺的零点位置和尺面注记。

（2）前、后尺手须密切配合，尺子应拉直，用力要均匀，对点要准确，保持尺子水平。读数时应迅速、准确、果断。

（3）测钎应竖直、牢固地插在尺子的同一侧，位置要准确。

（4）记录要清楚，要边记录边复诵读数。

（5）注意保护钢尺，严防钢尺打卷、车轧且不得沿地面拖拉钢尺。前进时，应有人在钢尺中部将钢尺托起。

（6）每日用完后，应及时擦净钢尺。若暂时不用时，擦拭干净后，还应涂上黄油，以防生锈。

第二节　视距测量

视距测量是根据几何光学原理用简便的操作方法即能迅速测出两点间距离的方法。

视线水平时，视距测量测得是水平距离。视线倾斜时，为求得水平距离还须测出竖角。有了竖角，也可求得测站至目标的高度。所以视距测量是一种能同时测得两点间距离和高差的测量方法。

视距法测距操作简单、较钢尺量距速度快、不受地面高低起伏限制等优点，但测距精度较低，距离相对精度为1/200～1/300，因此用于精度要求较低的测量工作中。

一、视距测量原理

视距测量所用的仪器主要有经纬仪、水准仪和平板仪等。进行视距测量，要用到视距丝和视距尺。视距丝即望远镜内十字丝平面上的上下两根短丝，它与横丝平行且等距离，如图8-2所示。视距尺是有刻划的尺子，和水准尺基本相同。

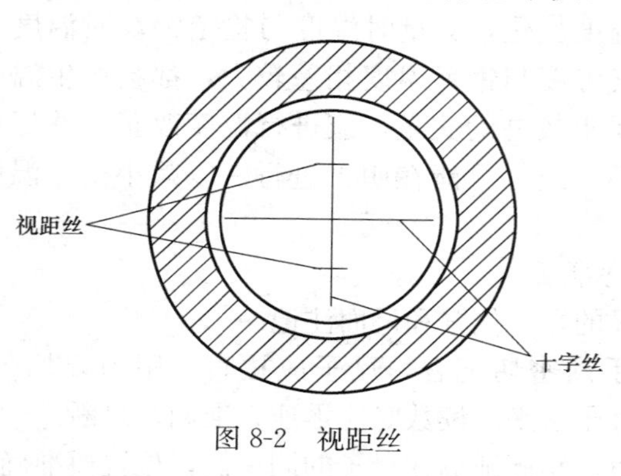

图8-2　视距丝

1. 视线水平时的水平距离和高差公式

如图8-3所示，在 A 点安置经纬仪，在 B 点竖立视距尺，用望远镜照准视距尺，当望远镜视线水平时，视线与尺子垂直。如果视距尺上 M、N 点成像在十字丝分划板上的两根视距丝 m、n 处，那么视距尺上 MN 的长度，可由上、下视距丝读数之差

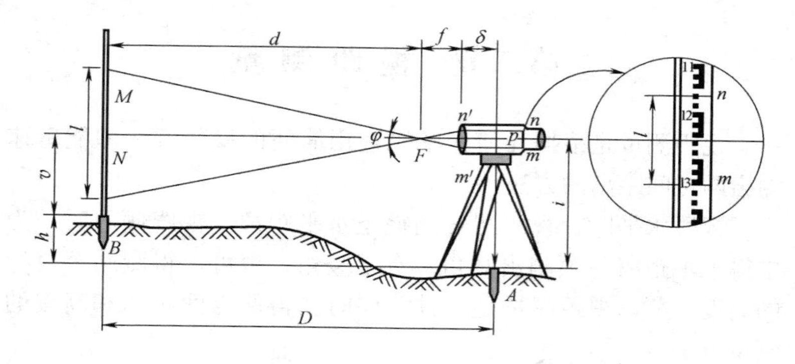

图8-3　视准轴水平时的视距测量原理图

求得。上、下视距丝读数之差称为视距间隔或尺间隔，用 l 表示。

如图 8-2 所示，$p=\overline{mn}$为望远镜上、下视距丝的间距，$l=\overline{MN}$为视距间隔，f 为望远镜物镜焦距，δ 为物镜中心到仪器中心的距离。由相似 $\Delta m'Fn'$ 和 ΔMFN 可得$\frac{d}{l}=\frac{f}{p}$，即：

$$d=\frac{f}{p}l \tag{8-6}$$

因此，由图 8-3 可得：

$$D=d+f+\delta=\frac{f}{p}l+f+\delta \tag{8-7}$$

令：

$$K=\frac{f}{p},C=(f+\delta)$$

则有：

$$D=Kl+C \tag{8-8}$$

式中：K——视距乘常数，通常 $K=100$；

C——视距加常数。

式（8-8）是用外对光望远镜进行视距测量时计算水平距离的公式。对于内对光望远镜，其加常数 C 值接近零，可以忽略不计，故水平距离为：

$$D=Kl=100l \tag{8-9}$$

同时，由图 8-3 可知，A、B 两点间的高差 h 为：

$$h=i-v \tag{8-10}$$

式中：i——仪器高（m）；

v——十字丝中丝在视距尺上的读数，即中丝读数（m）。

2. 视线倾斜时的水平距离和高差公式

在地面起伏较大的地区进行视距测量时，必须使望远镜视线处于倾斜位置才能瞄准尺子。此时，视线便不垂直于竖立的视距尺尺面，因此式（8-9）和式（8-10）不能适用。下面介绍视线倾斜时的水平距离和高差的计算公式。

如图 8-4 所示，如果我们把竖立在 B 点上视距尺的尺间隔 MN，换算成与视线相垂直的尺间隔 $M'N'$，就可用式（8-9）计算出倾斜距离 L。然后再根据 L 和垂直角 α，算出水平距离 D 和高差 h。

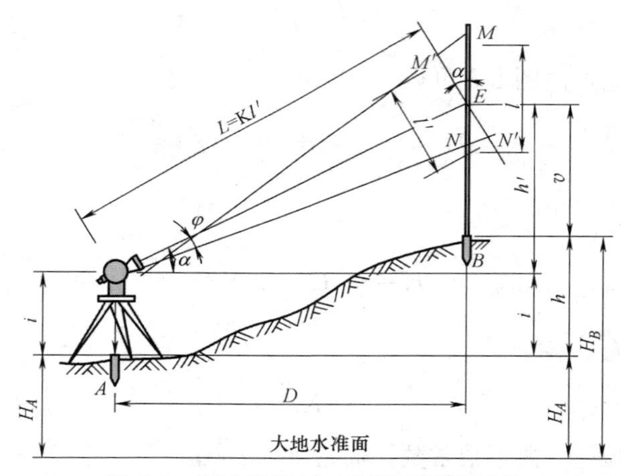

图 8-4　视准轴倾斜时的视距测量原理

从图 8-4 可知，在 $\Delta EM'M$ 和 $\Delta EN'N$ 中，由于 φ 角很小（约 $34'$），可把 $\angle EM'M$ 和 $\angle EN'N$ 视为直角。而 $\angle MEM'=\angle NEN'=\alpha$，因此：

$$M'N'=M'E+EN'=ME\cos\alpha+EN\cos\alpha=(ME+EN)\cos\alpha=MN\cos\alpha \tag{8-11}$$

式中 $M'N'$ 就是假设视距尺与视线相垂直的尺间隔 l'，MN 是尺间隔 l，所以：

$$l'=l\cos\alpha \tag{8-12}$$

将上式代入式（8-9），得倾斜距离 L：

$$L=Kl'=kl\cos\alpha \tag{8-13}$$

因此，A、B 两点间的水平距离为：

$$D=L\cos\alpha=Kl\cos^2\alpha \tag{8-14}$$

式（8-14）为视线倾斜时水平距离的计算公式。

由图 8-4 可以看出，A、B 两点间的高差 h 为：

$$h=h'+i-v \tag{8-15}$$

式中：h'——高差主值（也称初算高差）。

$$h'=L\sin\alpha=Kl\cos\alpha\sin\alpha=\frac{1}{2}Kl\sin2\alpha \tag{8-16}$$

所以：

$$h=\frac{1}{2}Kl\sin2\alpha+i-v \tag{8-17}$$

式（8-17）为视线倾斜时高差的计算公式。

二、视距测量的施测与计算

1. 视距测量的施测

（1）如图 8-4 所示，在 A 点安置经纬仪，量取仪器高 i，在 B 点竖立视距尺。

（2）盘左（或盘右）位置，转动照准部瞄准 B 点视距尺，分别读取上、下、中三丝读数，并算出尺间隔 l。

（3）转动竖盘指标水准管微动螺旋，使竖盘指标水准管气泡居中，读取竖盘读数，并计算垂直角 α。

（4）根据尺间隔 l、垂直角 α、仪器高 i 及中丝读数 v，计算水平距离 D 和高差 h。

2. 视距测量的计算

已知：A 点的高程 H_A 为 40m，仪器高 $i=1.467$m，测得上下丝读数分别为 0.663m、2.237m，盘左观测的竖直角读数为 $L=87°41'12''$，求得 A、B 两点间的水平距离和高差。

解：

视距间隔为 $l=2.237-0.663=1.574$m

竖直角 $\alpha=90°-L+x=90-87°41'12''+1'=2°19'48''$

水平距离为 $D=Kl\cos^2\alpha=157.140$

中丝读数为 $v=\frac{1}{2}(2.237+0.663)=1.45\text{m}$

高差为 $h_{AB}=D\tan\alpha+i-v=6.411$

B 点的高程为 $H_B=H_A+h_{AB}=40+6.411=46.411\text{m}$

三、视距测量的误差来源及消减方法

1. 读数误差

用视距丝在标尺上读数的误差是影响视距测量精度的主要因素。读数误差与视距尺最小分划的宽度、距离远近、望远镜的放大倍数及成像的清晰程度等因素有关。所以在作业时，应根据测量精度限制最远视距，使成像清晰，消除视差，读数仔细。

2. 标尺倾斜误差

视距公式是在视距尺铅垂竖直的条件下推得的，视距尺前后倾斜对视距测量的影响与竖直角的大小有关，竖直角越大对视距测量的影响越大，特别在山区作业时，应严格扶直标尺。

3. 外界条件的影响

（1）大气垂直折光影响

由于视线通过的大气密度不同而产生垂直折光差，而且视线越接近地面垂直折光差的影响也越大，因此观测时应使视线离开地面至少 1m 以上。

（2）空气对流使成像不稳定产生的影响

空气对流使成像不稳定产生的影响。这种现象在视线通过水面和接近地表时较为突出，特别在烈日下更为严重。因此应选择合适的观测时间，尽可能避开大面积水域。

第三节　电磁波测距

一、电磁波测距的基本原理

电磁波测距的基本原理是通过测定电磁波（无线电波或光

波）在测线两端点往返传播的时间 t，按下列公式算出距离 D。

$$D=\frac{1}{2}Ct \tag{8-18}$$

式中：C——电磁波在大气中的传播速度，可以根据观测时的气象条件来确定。

电磁波测距按采用的载波不同，可分为光电测距和微波测距。采用光波（可见光或红外光）作为载波的称为光电测距。采用微波段的无线电波作为载波的称为微波测距。

二、脉冲式光电测距仪的测距原理

见图 8-5，在 A 点安置能发射和接受光波的光波测距仪，在 B 点设置反射棱镜。光电测距仪发出的光束经棱镜反射后，又返回到测距仪。通过测定光波在 AB 之间传播的时间 t，根据光波在大气中的传播速度 c，按（8-18）式计算距离 D。

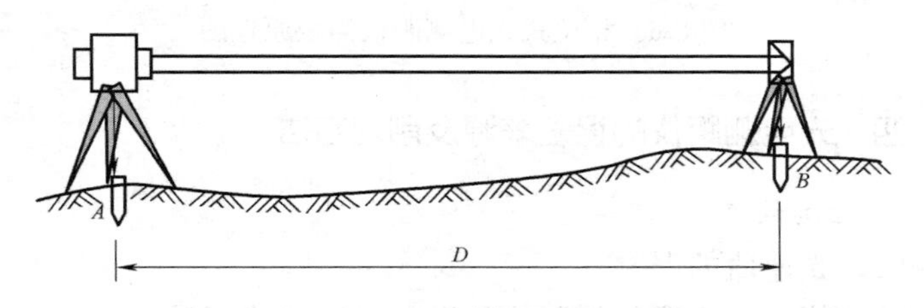

图 8-5　脉冲式光电测距仪测距原理示意图

三、相位式光电测距仪测距原理

A 点安置光电测距仪，在 B 点设置反射镜，光电测距仪发出的光束经棱镜反射后，又返回到测距仪，测定光波在 AB 之间传播的相位差，按下式计算距离 D。

$$D=\frac{\lambda}{2}(\mathrm{N}+\frac{\Delta\phi}{2\pi})=\frac{C}{2f}(N+\frac{\Delta\phi}{2\pi}) \tag{8-19}$$

式中：D——相位移的整周期数和调制光整波长的个数，其值可为零或正整数；

λ——调制光的波长；

$\Delta\lambda$——不足一个波长的调制光的长度；

$\Delta\phi$——不足一个整周期的相位移尾数。

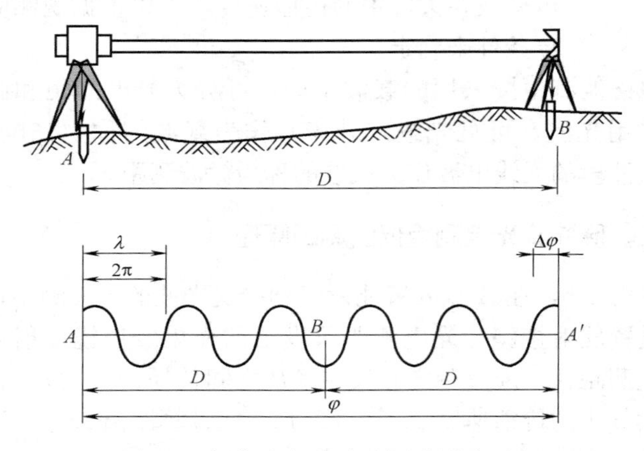

图 8-6　相位式光电测距仪测距原理图

四、光电测距仪的误差来源及削弱方法

1. 比例误差

（1）光速值的误差

光速值对测距误差的影响甚微，可以忽略不计。

（2）调制频率的误差

调制频率的误差，包括两个方面，即频率校正的误差（反映了频率的精确度）和频率的漂移误差（反映了频率的稳定度）。频率误差影响在精密中远程测距中不容忽视的，作业前后及时进行频率检校，必要时还得确定晶体的温度偏频曲线，以便给以频率改正。

（3）大气折射率误差

正确测定测站和镜站上的气象元素，并计算得的大气折射系数与传播路径上的实际数值十分接近，可以大大地减少大气折射的误差影响，这在精密中远程测距是十分重要的。

2. 固定误差

测相误差、仪器加常数误差和对中误差都属于固定误差，在精密的短程测距时，这类误差将处于突出的地位。

（1）仪器和棱镜的对中误差

在控制测量中，一般要求对中误差在 3mm 以下，要求归心误差在 5mm 左右。但在精密短程测距时，由于精度要求高，必须采用强制归心方法，最大限度的削弱此项误差影响。

（2）仪器加常数的测定误差

经常对加常数进行及时检测，予以发现并改用新的加常数来避免这种影响。

（3）测相误差

包括测相设备本身的误差，幅像误差，照准误差，信噪比引起的误差，周期误差。

第四节　三角高程

水准测量的精度高，但工作时速度较慢，适用于平坦地区。如果在地形起伏变化较大的山区、丘陵地区，采用水准测量难度较大，在这种情况下，还要保证其精度，可采用三角高程的方法来测定控制点的高程。但必须用水准测量的方法在测区内引测一定数量的水准点，作为高程起算的依据。

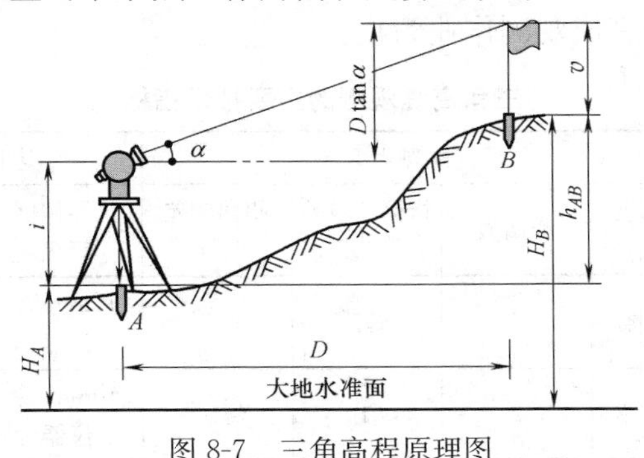

图 8-7　三角高程原理图

一、三角高程测量原理

三角高程测量是根据两点间的水平距离和垂直角，计算两点间的高差。

A、B 两点间的高差 h_{AB} 为：

$$h_{AB}=D_{AB}\tan\alpha+i-v \tag{8-20}$$

B 点的高程 H_B 为：

$$H_B=H_A+h_{AB}=H_A+D_{AB}\tan\alpha+i-v \tag{8-21}$$

二、三角高程测量施测

三角高程测量的观测主要是对竖直角的观测，其观测方法是：首先在测站上安置好仪器，并进行对中、整平且量取仪器高；在目标点上安置标杆或觇牌，量取觇标高；将仪器盘左位置瞄准目标，使指标水准器气泡精密符合，读取垂直度盘的中丝读数（盘左读数）；在盘右位置，按照盘左时的方法照准原目标，读取盘右读数，此种观测方法仅用十字丝中丝照准目标，称为中丝法。将竖直角读数及观测距离记录在手簿内见表 8-3，在填写竖直角观测原始数据记录表时应注意：观测后记录员应核实数据确保记录准确，盘左盘右观测顺序不能混乱，数据不能描写、涂改，如果发现错误及时进行调整或重新观测。盘左盘右观测为一测回，共观测三个测回，观测方法以顺时针方向观测，直到完成观测作业为止。

三角高程观测的主要技术指标　　　　表 8-2

等级	垂直角观测				边长测量	
	仪器精度等级	测回数	指标差较差（″）	测回较差（″）	仪器精度等级	观测次数
四等	2″级仪器	3	≤7″	≤7″	10mm 级仪器	往返各一次
五等	2″级仪器	2	≤10″	≤10″	10mm 级仪器	往一次

垂直角观测记录表 **表 8-3**

测站	盘位	目标	竖盘读数(°′″)	半测回竖直角(°′″)	指标差(″)	一测回竖直角(°′″)	三测回竖直角(°′″)	距离(m)	备注
A	左	B	93 05 09	−3 05 09	−7	−3 05 16		204.762 204.762	
	右	B	266 54 37	−3 05 23				204.761 204.761	
A	左	B	93 05 9	−3 05 09	−7	−3 05 16	−3 05 16	204.761 204.762	仪器高1.583m 棱镜高1.295m
	右	B	266 54 37	−3 05 23				204.761 204.761	
A	左	B	93 05 10	−3 05 10	−7	−3 05 17		204.761 204.761	
	右	B	266 54 36	−3 05 24				204.761 204.760	
B	左	A	87 03 41	2 56 19	−6.5	2 56 12		204.762 204.761	
	右	A	272 56 06	2 56 06				204.763 204.763	
B	左	A	87 04 42	2 56 18	−5.5	2 56 12	2 56 12	204.763 204.762	仪器高1.544m 棱镜高1.295m
	右	A	272 56 07	2 56 07				204.763 204.763	
B	左	A	87 04 42	2 56 18	−6	2 56 12		204.762 204.763	
	右	A	272 56 06	2 56 06				204.763 204.763	

在观测记录过程中，应及时对竖直角相关数据进行计算。如半测回竖直角，竖盘读数记录完毕后，应对其进行计算，经

过复核后在进行下一站的测量，半测回竖直角取其平均值。

三、三角高程计算

这些计算属于测量的内业作业，在现场整理好原始数据后，在室内进行数据整理的计算。

起算点、待算点、往返测、平距、竖直角、仪器高、棱镜高都是已知条件，在现场竖直角观测时都已经进行记录并复核，整理的时候只需要求出单向高差及往返平均高差。下表是根据上面外业进行观测记录表 8-4 所求出的高差计算。

三角高程测量高差计算　　　　表 8-4

起算点	A			
待测点	B			
往返测	往	返		
平距 S	204.761	204.763		
竖直角 α	−3 05 16	2 56 12		
仪器高 i	1.583	1.544		
棱镜高 v	1.295	1.295		
单向高差 h	−10.758	10.753		
往返平均高差 h'	−10.756			
计算方法	$h_{AB}=S\cdot \mathrm{tg}\alpha+i-v$ $\pm h'=\frac{\lvert h_{往}+h_{返}\rvert}{2}$ （往返平均高差“＋”“－”值，取 $h_{往}$）			

四、三角高程的测量误差及削弱

1. 边长误差

边长误差决定于距离丈量方法。用普通视距法测定距离，精度只有 1/300；用电磁波测距仪测距，精度很高，边长误差一般为几万分之一到几十万分之一。边长误差对三角高程的影响与垂直角大小有关，垂直角愈大，其影响也愈大。

2. 竖直角误差

竖直角观测误差包括仪器误差、观测误差和外界环境的影响。对三角高程的影响与边长及推算高程路线总长有关，边长或总长愈长，对高程的影响也愈大。因此，竖直角的观测应选择大气折光影响较小的阴天观测较好。

3. 大气折光系数误差

大气垂直折光误差主要表现为折光系数测定误差。折光系数的误差对于短距离三角高程测量的影响不是主要的；但对于长距离三角高程测量而言，其影响比较明显，应予以注意。

4. 丈量仪高和觇标高的误差

仪高和觇标高采用盒尺直接进行量取，仪高和觇标高的量测误差有多大，对高差的影响也会有多大。因此，应仔细量测仪高和觇标高。

5. 提高三角高程测量精度的措施

（1）缩短视线：当视线长 1000m 时，折光角通常只是 2″或 3″。在这样的距离上进行对向三角高程测量，其精度同普通水准测量相当。

（2）对向观测垂直角。

（3）选择有利的观测时间：一般情况下，中午前后观测垂直角最有利。

（4）提高视线高度。

第五节　悬高测量

一、悬高测量定义与原理

悬高测量，就是测定空中某点距地面的高度。

全站仪进行悬高测量的工作原理，如图 8-8 所示。

首先把全站仪安置与适当位置（A 点），并选定悬高测量模式后，再将反射棱镜设立在欲测目标点 C 的天底 B 点（即过目

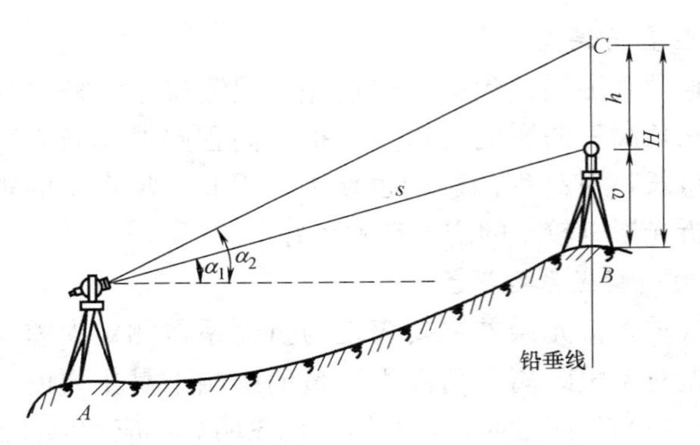

图 8-8　悬高测量原理图

标点 C 的铅垂线与地面的交点），输入反射棱镜高 v；然后照准反射棱镜进行测量，再转动望远镜照准目标点 C，便能实时显示出目标点 C 至地面的高度 H。

由图 8-8 推算出目标点 C 到地面的高度 H 为：

$$H=h+v=s\cos\alpha_1\tan\alpha_2-s\sin\alpha_1+v \tag{8-22}$$

式中：v——棱镜高；

S——全站仪至反射棱镜的斜距；

α_1——仪器至反射棱镜的竖直角；

α_2——仪器至目标点的竖直角。

上面的测量原理是在反射棱镜设立在欲测高度的目标点 C 的天底 B 而且不顾及投点误差的条件下进行的，即图 8-8 中 B、C 点在同一条铅垂线上。如果该条件不能保证，全站仪将无法测得 C 点距地面点 B 的正确高度。因此要获得准确的目标高，可事先用全站仪交会投点的方法，将目标点投影至地面，再在投影点上放置棱镜进行悬高测量。

二、全站仪悬高测量方法

使用 GTS-330N 型全站仪进行悬高测量时可分为输入棱镜高和不输棱镜高两种情况。

输入棱镜高的情况（棱镜高 1.5m）：

悬高测量（输入棱镜高） 表 8-5

操作过程	操作	显示
①按[MENU]键，再按[F4](P↓)键，进入第 2 页菜单	[MENU] [F4]	菜单 2/3 F1：程序 F2：格网因子 F3：照明 P↓
②按[F1]键	[F1]	程序 1/2 F1：悬高测量 F2：对边测量 F3：Z 坐标 P↓
③按[F1](悬高测量)键	[F1]	悬高测量 1/2 F1：输入镜高 F2：无需镜高
④按[F1]键	[F1]	REM-1 <第一步> 镜高： 0.000m 输入… …回车 …………………… … …[CLR][ENT]
⑤输入棱镜高[*1] ⑥照准棱镜 ⑦按[F1](测量)键	[F1] 输入棱境高 [F4] 照准 P [F1]	REM-1 <第二步> HD： m 测量 … … … REM-1 <第二步> HD：*[n] <<m >测量… ↓
测量开始。 显示仪器至棱镜之间的水平距离(HD)		REM-1 <第二步> HD* 123.456m >测量…
⑧测量完毕，棱镜的位置即被确定		REM-1 VD： 1.500m … 镜高 平距 …
⑨照准目标 K， 显示垂直距离(VD)[*3)]	照准 K	REM-1 VD： 10.456m … 镜高 平距 …

不输棱镜高的情况：

悬高测量（不输入棱镜高）　　表 8-6

操作过程	操作	显示
①按[MENU]键，再按[F4]键，进入第2页菜单	[MENU] [F4]	菜单　2/3 F1：程序 F2：格网因子 F3：照明　P↓
②按[F1]键	[F1]	程序　1/2 F1：悬高测量 F2：对边测量 F3：Z 坐标　P↓
③按[F1]（悬高测量键）	[F1]	悬高测量　1/2 F1：输入镜高 F2：无需镜高
④按[F2]键	[F2]	REM-2 <第一步> HD：　m 测量 … … …
⑤照准棱镜	照准 P	REM-2 <第一步> HD＊ [n]　<<m >测量…
⑥按[F1]（测量）键测量开始 显示测站点与棱镜点之间的水平距离	[F1]	REM-2 <第一步> HD＊　123.456m >测量…
⑦测量完毕，棱镜位置即被确定		REM-2 <第二步> V：　60°45′50″ … … … 设置
⑧照准地面点 G	照准 G	REM-2 <第二步> V：　123°45′50″ … … … 设置
⑨按[F4]（设置）键 G 点的位置即被确定，*1)	[F4]	REM-2 VD：　0.000m … 竖角 平距 …
⑩照准目标点 K 显示高差（VD）*2)	照 K	REM-2 VD：　10.456m … 竖角 平距 …

第六节 激光准直

一、准直测量概念

准直测量应用于测定某一方向上点位的相对变化，可以是水平方向，也可以是垂直方向。在一些高精度要求的机械设备安装中，在大坝、防洪大堤以及其他构筑物的变形测量中，需要观测基本位于同一视线上许多点的偏移量，在多种方法中，准直测量是其中操作方便、精度较高的一种方法。随着高层建筑的增多，对建筑物各项放样精度的要求越来越高，垂直方向的准直测量在施工中的应用主要用于是传递竖向轴线，常见的准直测量仪器按其结构原理分为光学垂准仪和激光定位仪两类。激光定位仪包括激光经纬仪、激光垂准仪、激光铅锤仪等。激光垂准仪是利用激光方向性强及单色性好等特点，进行测量或准直投点。

二、激光经纬仪

1. 激光经纬仪的构造

激光经纬仪是在经纬仪的望远镜筒上安装激光装置制成，激光器发出一束激光，其光轴与望远镜视准轴严格重合，从而代替仪器的视准轴。激光经纬仪除具备经纬仪的所有功能外，提供的可见激光束十分便于工程施工。激光经纬仪分为激光光学经纬仪和激光电子经纬仪两种。

（1）激光光学经纬仪（图 8-9）。

（2）激光电子经纬仪（图 8-10、图 8-11）。

2. 激光经纬仪的使用

激光经纬仪具有普通经纬仪的所有功能，同时能提供一条可见的激光束，有利于施工现场的测量放线工作。激光经纬仪在使用前，须进行检校。将物镜指向天顶方向，水平转动仪器

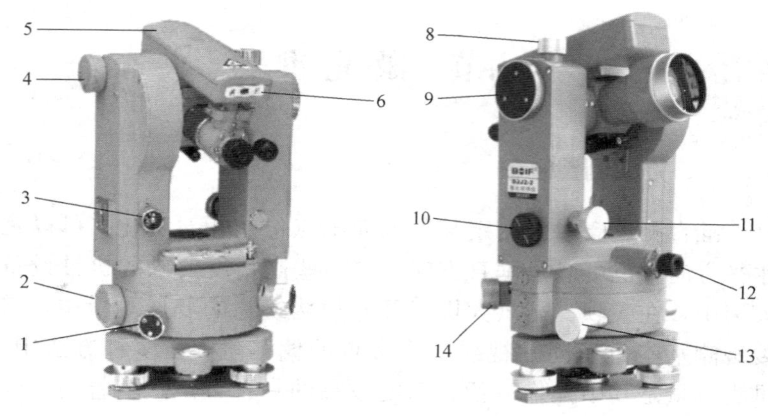

图 8-9　激光光学经纬仪

1—水平制动手轮；2—水平照明反光镜；3—补偿器锁紧轮；4—垂直照明反光镜；5—电池盒盖；6—电源开关；7—滤色片组（图中未表示出）；8—垂直制动手轮；9—测微器手轮；10—水平/垂直光路换向手轮；11—垂直微动手轮；12—光学对点器；13—水平微动手轮；14—换盘手轮

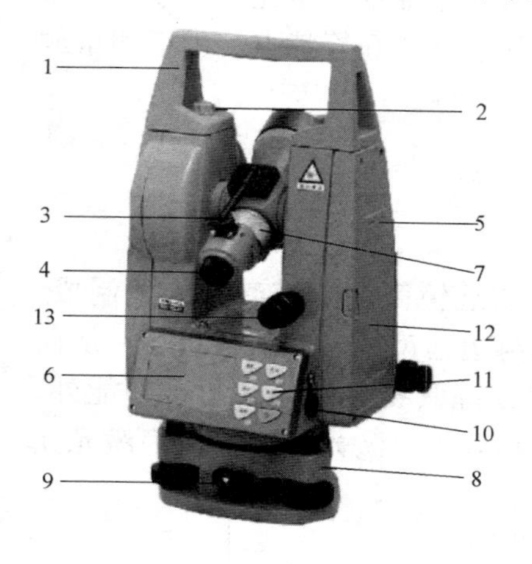

图 8-10　激光电子经纬仪

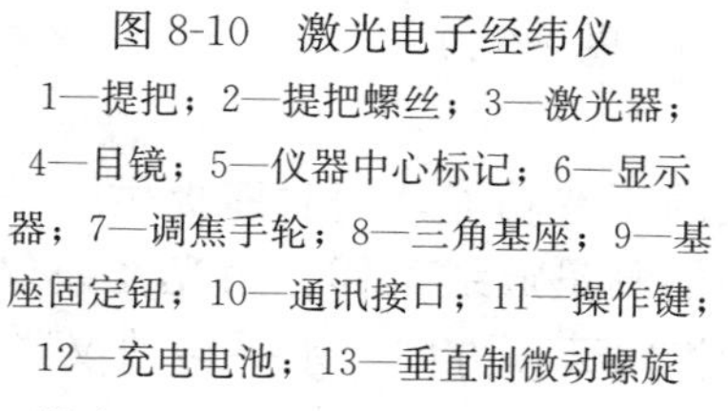

1—提把；2—提把螺丝；3—激光器；4—目镜；5—仪器中心标记；6—显示器；7—调焦手轮；8—三角基座；9—基座固定钮；10—通讯接口；11—操作键；12—充电电池；13—垂直制微动螺旋

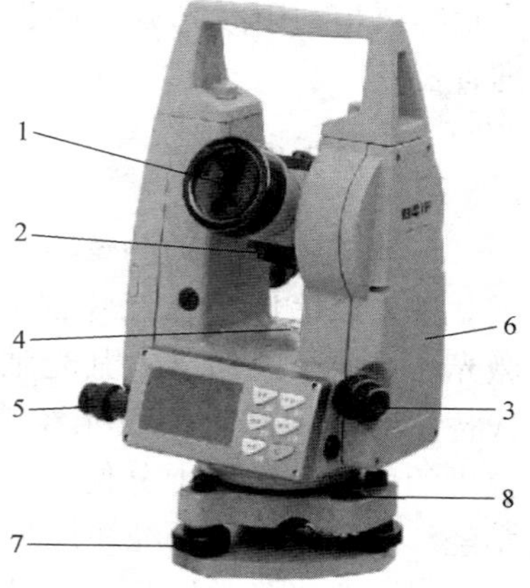

图 8-11　激光电子经纬仪

1—物镜；2—粗瞄准器；3—光学对中器；4—长水准器；5—水平制微动螺旋；6—圆水准器；7—脚螺旋

一周，激光点一直指在定点上，说明激光束方向铅直。激光经纬仪在施工测量中，常应用于定向、角度布设及竖向投测等测设工作。

具体操作时，可按照普通经纬仪的操作方法和要求，先将激光经纬仪安置、整平。

（1）定向测量

以已知点为基准，找出这两点连线之间的其他点称为激光定向测量。步骤如下：精确瞄准目标，打开激光开关，使激光束从望远镜中射出，由于红色光线可见，所以只要在需要处让激光束聚焦成点，即可找到两点连线上的其他各点。

（2）角度的布设

以两点的连线为基线，按设计要求做出一水平角，称为角度布设。步骤如下：精确瞄准另一基准点，水平角置“0”，旋转照准部，旋至要求角度打开激光开关，激光束就以与基准线成一固定角度射出。

（3）竖向投测

垂直角度旋转至 0°，向上垂直发射激光束，称为竖向投测即天顶测量。步骤如下：将目镜锁紧螺丝松开，逆时针旋出目镜，装上弯管目镜，并旋紧。旋转望远镜将垂直角读数调至 0°0′0″，打开激光开关，使激光束从望远镜中射出，让激光束聚焦，使目标处光斑最小，松开水平制动手轮，旋转照准部，目标处光斑晃动轨迹的几何中心即为要投测的方向。

三、光学垂准仪

1. 光学垂准仪的构造及原理

光学垂准仪是一种用于建立竖直基准线（面）、测量目标点相对于其基准线（面）的偏距的专用工程测量仪器，它利用水准器和精密轴系（或自动安平补偿器）完成铅垂基准的设置。光学垂准仪的主要部件有物镜、目镜、管水准器、调焦透镜、直角反射棱镜。光学垂准仪是通过仪器上的光学装置，向天顶

图 8-12　光学垂准仪

或天底方向进行投点。光学垂准仪包括自动天顶垂准仪、自动天底垂准仪和自动天顶—天底垂准仪三种。

如图 8-12 所示为日本索佳公司的 PD3 型光学垂准仪，它有两个相互垂直的管水准器用于整平仪器，仪器可以向上或向下作垂直投影，因此有上、下两个目镜和两物镜，垂直精度为 1/4 万。还有瑞士徕卡公司的型号为 WILD NL、WILD ZL 等光学垂准仪，垂直精度为 1/3 万～1/20 万。

2. 光学垂准仪的使用

先安置垂准仪，进行严格的对中、整平。在目标处放置网格激光靶。转动望远镜目镜使分划板十字丝清晰，再转动调焦手轮使激光靶在分划板上成像清晰，并尽量消除视差，即当观测者轻微移动视线时，十字丝与目标之间不能有明显偏移。否则，应继续上述步骤，直至无视差。如果仪器已经校正好，当仪器整平后，视准轴同竖轴同轴误差≤5″，可以作为垂准线，一次观测可保证垂准精度。但为提高垂准精度，应将仪器照准部旋转 90°、180°、270°，取其中心为测量值。

四、激光垂准仪

1. 激光垂准仪的构造及原理

激光垂准仪是在光学垂准系统的基础上增加半导体激光器，分别给出上下同轴的两根激光铅垂线，并与望远镜视准轴同心、同轴、同焦，将激光束调至铅直方向，从而进行竖向测直的一种仪器。使用时在目镜外装上仪器配备的滤光片，可用人眼直接观察。激光垂准仪包括水准管定平和自动安平两种，见图 8-13 和图 8-14。

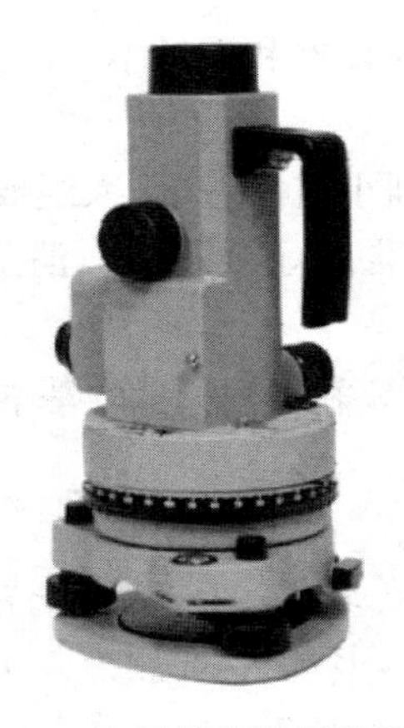

图 8-13　水准管定平激光垂准仪

图 8-14　自动安平激光垂准仪

2. 激光垂准仪的使用

激光垂准仪主要应用于高层建筑物的施工中，如高烟囱和竖井的竖向投点测量、电梯和高架塔的安装测量。使用过程中，先将垂准仪安置在建筑物角点或中心线上，进行严格的对中、整平，接收靶装在楼板顶的预留孔工作平台上。打开垂准激光开关，会有一束激光从望远物镜中射出，并聚焦在激光靶上，激光光斑中心处的读数既为观测值。为提高垂准精度通过旋转照准部选取激光运动轨迹的中心为测量值。

第七节　距离测量技能实训

一、全站仪基本操作实训

1. 实训目的

（1）掌握全站仪对中、整平的方法及常见符号的含义。

（2）熟悉全站仪的菜单功能及角度、距离和坐标测量模式。

2. 实训仪器及工具

拓普康 GTS-330 型全站仪 1 套，单棱镜及三脚架各 2 套，对讲机 2 个，测伞 1 把，自备铅笔、计算器和记录本。

3. 实训内容

（1）实训课时为 2 学时，每一实训小组由 4～5 人组成。

（2）练习全站仪对中、整平、瞄准目标、调焦、消除视差的操作方法。

（3）练习使用全站仪进行角度、距离和坐标测量的基本方法。

4. 实训方法和步骤

（1）安置仪器

在实验场地上选择一点 O，作为测站点，在 O 点安置全站仪，并精确对中和整平。另外选择 A、B 两个观测点，分别安置棱镜并对中整平。

（2）角度测量（测回法）

1）按下电源开关（POWER 键）开机，通过操作键使显示屏处于角度测量模式。

2）盘左位置瞄准左侧目标 A，按置零键，设置目标 A 的水平角为 $0°00'00''$；顺时针转动照准部，瞄准右侧目标 B，将显示盘左位置的水平角和 OB 方向的竖直角。

3）将望远镜调成盘右位置，先瞄准右侧目标 B，得 OB 方向的水平度盘读数 $b_{右}$ 和竖直角；逆时针转动照准部，瞄准左侧目标 A，得 OA 方向的水平度盘读数 $a_{右}$ 和竖直角，则盘右测回的水平角 $\beta_{右}=b_{右}-a_{右}$。

4）判断该测回盘左、盘右测量值互差是否超限，计算一测回的角值。

（3）距离测量

通过操作键使显示屏处于距离测量模式。输入测量温度和气压，设置棱镜常数、距离单位、测量次数、测量模式（精测、跟踪和粗测模式）等参数。瞄准棱镜中心，按距离测量键开始量距并显示测量结果，其中 HD 为水平距离，VD 为高差，SD 为倾斜距离。

（4）坐标测量

通过操作键使显示屏处于坐标测量模式。输入测站点 O 点的三维坐标（N、E、Z）、仪器高和棱镜高。瞄准棱镜中心，按坐标测量键，直接测定 A 点和 B 点的三维坐标。

5．实训注意事项

（1）在搬用仪器时，应尽可能减轻振动，剧烈振动可能导致测量功能受损。

（2）开箱拿出仪器时，必须将仪器箱放置水平，再开箱。

（3）应避免全站仪日晒、雨淋、碰撞振动，严禁使用仪器直接照准太阳。

（4）使用三脚架时应检查其各部件，各螺旋应能活动自如，无滑丝现象。

（5）仪器放置到三脚架架头上，必须适度旋紧三脚架的连接螺旋，以保障仪器的安全。

（6）瞄准目标后，必须检查并消除视差现象。

（7）全站仪更换电池时，必须先关机。在开机状态下不能将电池取出，防止数据丢失。

6．实训记录及报告书

将原始测量记录填入全站仪测量记录表（表 8-7），计算、检核后作为实训成果上交。

全站仪测量记录表 **表 8-7**

测站	测回	仪器高（m）	棱镜高（m）	竖盘位置	水平角观测		竖直角观测	距离测量			坐标测量		
					水平度盘读数（°′″）	方向值或角值（°′″）	竖直角（°′″）	斜距（m）	平距（m）	高程（m）	X（m）	Y（m）	H（m）

二、水平视线视距测量实训

1. 实训目的

掌握视线水平时视距测量的具体操作和计算方法。

2. 实训仪器及工具

经纬仪 1 台，经纬仪脚架 1 个，标尺 1 把，小钢尺 1 把，自备铅笔、计算器和记录本。

3. 实训内容

（1）实训课时为 2 学时，每一实训小组由 4～5 人组成。

（2）在一个地形起伏不是很大的区域内，选择地形变化相对较大的特征点进行观测，通过观测，计算出地形特征点与测站点之间的平距和高差。要求各小组每人完成 4 个地形特征点的观测任务。

4. 实训方法和步骤

（1）首先在测量区域内选择一测站点 A，在测站点上安置经纬仪（对中、整平）。

（2）用小卷尺量取仪器高 i（自桩顶量至仪器望远镜横轴中心）。

（3）扶尺员将视距尺立于待测点 B 上。

（4）盘左位置瞄准标尺，并将望远镜大致水平后，利用仪器上的竖直度盘微动调节视线，使得竖直度盘上的读数为 90°，然后分别读取下、中、上三丝的读数，记人观测手簿。

（5）计算出测站点 A 与立尺点 B 之间的水平距离和高差。

$$D=Kl \tag{8-23}$$

$$h=i-v \tag{8-24}$$

式中：$K=100$；

l=下丝读数－上丝读数；

i——仪器高；

v——瞄准高，十字丝中丝在标尺上的读数。

5. 实训注意事项

（1）为便于观测，选取的 AB 两点相距不宜太远，以 60～

70m 为宜。

（2）上、下丝读数的平均值与中丝读数的差值尽量不要超过±2mm，若相差较大应分析原因。

（3）仪器高 i 量至毫米。

（4）用计算器计算平距和高差时，平距取至 0.1m，高差取至 0.01m 即可。

6. 实训记录及报告书

整理并填写视线水平时视距测量记录计算表（表 8-8），计算、检核后作为实训成果上交。

视距测量记录手簿 **表 8-8**

测站： 测站点高程： 仪器高：

点号	下丝读数（m）	中丝读数（m）	上丝读数（m）	尺间隔 l（m）	平距（m）	高差（m）	高程（m）	备注

三、全站仪悬高测量实训

1. 实训目的

掌握全站仪悬高测量的方法。

2. 实训仪器及工具

拓普康 GTS-330 型全站仪 1 套，单棱镜及三脚架各 2 套，对讲机 2 个，测伞 1 把，自备铅笔、计算器和记录本。

3. 实训内容

（1）实训课时为 2 学时，每一实训小组由 4～5 人组成。

（2）在实训场地上，采用悬高测量的方法测量某建筑物的高度。

4. 实训方法和步骤

(1) 安置全站仪和反射棱镜

在实训场地的适当位置选择测站点，做好标记后，安置全站仪并对中、整平仪器。选择建筑物上的目标点，并在目标点的天底处设置标记，安置棱镜后对中、整平反射棱镜。

(2) 量取棱镜高，按输入棱镜高的方式进行悬高测量，读取目标点的高度。另外，从全站仪上读取斜距、竖直角等测量数据，按悬高测量的计算公式计算目标点至地面点高度。

(3) 按没有棱镜高输入的方式进行悬高测量，并记录目标点的高度。

(4) 比较"输入棱镜高"和"不输入棱镜高"方式悬高测量的结果。

5. 实训注意事项

在悬高测量时，必须将反射棱镜安置在被测目标点的天底，否则将出现错误结果。

6. 实训记录及报告书

绘制悬高测量草图，填写悬高测量记录表（表 8-9），计算、检核后作为实训成果上交。

悬高测量记录表 **表 8-9**

测站点	目标点号	α_1(°′″)	α_2(°′″)	S(m)	h(m)	v(m)	H(m)
悬高测量草图							

第九章　测 设 工 作

第一节　制定一般测量方案

一、测量方案编制的意义与作用

1. 施工测量与建筑工程施工的关系

建筑工程在施工阶段，需要通过测量将图纸上设计好的建筑物、构筑物的平面位置和高程，按设计要求在实地上标定出来，作为施工的依据。在施工过程中，需要通过测量经常对施工和安装工作进行检验、校核，以保证所建工程符合设计要求。由此可见，在建筑工程施工阶段需要进行测量，而且测量的精度和速度直接影响到整个工程的质量与进度。

2. 施工测量方案

施工测量方案是规划和指导建筑工程施工阶段测量工作的一个技术文件。建筑工程施工阶段需要进行施工测量。在测量中，选择什么测量方法，精度达到什么程度，进度如何，测量所需条件是否具备，都直接影响到建筑工程的质量、速度和效益。因此，我们必须在施测前作出一个最佳的施工测量放线方案：选定测量方法，确定精度标准，安排施测进度，提出准备工作计划等。以便指导整个工程测量过程，来确保工程在质量、进度和效益方面对测量的要求。

3. 施工测量方案的作用

(1) 施工测量方案是做好施工测量准备工作的依据和重要保证。

(2) 施工测量方案是对施工测量过程进行科学管理的重要手段。

（3）施工测量方案是检查施工测量进度、质量的依据。

（4）施工测量方案对保证施工顺利进行，按期、按质、按量完成施工任务，取得更好效益等都起到重要的、积极的作用。

二、测量方案编制步骤

施工测量方案要经过资料的收集与分析、现场踏勘、测量形式的选择及确定等步骤，才能形成最佳的可行方案。

1．资料的收集与分析

在施工项目落实后，测量放线工作的前期收集资料工作就要着手进行，收集的资料包括：

（1）施工现场测量控制点，包括平面坐标点和高程控制点。

（2）设计总平面图，建筑物基础图，平、立、剖面图及施工说明。

收集资料后应进行全面的分析，以对施工现场范围、地形、地质等情况以及建筑规模、建筑类型、层高、设计要求等进行全面、系统的了解，作为制订施工测量方案的重要依据。

2．施工现场踏勘

对收集到的测量控制点或红线桩的点位保存情况应进行现场踏勘，根据具体情况确定联测和利用方案。

根据现场情况，全面踏勘后结合工程具体要求确定施工测量方案。

3．测量形式的选择与确定

测量的形式和手段多种多样，需要根据工程具体情况和要求进行选择确定。

（1）平面控制测量的形式一般有：导线、建筑基线或建筑方格网。当前也有直接采用GPS RTK技术进行定位。导线的特点是灵活，适用于平坦或建筑物较多的地区；建筑方格网适用于建筑物较多，大、中型施工场地；建筑基线一般用于小型建筑项目。无论采取哪种形式，都应结合工程具体情况，选择经济合理、满足精度、施测方便的布设方案。

（2）高程控制测量一般采用水准测量，按场地范围确定其等级。较大工程采用四等水准，一般工程采用图根水准。

（3）房屋建筑定位、放线

1）按建立平面控制网的形式结合建筑定位要求放线。建筑物附近的控制点其位置、距离满足要求时，可直接测设建筑基线，采用极坐标法进行；如控制网为建筑方格网时，则采用直角坐标法较为有利。实际工作中在布设平面控制时，需一并考虑建筑物定位和放线精度和密度的要求，在满足精度要求的前提下尽可能简便。

2）明确放线时平面位置和高程测设的方法和技术要求应按照工程需要，选择具体作业方法、仪器工具和检核方法。应针对工程对测量精度的要求结合现场情况，制订出测角、量距和水准观测的具体措施。应按照测量各项误差来源，有针对性地采取消减办法，使测设工作切实可行且经济便捷。

（4）线路（道路、管线）定位、放线根据设计总平面图上设计的线路分布情况，在制订控制测量方案时应考虑到能依据控制点对线路进行施工放样。

根据设计图样所给的起点、终点、转点、交点及曲线半径等资料（坐标值或相邻关系数据），确定线路的具体定位放样方法，确定线路中线测量与控制点的关系，按线路长度决定中线测量和连接的导线测量精度要求和等级以及曲线测设的方法。

若设计部门要求，还需要进行线路纵、横断面测量。如局部修改调整，则需要重新进行线路定测。

（5）变形监测

根据工程项目自身要求及施工现场地质情况，有的工程需要进行高频率、长期、精密的变形监测，有的只需要进行定期普通变形监测，在方案设计时一定要预先通过设计图样和施工说明来详细了解工程需求。

首先应根据设计或施工要求，确定变形监测的等级和精度要求。属于高层、超高层建筑、重要厂房的柱基和大型精密设备基础一般要求进行精密变形监测。此类建筑物对施工要求较高，一般变形监测方法不能满足要求，设计人员会提出变形监测点位埋设、观测频率及测量精度等要求。在制订方案时，必须对工程设计或施工要求研究透彻，采取针对性的方法和措施，尤其要重点关注变形监测基准网及工作基点的稳固及长期保存措施。

变形监测方案中一般需要明确观测等级，采用的仪器、标尺，观测频率和周期，特殊情况下应采取的措施以及应提交的资料。

（6）竣工测量

竣工总平面图是设计总平面图在施工后实际情况的全面反映，是运营阶段进行管理、维修以及改造、扩建的重要依据之一，特别是对于地下管线等隐蔽工程的检修和保护起着至关重要的作用，同时也是检核施工质量的依据之一。

编制竣工测量方案时，应根据施工项目具体情况，明确编绘方法和内容。

对于需要提供竣工测量的工程，在布设施工控制网时就应当考虑竣工测量的要求，在主要建（构）筑物附近布设能长期保存且便于使用的控制点。

三、测量方案编制内容

施工测量有明确的原则和要求，工程本身和地形、地质、气候条件又各有特点，施工测量人员需要对现场各方面情况以及对工程本身有透彻的了解，对于大、中型工程项目，需要通过编制详细的施工测量方案并严格执行来全面系统的协调、安排各阶段、各方面的工作，才能经济、合理、高质量、高效率地完成工作。

施工测量方案一般包含以下内容：

1. 工程概况

场地位置、面积与地形情况，工程总体布局、建筑面积、层数与高度、地下与地上、平面与立面，结构类型与室内外装饰，施工工期与施工方案要点（施工主要工艺与流水段划分），本工程的测量难点、特点与施工的特殊要求。

2. 编制依据

（1）有关规范、规程。

（2）施工图纸、钉桩通知单。

3. 施工测量基本要求

场地、建筑物与建筑红线的关系，定位条件及工程设计、施工对测量精度与进度的要求，注明是否需做沉降观测。

4. 场地测量准备

根据设计总平面图与施工现场总平面布置图，确认拆迁顺序与范围，测定需要保留的原有地下管线、地下建（构）筑物与名贵树木的树冠范围，场地平整（高程方格网测设）与临设工程定位放线工作内容。

5. 起始依据校测

对起始依据点（包括建筑红线桩点、水准点）或原有地上、地下建（构）筑物与新建建筑物的几何对应关系，均应进行校测。

6. 场区控制网测设

根据场区情况、设计与施工的要求，按照便于施工、控制全面又能长期保留的原则，测设场区平面控制网与高程控制网。

7. 建筑物定位与基础施工测量

建筑物定位与主要轴线控制桩、护坡桩、基础桩的定位与监测，基础开挖与±0.000以下各层施工测量。

8. ±0.000以上施工测量

首层、非标准层与标准层的结构测量放线、竖向控制与标高传递。

9. 特殊工程施工测量

高层钢结构、高耸建（构）筑物（如电视发射塔、水塔、烟囱等）、大型工业厂房与体育场馆等的测量。

10. 室内外装饰与安装测量

主要指外饰面、玻璃幕墙等室内外装饰测量；各种管线、电梯、旋转餐厅、机械设备等安装测量。

11. 竣工测量与变形观测

竣工现状总图的编绘与各单项工程竣工测量，根据设计与施工要求确定变形观测的内容、方法及相应规定。

12. 精度指标及误差规定

根据工程情况及相关的规范确定测量误差和精度的容许范围。

13. 施工测量工作的组织与管理

测量人员与组织机构，测量员持证上岗情况（职业资格证书），各种测量规章制度等（列出制度名称即可）。根据工程情况，确定所使用仪器的型号、数量，确定附属工具、记录表格等用量计划，要求各类计量器具必须具有在其检定周期内的有效的检定证书。

14. 测量资料整理

收集本工程的各项原始测量资料，编制各项测量记录，填写相应表格，记录施工测量日志。上述测量资料除测量班组留存外，按施工资料管理规定的要求，交送技术资料员存档。

第二节　图纸及现场桩位校核

一、施工图校核

测量放线前应校核总平面图等尺寸关系，明确定位依据、抄平标高的依据以及其他细部尺寸关系。

二、高级点校核

由城市规划部门划定的建筑红线桩、建筑物角桩、预留的测量控制点称为高级点。一般由城市土地管理部门负责现场测设并埋设控制桩。测量放线人员应对行政主管部门提供的桩位及坐标进行校核，确认无误之后方可开展建筑物的定位放线工作。

1. 高级点校核的内容

高级点的校核，其实质就是校核其实测值与给定值的差异在允许误差之内，即符合要求。

2. 高级点校核的方法与步骤

对于行政主管部门提供的现场高级点，首先内业计算其距离和方位角，之后进行现场实测，将实测值与计算值相比较。

也可用全站仪直接测设现场各高级点坐标，与给定坐标进行比较。

校测高级点允许误差：角度误差为$\pm 60''$，边长相对误差为1/2500，点位误差为5cm。

城市规划部门提供的水准点是确定建筑物高程的基本依据，水准点数量应不少于2个。使用前，应采用附合水准校测，允许闭合差为$\pm 10\sqrt{n}$mm（n为测站数）。

第三节　导线测量及计算

测量工作最重要的内容是确定地面点的位置而确定地面的位置需要知道空间的三维坐标（x，y，z）或者是大地坐标（B，L，H），三维坐标或空间坐标可以通过角度、距离、高差计算得到。导线测量就是依次测定各导线边的长度和各转折角值，再根据起算数据，推算各边的坐标方位角和坐标增量，从而求出各导线点的坐标。

一、导线布设形式

将测量范围内相邻控制点连成直线而构成的折线图形称为导线。构成导线的控制点称为导线点。

用经纬仪测量转折角，用钢尺测定边长的导线，称为经纬仪导线；若用电磁波测距仪测定导线边长，则称为电磁波测距导线。

导线测量是建立小地区平面控制网常用的一种方法。根据测区的具体情况，单一导线的布设有下列三种基本形式（图 9-1）。

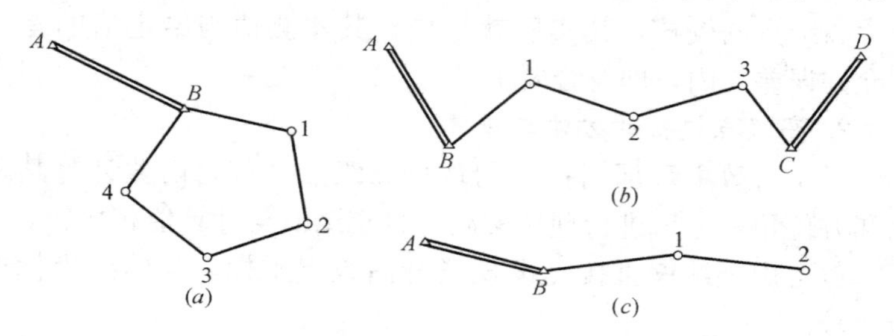

图 9-1　导线布设形式

（a）闭合导线；（b）附合导线；（c）支导线

1. 闭合导线

如图 9-1（a）所示，以高级控制点 A、B 中的 B 点为起始点，并以船边的坐标方位角 α_{AB} 为起始坐标方位角，经过 1、2、3、4 点仍回到起始点日，形成一个闭合多边形的导线，称为闭合导线。

2. 附合导线

如图 9-1b 所示，以高级控制点 A、B 中的 B 点为起始点，以 AB 边的坐标方位角 α_{AB} 为起始坐标方位角，经过 1、2、3 点，附合到另外两个高级控制点 C、D 中的 C 点，并以 CD 边的坐标方位角 α_{CD} 为终边坐标方位角，这样的导线称为附合导线。

3. 支导线

如图 9-1c 所示，由已知点 B 点出发延伸出 1、2 两点的导线称为支导线。由于支导线缺少对观测数据的检核，一般不超过两站，必须观测左右角。

二、导线测量的外业工作

导线测量的外业工作包括踏勘选点及建立标志、测距、测角和连测。

1. 踏勘选点及建立标志

在踏勘选点前，应调查收集测区已有地形图和高一级控制点的成果资料，并把控制点展绘在地形图上，然后先在地形图上拟定导线的布设方案，最后到野外去踏勘，实地核对、修改、落实点位。如果测区没有地形图资料，则需详细踏勘现场，根据已知控制点的分布、测区地形条件及测图和施工需要等具体情况，合理地选定导线点的位置。实地选点时，应注意下列几点：

(1) 相邻点间通视良好，地势较平坦，便于测角和量距。

(2) 点位应选在土质坚实处，便于保存标志和安置仪器。

(3) 视野开阔，便于下道工序。

(4) 导线各边的长度应大致相等，一般情况其边长应不大于 350m，也不宜小于 50m。

(5) 导线点应有足够的密度，且分布均匀，便于控制整个测区。

(6) 点位布设应不影响其他工种的施工。

导线点选定后，要在每个点位上打一大木桩，桩顶钉一小钉，作为临时性标志；若导线点需要保存的时间较长，就要埋设混凝土桩作为永久性标志。导线点应统一编号。为了便于寻找，应量出导线点与附近固定而明显的地物点的距离，绘一草图，注明尺寸，称为“点之记”，如图 9-2 所示。

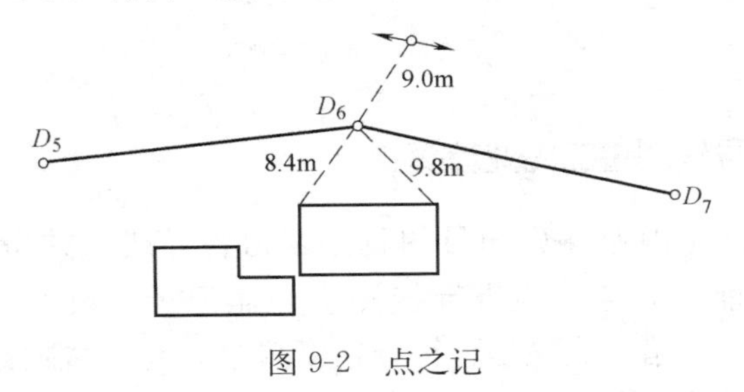

图 9-2　点之记

2. 距离观测

导线边长目前一般用全站仪测定，注意全站仪的设置。可直接测量平距，如测量斜距要同时观测垂直角，以便倾斜改正。若用钢尺丈量，钢尺必须经过检定。对于施工用导线，用一般方法往返丈量，取其平均值，并要求其相对误差不大于 1/3000。钢尺量距结束后，应进行尺长改正、温度改正和倾斜改正，三项改正后的结果作为最后成果。

3. 角度观测

用测回法施测导线左角（位于导线前进方向左侧的角）或右角（位于导线前进方向右侧的角）。对于施工导线，一般用 2″ 级仪器观测一个测回。

4. 连测

如图 9-3 所示，导线与高级控制点连接，必须观测连接角 β_B、β_1，连接边 D_{B1}，用于传递坐标方位角和传递坐标。如果附近无高级控制点，则应用罗盘仪施测导线起始边的磁方位角，并假定起始点的坐标作为起算数据。

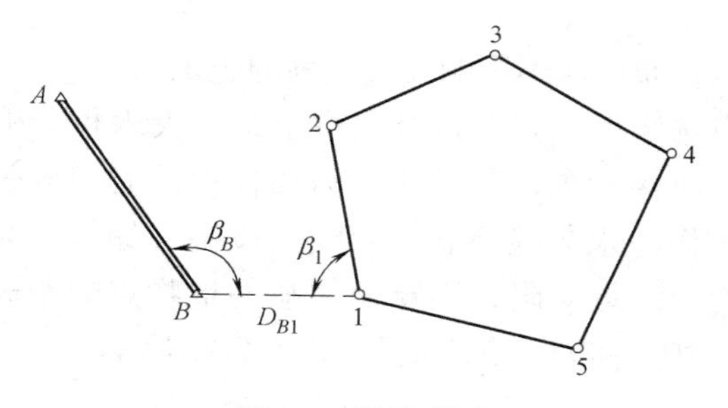

图 9-3　导线联测

三、导线测量的内业计算

导线测量内业计算的目的就是求得各导线点的坐标。在进行计算之前，应全面检查导线测量外业记录，数据是否齐全，有无记错、算错，成果是否符合精度要求，起算数据是否准确。然后绘制导线略图，把各项数据注于图上相应位置，如图 9-4 所示。导线坐标计算步骤如下：

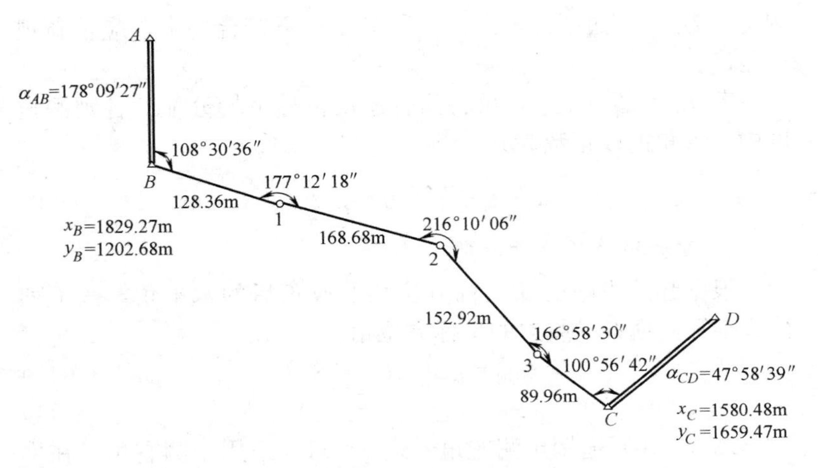

图 9-4　导线实测数据

1. 计算与调整角度闭合差

设有附合导线如图 9-4 所示，根据起始边 AB 和终边 CD 已知坐标已计算出方位角 α_{AB}和 α_{CD}。然后根据观测的左角 β_i（包括连接角 β_B和 β_C）可以算出终边 CD 的方位角 α'_{CD}，计算公式为：

$$\alpha_{B1}=\alpha_{AB}+\beta_B-180° \tag{9-1}$$

$$\alpha_{12}=\alpha_{B1}+\beta_1-180° \tag{9-2}$$

$$\alpha_{23}=\alpha_{12}+\beta_2-180° \tag{9-3}$$

$$\alpha_{3C}=\alpha_{23}+\beta_3-180° \tag{9-4}$$

$$\alpha'_{CD}=\alpha_{2C}+\beta_C-180° \tag{9-5}$$

$$\alpha'_{CD}=\alpha_{AB}+\sum\beta_{测}-5\times180° \tag{9-6}$$

写成一般公式，为：

$$\alpha'_{终}=\alpha_{始}+\sum\beta_{测}-n\times180° \tag{9-7}$$

角度闭合差 f_β 为：

$$f_\beta=\alpha'_{终}-\alpha_{终}=\sum\beta_{测}-(\alpha_{终}-\alpha_{始}+n\times180°) \tag{9-8}$$

由于观测角度不可避免地含有误差，致使实测的内角之和 $\sum_{\beta测}$不等于理论值，当导线角度闭合差小于等于它的容许值 $f_{\beta容}$时，符合要求。各等级导线角度闭合差的容许值 $f_{\beta容}$见相关规范。若 f_β 超过 $f_{\beta容}$，则说明所测角度不符合要求，应重新观测角度。

若 f_β 不超过 $f_{\beta容}$，可将闭合差反符号平均分配到各观测角度中。各角的改正数为：

$$v_{\beta i}=\frac{-f_\beta}{n} \quad \beta_i=\beta_i+v_{\beta i} \tag{9-9}$$

2. 重新推算各边方位角

根据起始边的已知坐标方位角及改正后的水平角，按下列公式推算其他各导线边的坐标方位角。

$$\alpha_{前}=\alpha_{后}+\beta_{左}-180° \tag{9-10}$$

$$\alpha_{前}=\alpha_{后}-\beta_{右}+180° \tag{9-11}$$

式（9-10）适用于测左角，式（9-11）适用于测右角。在推算过程中必须注意：如果算出的 $\alpha_{前}>360°$，则应减去 360°；如果算出的 $\alpha_{前}<0°$，则应加 360°；最后推算出终边坐标方位角，它应与原有终边坐标方位角值一致，否则应重新检查计算过程。

3. 计算与调整坐标闭合差

根据坐标的正算公式，我们即可根据已知点的坐标来推算其他未知点的坐标，如图 9-4 所示，有：

$$\begin{aligned}
x_1&=x_B+D_{B1}\cos\alpha_{B1} & y_1&=y_B+D_{B1}\sin\alpha_{B1}\\
x_2&=x_1+D_{12}\cos\alpha_{12} & y_2&=y_1+D_{12}\sin\alpha_{12}\\
x_3&=x_2+D_{23}\cos\alpha_{23} & y_3&=y_2+D_{23}\sin\alpha_{23}\\
x'_C&=x_3+D_{3C}\cos\alpha_{3C} & y'_C&=y_3+D_{3C}\sin\alpha_{3C}
\end{aligned} \tag{9-12}$$

写成一般式为：

$$x'_{终}=x_{始}+\sum_{i=1}^{n-1}D_{i,i+1}\cos\alpha_{i,i+1} \qquad y'_{终}=y_{始}+\sum_{i=1}^{n-1}D_{i,i+1}\sin\alpha_{i,i+1} \tag{9-13}$$

由于测量误差的存在，实际的推算坐标和导线终点的坐标是不完全一致的。我们把这个不一致的差数称为坐标增量闭合差。即：

$$f_x=x'_{终}-x_{终}=\sum_{i=1}^{n-1}D_{i,i+1}\cos\alpha_{i,i+1}-(x_{终}-x_{始})=\sum\Delta x_{测}-\sum\Delta x_{理}$$

$$f_y = y'_{终} - y_{终} = \sum_{i=1}^{n-1} D_{i,i+1} \sin\alpha_{i,i+1} - (y_{终} - y_{始}) = \sum \Delta y_{测} - \sum \Delta y_{理} \quad (9\text{-}14)$$

并定义导线全长闭合差 f 和相对闭合差 K 如下：

$$F = \sqrt{f_x^2 + f_y^2} \qquad K = \frac{f}{\sum D} = \frac{1}{\sum D / f} \quad (9\text{-}15)$$

以导线全长相对闭合差 K 来衡量导线测量的精度，K 的分母越大，精度越高。若 K 超过 $K_{容}$，则说明成果不合格，此时应首先检查内业计算有无错误，必要时重测。对于施工导线 $K_{容}$ 一般取 1/4000，如是其他等级见相关规范规定。

若 K 不超过 $K_{容}$，则说明符合精度要求，可以进行调整，即 f_x、f_y 反其符号按边长成正比分配到各边的纵、横坐标增量中去。以 $v_{\Delta x_i}$、$v_{\Delta y_i}$ 分别表示第 i 点的纵、横坐标增量改正数，即：

$$v_{\Delta x_i} = \frac{f_x}{\sum D} D_{i,i+1} \qquad v_{\Delta y_i} = -\frac{f_y}{\sum D} D_{i,i+1} \quad (9\text{-}16)$$

4. 计算各导线点的坐标

根据起点的已知坐标及坐标增量改正数，用下式依次推算导线各点的坐标。

$$x_{前} = x_{后} + \Delta x + v_{\Delta x_i} \qquad y_{前} = y_{后} + \Delta y + v_{\Delta y_i} \quad (9\text{-}17)$$

最后还应推算终点的坐标，其值应与原有的已知数值相等，以作校核。整个计算在导线计算表中进行或者用编程计算器编程计算。算例见表 9-1。

对于闭合导线，计算方法与附合导线相同。注意两点：

（1）闭合导线角度观测值的理论值是多边形的内角和，为 $(n-2)\times 180°$。

（2）由于起始点和终点是同一点，因此闭合导线的坐标增量理论值为零。即：

$$f_x = \sum \Delta x \qquad f_y = \sum \Delta y \quad (9\text{-}18)$$

因此，改正后纵、横坐标增量之代数和应分别为零，这可作计算校核。

符合导线计算表　　　　**表 9-1**

点号	角度观测值（左角）	改正后角度	坐标方位角	水平距离/m	坐标增量/m		改正后坐标增量/m		坐标/m	
					Δx	Δy	Δx	Δy	x	y
(1)	(2)	(3)	(4)	(5)	(6)	(7)	(8)	(9)	(10)	(11)
A										
			178°09′27″							
B	+12° 108°30′36″	108°30′48″							1829.27	1202.68
			106°40′15″	128.36	−0.02 −36.82	+0.01 122.96	−36.84	122.97		
1	+12° 177°12′18″	177°12′30″							1792.43	1325.65
			103°52′45″	168.68	−0.03 −40.46	+0.02 163.76	−40.49	163.78		
2	+12° 216°10′06″	216°10′18″							1751.94	1489.43
			140°03′03″	152.92	−0.03 −117.23	+0.02 98.19	−117.26	98.21		
3	+12° 166°58′30″	166°58′42″							1634.68	1587.64
			127°01′45″	89.96	−0.02 −54.18	+0.01 71.82	−54.20	71.83		
C	+12° 100°56′42″	100°56′54″							1580.48	1659.47
			47°58′39″							
D										
Σ	769°48′12″	769°49′12″		539.92	−248.69	+456.73	−248.79	+456.79		

$\alpha'_{终}=\alpha_{始}+\sum\beta=n\times180°=47°57'39''$　$\sum D=539.92\text{m}$　$f_s=\sum\Delta x=(x_{终}-x_{始})=+0.10\text{m}$　$f_y=\sum\Delta y-(y_{终}-y_{始})=-0.06\text{m}$

$f_\beta=\alpha'_{终}-\alpha_{始}=-60'$　　$f=\sqrt{f_x^2+f_y^2}=0.117\text{m}$

$f_{\beta终}=\pm40''\sqrt{n}=\pm89'$　$f_\beta<f_{\beta始}$（合格）　　$f_g=\dfrac{f}{\sum D}=\dfrac{1}{4600}<\dfrac{1}{4000}$（符合精度要求）

此外，计算中数字的取位，对于四等以下的导线，角值取至秒，边长及坐标取至毫米。对于一般施工导线，角值取至秒，边长和坐标取至厘米即可。

第四节　一般场地施工控制网的建立

施工控制网的作用是为工程建设提供整个工程范围内统一的参考框架，为各项施工测量工作提供位置基准，满足工程建设不同阶段对测绘在质量、进度和费用等方面的要求。工程控制网也具有控制全局、提供基准和控制测量误差积累的作用。

根据工程项目的具体情况，施工控制网的布设可有多种形式和方法，需要根据建筑场地的面积、工程项目的内容、总图布置和放样精度要求以及现场地形条件、已有控制资料情况等各项因素，经现场踏勘、分析研究后确定。

施工控制测量分为平面控制测量和高程控制测量两部分。

一、场地平面控制测量

1. 建筑方格网

（1）方格网布设原则

在大中型建筑场地上，由正方形或矩形组成的施工控制网，称为建筑方格网。方格网的形式有正方形、矩形两种。建筑方格网的布设应根据总平面图上各种已建和待建的建筑物、道路及各种管线的布设情况，结合现场的地形条件来确定。设计时先选定方格网的主轴线，然后再布置其他的方格点。方格网是场区建（构）筑物放线的依据，布网时应考虑以下几点：

方格网的等级 ：当厂区面积超过 1km^2 而又分期施工时，可分两级布网。其首级可以采用“田”字形、“口”字形或“十”字形。首级网下可采用Ⅱ级方格网分区加密。不超过 1km^2 的厂区应尽量布成Ⅰ级全面方格网，网中相邻点应加以连接，组成矩形，个别地方有困难时，可以不连，允许组成六边形。

方格网的密度：每个方格网的大小，要根据建筑物的实际情况而决定。方格的边长一般在100～200m为宜。若边长大于300m以上，中间加以补点。

建筑方格网的主轴线位于建筑场地的中央，并与主要建筑物的轴线平行或垂直，并使方格网点接近于测设对象。

（2）方格网点位布置

便于方格网测量和施工定线需要来考虑，布设在建筑物周围、次要通道上或空隙处。坐标数值最好是5m或10m的整倍数，不要零数。

按照实际地形布设，使控制点位于测角、量距比较方便的地方，并使埋设标桩的高程与场地的设计标高不要相差太大。方格网点应埋设顶面为标志板的标石（图9-5）。

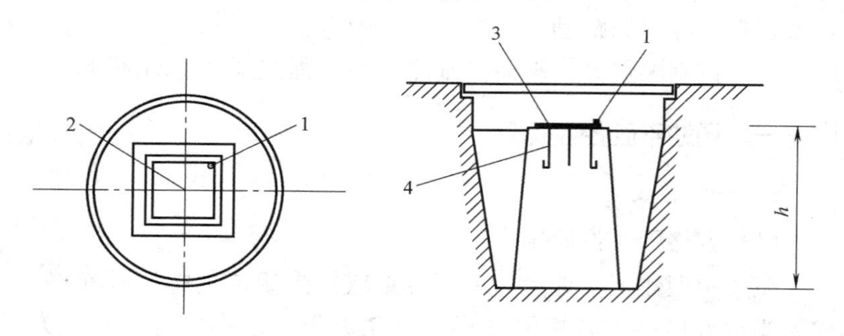

图9-5　建筑方格网点标志规格及形式

1—铜质半圆球高程标志；2—铜芯平面标志；3—200mm×200mm标志钢板；4—钢筋爪
h—埋设深度，根据当地冻土线及现场设计标高确定

（3）方格网点的放样

主轴线测设好后，分别在主轴线端点安置经纬仪，均瞄准O点，分别向左、向右精密地测设出90°，这样就形成“田”字形方格网点。为了进行校核，还要在方格网点上安置经纬仪，测量其角值是否为90°，并测量各相邻点间的距离，看其是否与设计边长相等，误差均应在允许的范围之内。此后再以基本方

格网点为基础，加密方格网中其余各点。

建筑方格网的轴线与建筑物轴线平行或垂直，因此，用直角坐标法进行建筑物的定位、放线较为方便，且精度较高。但由于建筑方格网必须按总平面图的设计来布置，放样工作量成倍增加，其点位缺乏灵活性，易被毁坏，所以在全站仪逐步普及的条件下，正慢慢被导线网所代替。

2. 导线网

导线测量法能根据建筑物定位的需要灵活的布置网点，便于控制点的使用和保存。

(1) 导线测量的等级与导线网的布设

1) 导线测量等级和技术指标

导线测量分为两级，在面积较大场区，一级导线可作为首级控制，以二级导线加密。

在面积较小厂区以二级导线一次布设。各级导线网的技术指标应符合表 9-2 的规定。

场区导线测量的主要技术要求　　表 9-2

等级	导线长度（km）	平均边长（m）	测角中误差（″）	测距相对中误差	测回数			方位角闭合差（″）	导线全长相对闭合差
					1″级仪器	2″级仪器	6″级仪器		
一级	4.0	0.5	5	1/30000	—	2	4	$10\sqrt{n}$	≤1/15000
二级	2.4	0.25	8	1/14000	—	1	3	$16\sqrt{n}$	≤1/10000

2) 导线网的布设

厂区导线网应按设计总平面图布设，布设的基本要求如下：

根据建筑物本身的重要性和生产系统性适当的选择导线的线路，各条导线应均匀分布于整个厂区，每个环形控制面积应尽可能均匀。

点位应选在质地坚硬、稳固可靠、便于保存的地方，视野应相对开阔，便于加密、扩展和寻找。

各条导线尽可能布成直伸导线，导线网应构成互相联系的环形，构成严密平差图形。

导线边长应大致相等，相邻边的长度之比不宜超过 1∶3。

如图 9-6 所示，某工程导线控制网图。

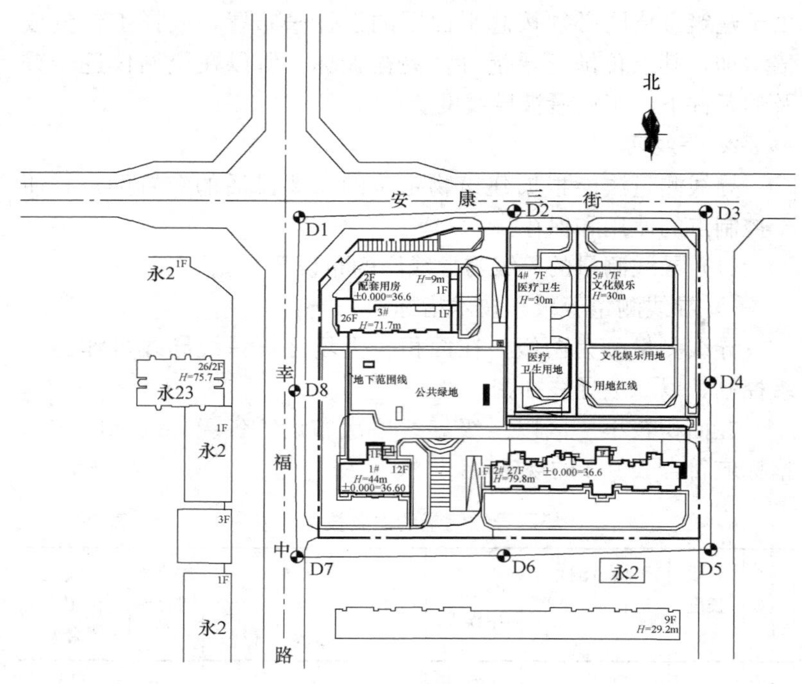

图 9-6　某工程导线控制网图

（2）导线测量的步骤

1）选点与标桩埋设

对于新建和扩建的建筑区，导线应根据总平面图布设，改建区应沿已有道路布网。点位应选在人行道旁或设计中的净空地带。所选之点要便于使用、安全和能长期保存。导线点选定之后，应及时埋设标桩（图 9-7）。

2）角度观测技术要求

各级导线网的测回数及测量限差与方格网角度观测要求相同，参照表 9-2 的规定。

角度观测宜采用方向观测法进行。方向观测法的技术要求，不应超过表 9-3 的规定。

3）边长丈量

边长丈量的各项要求及限差，参照表 9-2 的规定。

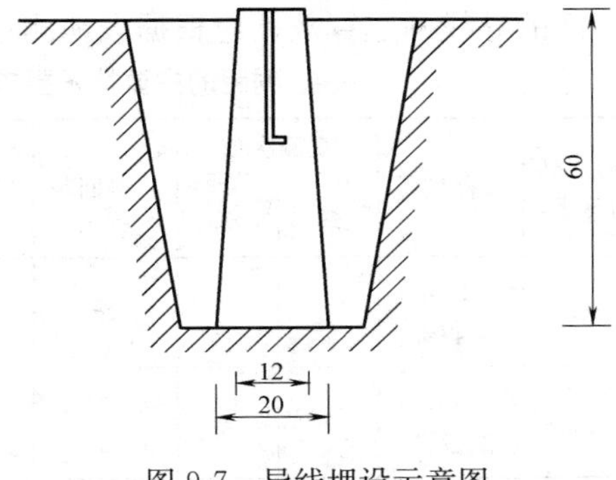

图 9-7　导线埋设示意图

水平角方向观测法的技术要求　　　　**表 9-3**

等级	仪器型号	光学测微器两次重合读数之差(″)	半测回归零差(″)	一测回内 2C 互差(″)	同一方向值各测回较差(″)
一级及以下	2″级仪器	—	12	18	12

注：1. 全站仪、电子经纬仪水平角观测时不受光学测微器两次重合读数之差指标的限制；

2. 当观测方向的垂直角超过±3°的范围时，该方向 2C 互差可按相邻测回同方向进行比较，其值应满足表中一测回内 2C 互差的限值。仪器或反光镜的对中误差不应大于 2mm。水平角观测过程中，气泡中心位置偏离整置中心不宜超过 1 格。如受外界因素（如震动）的影响，仪器的补偿器无法正常工作或超出补偿器的补偿范围时，应停止观测。水平角观测误差超限时，应在原来度盘位置上重测，并应符合下列规定：一测回内 2C 互差或同一方向值各测回较差超限时，应重测超限方向，并联测零方向；下半测回归零差或零方向的 2 倍照准差变动范围超限时，应重测该测回。

一级及以上等级控制网的测距边，应采用全站仪或电磁波测距仪进行测距，一级以下也可采用普通钢尺进行量距。

各等级边长测距的主要技术要求，应符合表 9-4 的规定。

4）导线网的起算数据

在扩建、改建厂区，新测导线应附合在已有施工控制网上（将已有控制点作为起算点）：若原有之施工控制网已被破坏，则应根据大地测量控制网或主要建筑物轴线确定起算数据。新建厂区的导线网起算数据应根据大地测量控制点测定。

测距的主要技术要求　　表 9-4

<table>
<tr><th rowspan="2">平面控制网等级</th><th rowspan="2">仪器型号</th><th colspan="2">观测次数</th><th rowspan="2">总测回数</th><th rowspan="2">一测回读数较差（mm）</th><th rowspan="2">单程各测回较差（mm）</th><th rowspan="2">往返较差（mm）</th></tr>
<tr><th>往</th><th>返</th></tr>
<tr><td>一级</td><td>≤10mm级仪器</td><td>1</td><td>—</td><td>2</td><td>≤10</td><td>≤15</td><td rowspan="2">—</td></tr>
<tr><td>二、三级</td><td>≤10mm级仪器</td><td>1</td><td>—</td><td>1</td><td>≤10</td><td>≤15</td></tr>
</table>

注：1. 测距的 5 mm 级仪器和 10mm 级仪器，是指当测距长度为 1km 时，仪器的标称精度 m_D 分别为 5mm 和 10mm 的电磁波测距仪器（$m_D=a+b\times D$）；
2. 测回是指照准目标一次，读数 2～4 次的过程；
3. 根据具体情况，边长测距可采取不同时间段测量代替往返观测；
4. 计算测距往返较差的限差时，a、b 分别为相应等级所使用仪器标称的固定误差和比例误差。

5）导线网的平差

导线网平差一级导线网采用严密平差法；二级导线网可以采用分别平差法。

二、场地高程控制测量

建筑场地的高程控制通常布设成水准网，一般布设成两级。首级是场地的高程基本控制，应布设成闭合水准路线并与国家等级水准点联测，以便建立统一的高程系统。施工区内埋设的水准点，应选择在土质坚硬、不受施工影响的区域。在一般情况下，施工场地平面控制点也可兼作高程控制点。

一般中小型建筑场地施工高程控制网，其基本水准点应布设在不受施工影响、无震动、便于施测和能永久保存的地方，按四等水准测量的要求进行施测。而对于为连续性生产车间、地下管道放样所设立的基本水准点，则需按三等水准测量的要求进行施测。为了便于成果检核和提高测量精度，场地高程控制网应布设成闭合环线、附合路线或结点网形。加密水准路线可按图根水准测量的要求进行布设，加密水准点可埋设成临时标志，尽可能靠近施工建筑，便于使用（图 9-8）。

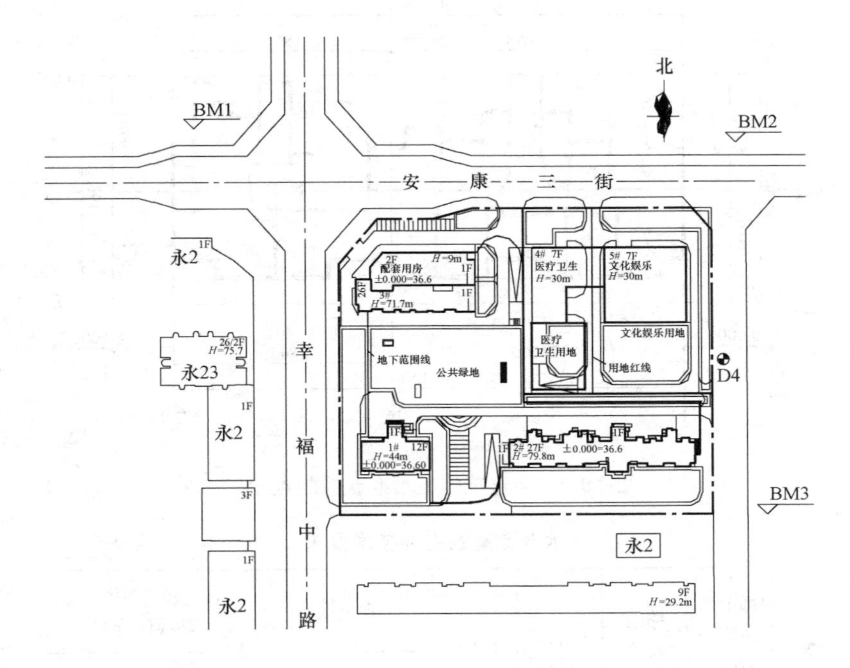

图 9-8　某工程基本水准点控制点图

施工水准点用来直接放样建筑物的高程。为了放样方便和减少误差，施工水准点应靠近建筑物，通常可以采用建筑方格网点的标志桩加设圆头钉作为施工水准点。

为了放样方便，在每栋较大的建筑物附近，还要布设±0.000水准点（一般以底层建筑物的地坪标高为±0.000），其位置多选在较稳定的建筑物墙、柱的侧面，用红油漆绘成上顶为水平线的“▼”形，其顶端表示±0.000位置。但要注意各建筑物的±0.000的绝对高程不一定相同（图 9-9）。

水准测量的主要技术要求，应符合表 9-5 的规定。

水准观测的主要技术要求，应符合表 9-6 的规定。

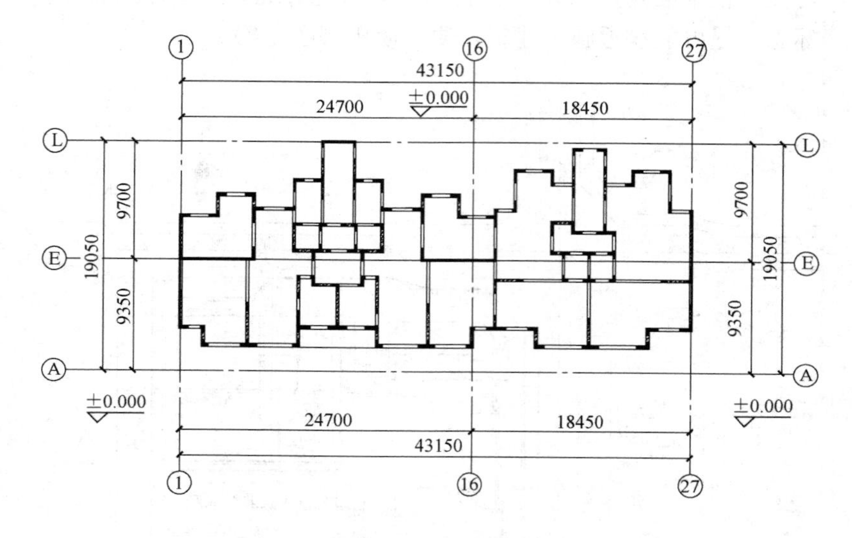

图 9-9　某建筑施工水准点控制点图

水准测量的主要技术要求　　　　表 9-5

等级	每千米高差全中误差（mm）	路线长度（km）	水准仪型号	水准尺	观测次数		往返较差、附合或环线闭合差	
					与已知点联测	附合或环线	平地（mm）	山地（mm）
三等	6	≤50	DS_1	因瓦	往返各一次	往一次	$12\sqrt{L}$	$4\sqrt{n}$
			DS_3	双面		往返各一次		
四等	10	≤16	DS_3	双面	往返各一次	往一次	$20\sqrt{L}$	$6\sqrt{n}$
五等	15	—	DS_3	单面	往返各一次	往一次	$30\sqrt{L}$	—

注：1. 结点之间或结点与高级点之间，其路线的长度，不应大于表中规定的 0.7 倍；

2. L 为往返测段，附合或环线的水准路线长度（km）；n 为测站数；

3. 数字水准仪测量的技术要求和同等级的光学水准仪相同。

水准观测的主要技术要求表　　表 9-6

等级	水准仪型号	视线长度(m)	前后视较差(m)	前后视累积差(m)	视线离地面最低高度(m)	基、辅分划或黑、红面读数较差(mm)	基、辅分划或黑、红面所测高差较差(mm)
三等	DS_1	100	3	6	0.3	1.0	1.5
	DS_3	75				2.0	3.0
四等	DS_3	100	5	10	0.2	3.0	5.0
等外	DS_3	100	近似相等	—	—	—	—

注：1. 二等水准视线长度小于 20m 时，其视线高度不应低于 0.3m；
2. 三、四等水准采用变动仪器高度观测单面水准尺时，所测两次高差较差，应与黑面、红面所测高差之差的要求相同；
3. 数字水准仪观测，不受基、辅分划或黑、红面读数较差指标的限制，但测站两次观测的高差较差，应满足表中相应等级基、辅分划或黑，红面所测高差较差的限值。

第五节　场地平整、圆曲线测设及一般建筑物定位放线

一、场地平整

工程建设前期阶段，通常需要对施工区域的自然地貌进行改造，整理成水平或符合设计要求的场地，使之满足施工的需要，一般将这项工作称为场地平整。这样就需要进行土方调配，即进行土方的开挖和填补，可以理解成削峰填谷。为了使挖方和填方工作经济合理且满足设计要求，就需要运用测量技术，对场地现状进行测绘，根据现状高程及设计高程计算挖方和填方量，并给出土方调配方案。在场地平整工作完成后，可再次进行测绘并计算，以检核土方调配工作量。具体作业步骤如下：

1. 测设方格网并测量各方格网点高程

在需要平整的场地范围之内，可先行布设方格网，方格网

中每一方格的大小视土石方调配计算精度要求而定，一般采用 5m×5m、10m×10m 或 20m×20m，如对精度要求不高，可采用更大尺寸的方格网。

场地平整测量可采用：水准测量、全站仪测量、GPS RTK 测量等。

水准测量方法：适用于现场条件较好、地势平坦、通视条件好，首先放样各格网交点，使用水准仪直接测量各点高程即可。

全站仪测量方法：适用于地形复杂、通视条件差、施工场地不规则，使用全站仪获取地形点三维坐标，将数据传到计算机，绘制现状地形图。

随着测绘技术的发展，也可用 GPS RTK 直接替代水准测量，而且 GPS RTK 可以同时测得方格网点的平面坐标和高程，较大程度上提高了工作效率。另外在计算时可采用似大地水准面拟合计算，也能取得满意的效果。

测量结束后，在成果图上展出各点编号及高程，该顶点的高程标在点位的左下角，顶点编号标在点位的左上角，方格编号标在方格中央，如图 9-10 所示。

2. *场地土石方计算*

将施工场地的自然地表按要求整理成一定高程的水平地面或一定坡度的倾斜面，这种工作称为平整场地。

（1）将场地平整为水平地面

图 9-11 表示比例尺为 1∶1000 的地形图，拟将原地面平整成某一高程的水平面，使填、挖土石方量基本平衡。方法如下：

1）绘制方格网。在地形图上拟平整场地内绘制方格网，方格大小根据地形复杂程度、地形图比例尺以及要求的精度而定。一般方格的边长为 10m 或 20m。图中方格为 10m×10m。各方格顶点号注于方格网点的左下角，如图中的 A_1，A_2，…，E_3，E_4 等。横坐标用阿拉伯数字自左到右递增，纵坐标用大写字母顺序自下（上）而上（下）递增。

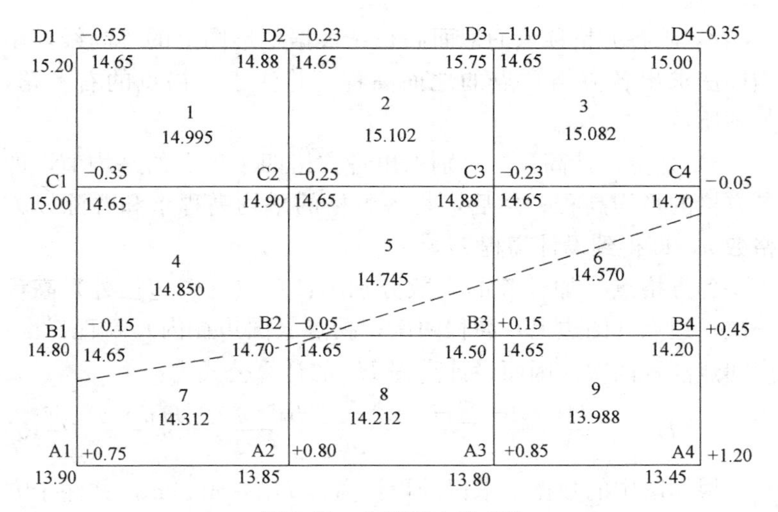

图 9-10　方格网水准成果

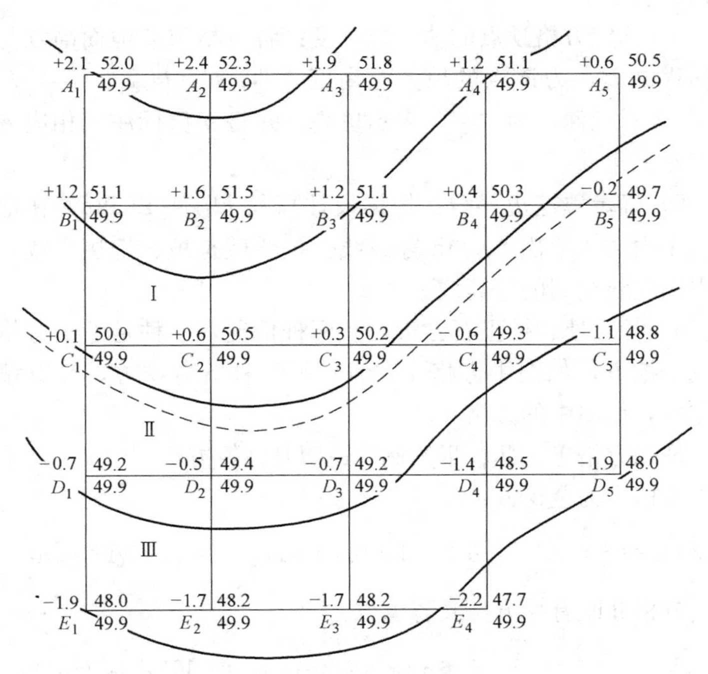

图 9-11　将场地平整为水平地面

2）求各方格顶点的地面高程：根据地形图上的等高线，用内插法求出各方格顶点的地面高程，并注于方格点的右上角，如图所示。

3）计算设计高程：分别求出各方格四个顶点的平均值，即各方格的平均高程；然后，将各方格的平均高程求和并除以方格数 n，即得到设计高程 $H_{设}$。

各方格点参加计算的次数分别为：角点（图边往外）高程一次；边点（图边上）高程两次；拐点（图边往内）高程三次；中间点高程四次。因而设计高程 H_0 的计算公式为：

$$H_0=\frac{\sum H_{角}\times 1+\sum H_{边}\times 2+\sum H_{拐}\times 3+\sum H_{中}\times 4}{4n} \quad (9\text{-}19)$$

根据图中的数据，求得的设计高程 $H_{设}=49.9\text{m}$，并注于方格顶点右下角。

4）确定方格顶点的填、挖高度：各方格顶点地面高程与设计高程之差，为该点的填、挖高度，即：$h=H_{地}-H_{设}$，h 为"＋"表示挖深，为"－"表示填高。并将 h 值标注于相应方格顶点左上角。

5）确定填挖边界线：根据设计高程 $H_{设}=49.9\text{m}$，在地形图上用内插法绘出 49.9m 等高线。该线就是填、挖边界线，如图中用虚线绘制的等高线。

6）计算填、挖土石方量：有两种情况，一种是整个方格全填或全挖方，如图中方格Ⅰ、Ⅲ；另一种既有挖方，又有填方的方格，如图中的方格Ⅱ。

现以方格Ⅰ、Ⅱ、Ⅲ为例，说明其计算方法。

方格Ⅰ为全挖方：

$$V_{\text{Ⅰ}挖}=\frac{1}{4}(1.2+1.6+0.1+0.6)\times A_{\text{Ⅰ}挖}=0.875A_{\text{Ⅰ}挖}(\text{m}^3)$$

方格Ⅱ既有挖方，又有填方：

$$V_{\text{Ⅱ}挖}=\frac{1}{4}(0.1+0.6+0+0)\times A_{\text{Ⅱ}挖}=0.175A_{\text{Ⅱ}挖}(\text{m}^3)$$

$$V_{Ⅱ填}=\frac{1}{4}(0+0-0.7-0.5)\times A_{Ⅱ填}=-0.3A_{Ⅱ填}(m^3)$$

方格Ⅲ为全填方：

$$V_{Ⅲ填}=\frac{1}{4}(-0.7-0.5-1.9-1.7)\times A_{Ⅲ填}=-1.2A_{Ⅲ填}(m^3)$$

式中：$A_{Ⅰ挖}$、$A_{Ⅱ挖}$、$A_{Ⅱ填}$、$A_{Ⅲ填}$——各方格的填、挖面积（m^2）。

同法可计算出其他方格的填、挖土石方量，最后将各方格的填、挖土石方量累加，即得总的填、挖土石方量。

（2）将场地平整为倾斜场地

如图 9-12 所示，根据地形图将地面平整为倾斜场地，设计要求是：倾斜面的坡度，从北到南的坡度为−2％，从西到东的坡度为−1.5％。为使得填、挖土石方量基本平衡，具体估算步骤如下：

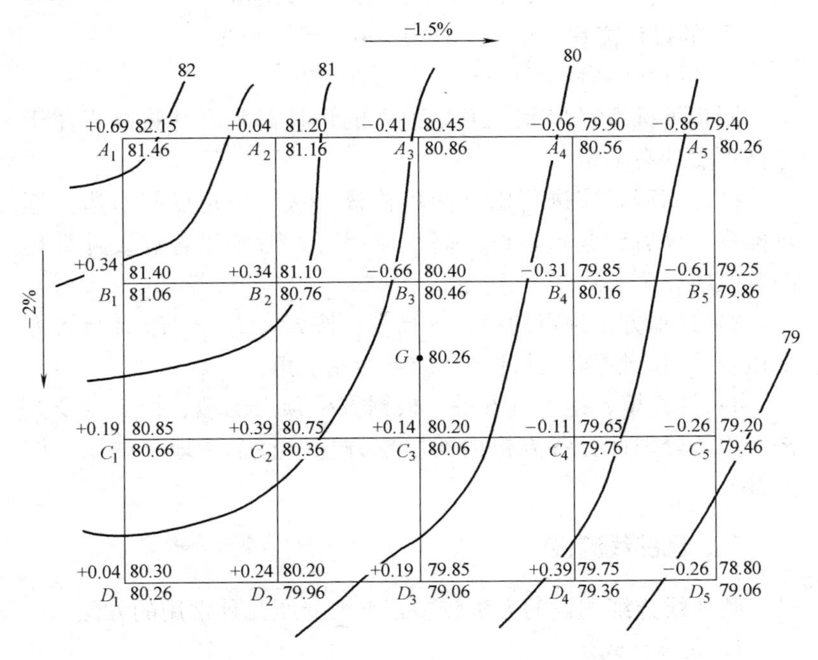

图 9-12　将场地平整为一定坡度的倾斜场地

1）绘制方格网并求方格顶点的地面高程：与将场地平整成水平地面同法绘制方格网，并将各方格顶点的地面高程注于图上，图中方格边长为20m。

2）计算各方格顶点的设计高程：根据填、挖土石方量基本平衡的原则，按与将场地平整成水平地面计算设计高程相同的方法，计算场地几何形重心点G的高程，并作为设计高程。用图中的数据计算得 $H_{设}=80.26m$。

重心点及设计高程确定以后，根据方格点间距和设计坡度，自重心点起沿方格方向，向四周推算各方格顶点的设计高程。

南北两方格点间的设计高差＝20×2%＝0.4m

东西两方格点间的设计高差＝20×1.5%＝0.3m

则 B_3 的设计高程＝80.26m＋0.4m/2＝80.46m

A_3 的设计高程＝80.46m＋0.4m＝80.86m

C_3 的设计高程＝80.26m－0.4m/2＝80.06m

D_3 的设计高程＝80.06m－0.4m＝79.66m

同理可推算得出其他方格顶点的设计高程，并将高程注于方格顶点的右下角。

推算高程时应进行以下两项检核：从一个角点起沿边界逐点推算一周后到起点，设计高程应闭合；对角线各点设计高程的差值应完全一致。

3）计算方格顶点的填、挖高度：按 $h=H_{地}-H_{设}$ 计算各方格顶点的填、挖高度并注于相应点的左上角。

4）计算填、挖土石方量：根据方格顶点的填、挖高度及方格面积，分别计算各方格内的填挖方量及整个场地总的填、挖方量。

二、圆曲线测设

圆曲线详细测设的方法较多，下面介绍几种常用的方法。

1．直接拉线法

这种施工方法比较简单，适用于圆弧半径较小的情况。根据设计总平面图，先定出建筑物的中心位置和主轴线，再根据设计数据，即可进行施工放样操作。其施测方法如下：

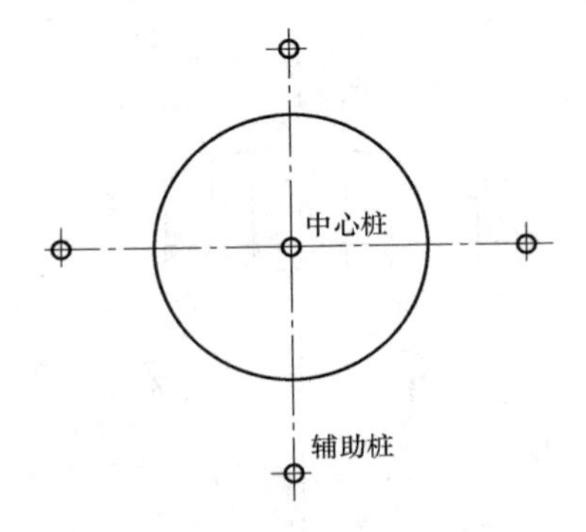

图 9-13　直接拉线法

如图 9-13 所示，根据设计总平面图，实地测设出圆的中心位置，并设置较为稳定的中心桩。由于中心桩在整个施工过程中要经常使用，所以桩要设置牢固并应妥善保护。同时，为防止中心桩发生碰撞移位或因挖土被挖出，四周应设置辅助桩，以便对中心桩加以复核或重新设置，确保中心桩位置正确。使用木桩时，木桩中心处钉一小钉；使用水泥桩时，在水泥桩中心处应埋设钢筋。

将钢尺的零点对准圆心处中心桩上的小钉或钢筋，依据设计半径，画圆弧即可测设出圆曲线。

2. 坐标计算法

坐标计算法适用于当圆弧形建筑平面的半径尺寸很大，圆心已远远超出建筑物平面以外，无法用直接拉线法时所采用的一种施工放样方法。

坐标计算法一般是先根据设计平面图所给条件建立直角坐标系，进行一系列计算，并将计算结果列成表格后，根据表格再进行现场施工放样。因此，该法的实际现场的施工放样工作比较简单，而且能获得较高的施工精度。

如图 9-14 所示，一圆弧形建筑物平面，圆弧半径 $R=90$m，弦长 $AB=40$m，其施工放样步骤如下：

（1）建立直角坐标系

以圆弧所在圆的圆心为坐标原点，建立 XOY 平面直角坐标系。圆弧上任一点的坐标应满足方程

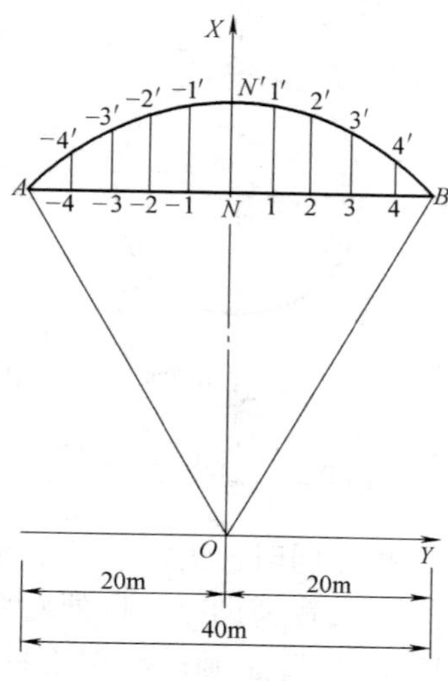

图 9-14 圆弧形建筑物平面图

$$x^2+y^2=R^2$$

$$x=\sqrt{R^2-y^2} \quad (9\text{-}20)$$

（2）计算圆弧分点的坐标

用 $y=0$、$y=\pm4$m、$y=\pm8$m、$y=12$m…$y=\pm20$m 的直线去切割弦 AB 和弧 AB，得与弦 AB 的交点 N、1、2、3、4 和 −1、−2、−3、−4，以及与圆弧 AB 的交点 N′、1′、2′、3′、4′和 −1′、−2′、−3′、−4′。将各分点的横坐标代入式（9-20）中，可得各分点的纵坐标为：

$$x_{N'}=\sqrt{90^2-0^2}=90.000\text{（m）}$$

$$x_{1'}=\sqrt{90^2-4^2}=89.911\text{（m）}$$

……

弦 AB 上的各交点的纵坐标都相等，即：

$$x_N=x_1=\cdots=x_A=x_B=87.750\text{（m）}$$

（3）计算矢高：

$$NN'=x_{N'}-x_N=90.000-87.750=2.250\text{（m）}$$

$$11'=x_{1'}-x_1=89.911-87.750=2.161\text{（m）}$$

……

计算出的放样数据，如表 9-7 所示。

（4）实地放样

根据设计总平面图的要求，先在地面上定出弦 AB 的两端点 $A'B'$，然后在弦 AB 上测设出各弦分点的实地点位。

圆弧曲线放样数据　　表 9-7

弦分点	A	−4	−3	−2	−1	N	1	2	3	4	B
弧分点	A	−4′	−3′	−2′	−1′	N′	1′	2′	3′	4′	B
y/(m)	−20	−16	−12	−8	−4	O	4	8	12	16	20
矢高/(m)	0	0.816	1.446	1.894	2.161	2.250	2.161	1.894	1.446	0.816	0

用直角坐标法或距离交会法测设出各弧分点的实地位置，将各弧分点用圆曲线连接起来，得到圆曲线 AB，用距离交会法测设各弧分点的实地位置时，需用勾股定理计算出 N1′、12′、23′和 34′等线段的长度。

三、一般建筑物定位放线

建筑物四周外廓主要轴线的交点决定了建筑物在地面上的位置，称为定位点或角点。建筑物的定位就是根据设计条件，将这些轴线交点测设到地面上，作为细部轴线放线和基础放线的依据。由于设计条件和现场条件不同，建筑物的定位方法也有所不同，下面介绍三种常见的定位方法。

1. 根据控制点定位

如果待定位建筑物的定位点设计坐标是已知的，且附近有导线测量控制点和三角测量控制点可供利用，可根据实际情况选用极坐标法、角度交会法或距离交会法来测设定位点，在这三种方法中，极坐标法适用性最强，是用得最多的一种定位方法。

2. 根据建筑方格网和建筑基线定位

如果待定位建筑物的定位点设计坐标是已知的，且建筑场地已设有建筑方格网或建筑基线，可利用直角坐标法测设定位点，当然也可用极坐标法等其他方法进行测设，但直角坐标法所需要的测设数据的计算较为方便，在用经纬仪和钢尺实地测设时，建筑物总尺寸和四大角的精度容易控制和检核。

3. 根据与原有建筑物和道路的关系定位

如果设计图上只给出新建筑物与附近原有建筑物或道路的

相互关系，而没有提供建筑物定位点的坐标，周围又没有测量控制点、建筑方格网和建筑基线可供利用，可根据原有建筑物的边线或道路中心线，将新建筑物的定位点测设出来。

第六节　竖向控制与标高传递

当高层建筑的地下部分完成后，根据施工方格网校测建筑物主轴线控制桩后，将各轴线测设到做好的地下结构顶面和侧面，又根据原有的±0 水平线，将±0 标高（或某整分米数标高）也测设到地下结构顶部的侧面上，这些轴线和标高线，是进行首层主体结构施工的定位依据。

一、竖向控制

随着结构的升高，要将首层轴线逐层往上投测，作为施工的依据。这当中建筑物主轴线的投测应更为重要，因为它们是各层放线和结构垂直度控制的依据。随着高层建筑物设计高度的增加，施工中对竖向偏差的控制要求就越高，轴线竖向投测的精度和方法就必须与其适应，以保证工程质量。

为了满足高层建筑轴线竖向投测的精度，常采用的方法有外控法和内控法，来进行高层建筑轴线竖向投测轴线，建立建筑物平面轴线控制网。在基础施工完成后，根据建筑物平面轴线控制进行校测，将所有的控制轴线引测到建筑物地下室内或者首层的平面上，建立竖向层间施工建筑平面控制轴线，作为向上投测的控制轴线。外控法常用于建筑高度不太高，楼层数较少的底层建筑施工控制，主要方法为经纬仪投测法；内控法主要用于高层、超高层建筑施工控制，主要方法有吊线坠法、准直法。

1. 经纬仪投测法

当施工场地比较宽阔时，多使用此法进行竖向投测，如图 9-15 所示，安置经纬仪于轴线控制桩桩上，严格对中整平，盘左照准建筑物底部的轴线标志，往上转动望远镜，用其竖丝指挥在施工层楼面边缘上画一点，然后盘右再次照准建筑物底部的轴线标志，同法在该处楼面边缘上画出另一点，取两点的中间点作为轴线的端点。其他轴线端点的投测与此相同。

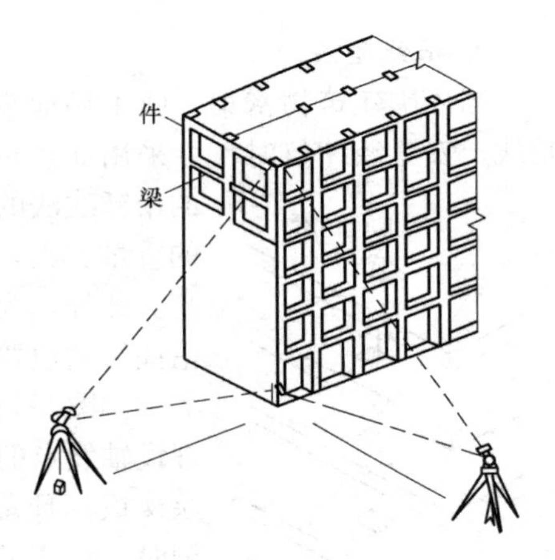

图 9-15　经纬仪投测法

当楼层建得较高时，经纬仪投测时的仰角较大，操作不方便，误差也较大，此时应将轴线控制桩用经纬仪引测到远处（大于建筑物高度）稳固的地方，然后继续往上投测。如果周围场地有限，也可引测到附近建筑物的屋面上。如图9-16所示，先在轴线控制桩 $A1$ 上安置经纬仪，照准建筑物底部的轴线标志，将轴线投测到楼面上 $A2$ 点处，然后在 $A2$ 上安置经纬仪，照准 $A1$ 点，将轴线投测到附近建筑物屋面上 $A3$ 点处，以后就可在 $A3$ 点安置经纬仪，投测更高楼层的轴线。注意上述投测工作均应采用盘左盘右取中法进行，以减少投测误差。

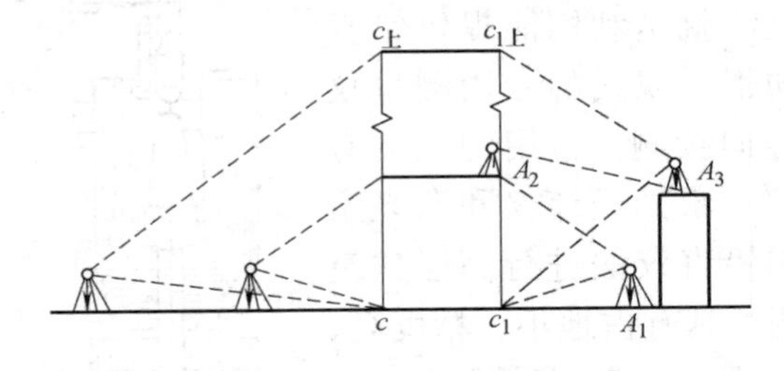

图 9-16　高层建筑周轴线投测

所有主轴线投测上来后，应进行角度和距离的检核，合格后再以此为依据测设其他轴线。

2. 吊线坠法

当周围建筑物密集，施工场地窄小，无法在建筑物以外的轴线上安置经纬仪时，可采用此法进行竖向投测。该法与一般的吊锤线法的原理是一样的，只是线坠的重量更大，吊线（细钢丝）的强度更高。此外，为了减少风力的影响，应将吊锤线的位置放在建筑物内部。

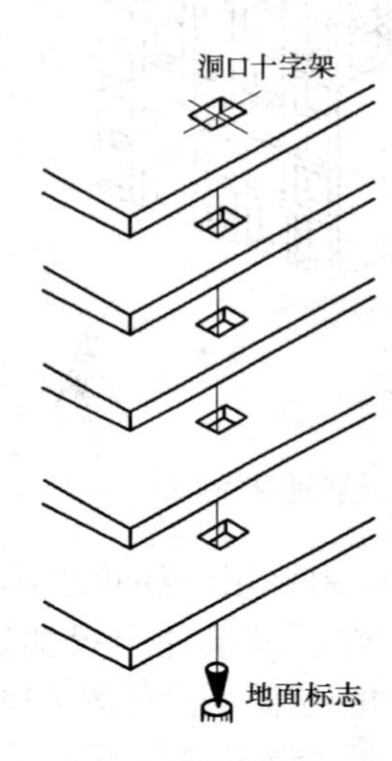

图 9-17　吊线锤法

如图 9-17 所示，事先在首层地面上埋设轴线点的固定标志，标志的上方每层楼板都预留孔洞，供吊锤线通过。投测时，在施工层楼面上的预留孔上安置挂有吊线坠的十字架，慢慢移动十字架，当吊锤尖静止地对准地面固定标志时，十字架的中心就是应投测的点，在预留孔四周做上标志即可，标志连线交点，即为从首层投上来的轴线点。同理测设其他轴线点。

使用吊线坠法进行轴线投测，只要措施得当，防止风吹和振动，是既经济、简单又直观、准确的轴线投测方法。

3. 准直法

铅直仪法就是利用能提供铅直向上（或向下）视线的专用测量仪器，进行竖向投测。常用的仪器有垂准经纬仪、激光经纬仪和激光铅直仪等。用铅直仪法进行高层建筑的轴线投测，具有占地小、精度高、速度快的优点，在高层建筑施工中用得越来越多。

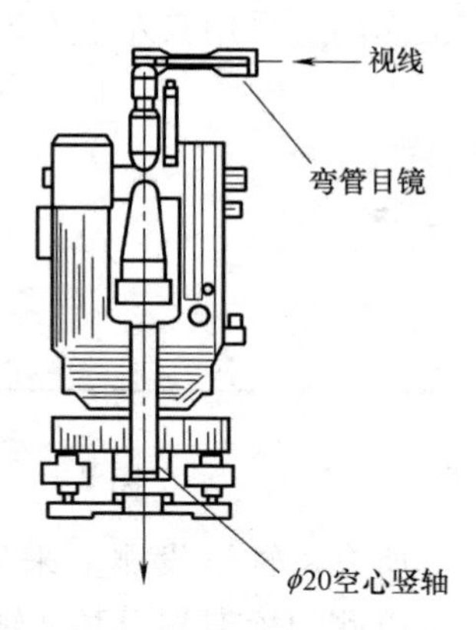

图 9-18　垂准经纬仪

（1）垂准经纬仪

如图 9-18 所示，该仪器的特点

是在望远镜的目镜位置上配有弯曲成 90°的目镜，使仪器铅直指向正上方时，测量员能方便地进行观测。此外该仪器的中轴是空心的，使仪器也能观测正下方的目标。

使用时，将仪器安置在首层地面的轴线点标志上，严格对中整平，由弯管目镜观测，当仪器水平转动一周时，若视线一直指向一点上，说明视线方向处于铅直状态，可以向上投测。投测时，视线通过楼板上预留的孔洞，将轴线点投测到施工层楼板的透明板上定点，为了提高投测精度，应将仪器照准部水平旋转一周，在透明板上投测多个点，这些点应构成一个小圆，然后取小圆的中心作为轴线点的位置。同法用盘右再投测一次，取两次的中点作为最后结果。由于投测时仪器安置在施工层下面，因此在施测过程中要注意对仪器和人员的安全采取保护措施，防止落物击伤。

如果把垂准经纬仪安置在浇筑后的施工层上，将望远镜调成铅直向下的状态，视线通过楼板上预留的孔洞，照准首层地面的轴线点标志，也可将下面的轴线点投测到施工层上来。该法较安全，也能保证精度。

（2）激光经纬仪

如图 9-19 所示为装有激光器的苏州光学仪器厂生产的 J2 激

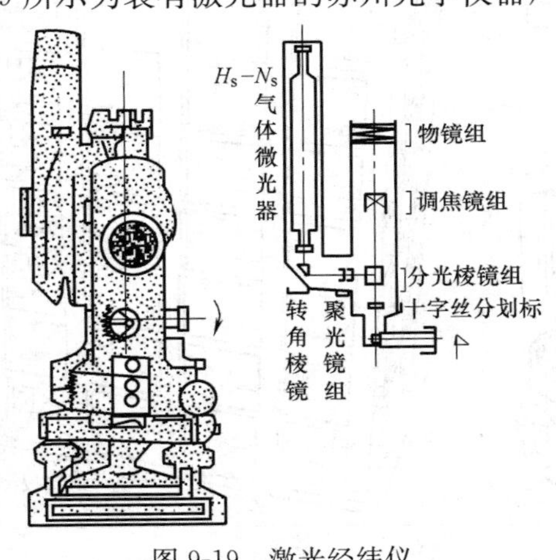

图 9-19　激光经纬仪

光经纬仪。激光经纬仪用于高层建筑轴线竖向投测，其方法与配弯管目镜的经纬仪是一样的，只不过是用可见激光代替人眼观测。投测时，在施工层预留孔中央设置用透明聚酯膜片绘制的接收靶，在地面轴线点处对中整平仪器，起辉激光器，调节望远镜调焦螺旋，使投射在接收靶上的激光束光斑最小，再水平旋转仪器，检查接收靶上光斑中心是否始终在同一点，或划出一个很小的圆圈，以保证激光束铅直，然后移动接收靶使其中心与光斑中心或小圆圈中心重合，将接收靶固定，则靶心即为欲投测的轴线点。

（3）激光铅直仪

激光铅直仪如图 9-20 所示，主要由氦氖激光器、竖轴、水准管、基座等部分组成。激光器通过两组固定螺钉固定在套筒，竖轴是一个空心筒轴，两端有螺扣用来连接激光器套筒和发射望远镜。激光器装在下端，发射望远镜装在上端时，即构成向上发射的激光铅直仪，倒过来装即构成向下发射的激光铅直仪。

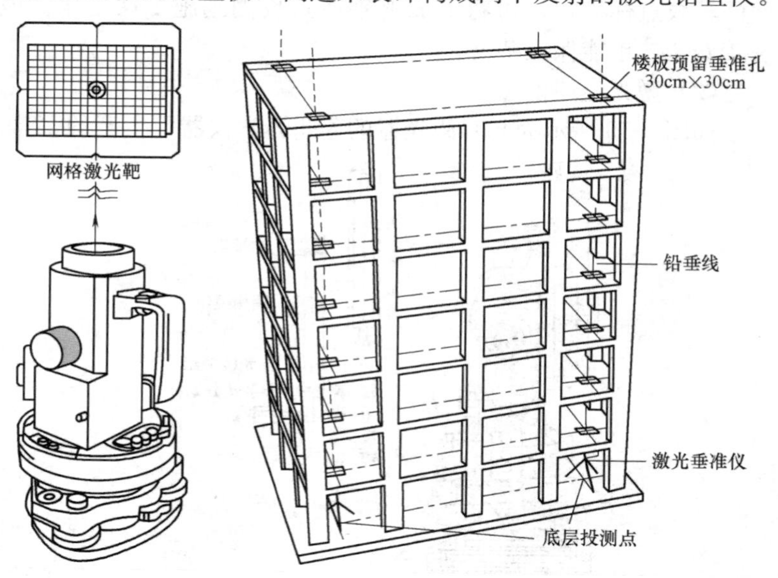

图 9-20　激光铅直仪传递

激光铅直仪用于高层建筑轴线竖向投测时，其原理和方法与激光经纬仪基本相同，主要区别在于对中方法。激光经纬仪一般用光学对中器，而激光铅直仪用激光管尾部射出的光束进行对中。

二、标高传递

高层建筑施工中，要由下层楼面向上层传递高程，以使上层楼板、门窗、室内装修等工程的标高符合设计要求。传递高程的方法有以下两种。

1. 利用钢尺直接丈量

在标高精度要求较高时，可用钢尺沿某一墙角自±0.000标高处起直接丈量，把高程传递上去。然后根据下面传递上来的高程立皮数杆，作为该层墙身砌筑和安装门窗、过梁及室内装修、地坪抹灰时控制标高的依据。

2. 钢尺配合水准仪法

根据高层建筑物的具体情况也可用水准仪高程传递法进行高程传递，不过此时需用钢尺代替水准尺作为数据读取的工具，从下向上传递高程。如图9-21所示，首层墙柱浇筑完成后，用水准仪在墙柱上引测＋500mm标高控制点，以后每施工一层，通过吊钢尺从首层＋500mm标高控制点，引测作业层＋500mm标高控制点。以第二层为例，途中各读数存在方程$(a_2-b_2)-(a_1-b_1)=l_1$，由此解出b_2为：

$$b_2=a_2-l_1-(a_1-b_1) \tag{9-21}$$

上下移动水准尺，使其读数为b_2，沿水准尺底部在墙面标线，即可得到＋500mm标高控制点。

标高传递采用钢尺丈量法或全站仪测距法，每次至少传递三个点，并相互校对。

每次测量均应从基准点重新丈量，不得使用下一层的标高点，传递上来以后，应和下一层标高点进行比对。

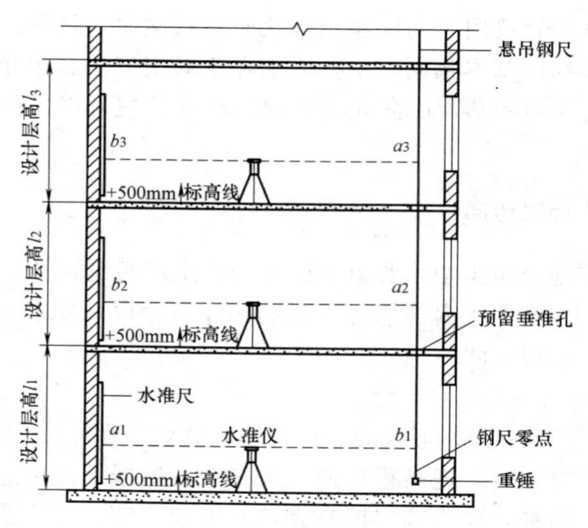

图 9-21 水准仪高程传递法

第七节 沉降观测、竣工测量

一、沉降观测

所谓沉降观测，就是定期地对变形观测点的高程变化进行监测，根据各观测点间的高差变化，计算建筑物（或地表）的沉降量Wi，倾斜率i，曲率K，构件倾斜以及沉降速率，确定沉降变形对建筑物破坏影响程度，为采取必要的建筑物保护措施提供数据资料。

1. 观测基准和沉降观测点的布设

建筑物的沉降观测，是通过埋设在建筑物附近的水准点进行的，这些水准点就是沉降观测的基准。高程基准点的点位要稳定，处于施工影响范围之外。为了保证基准点高程的正确性和便于相互检核，基准点一般不得少于三个，构成基准网，并选择其中一个最稳定的点作为水准基点。如沉降观测基准点离开需要监测的沉降点较远，可根据需要选择在施工现场附近相对稳定的区域设置工作基点，工作基点的数量与施工范围等因素有关。

进行沉降观测的建筑物、构筑物上应埋设沉降观测点。观测点的数量和位置，应能全面反映建筑物、构筑物的沉降情况，其埋设要求如下：

（1）建筑物的四角、大转角处及沿外墙每 10～15m 处或每隔 2～3 根柱基上。

（2）高低层建筑物、新旧建筑物、纵横墙等交接处的两侧。

（3）建筑物裂缝和沉降缝两侧、基础埋深相差悬殊处、人工地基与天然地基接壤处、不同结构的分界处及填挖方分界处。

（4）宽度≥15m 或＜15m 而地质复杂以及膨胀土地区的建筑物承重内隔墙中部设内墙点，在室内地面中心及四周设地面点。

（5）邻近堆置重物处、受震动有显著影响的部位及基础下的暗沟处。

（6）框架结构建筑物的每个或部分柱基上或沿纵横轴线设点。

（7）筏形基础、箱形基础底板或接近基础的结构部分之四角处及其中部位置。

（8）重型设备基础和动力设备基础的四角、基础形式或埋深改变处以及地质条件变化处两侧。

（9）电视塔、烟囱、水塔、油罐、炼油塔、高炉等高耸构筑物，沿周边在与基础轴线相交的对称位置上布点，点数不少于 4 个。

2. 沉降观测方法

建筑物沉降观测一般使用电子水准仪，其施测程序如下：将条码尺立于已知高程的基准点上作为后视，水准仪置于施测路线合适的位置，在施测路线的前进方向取大致与仪器至后视点距离相等处放置尺垫（如现场条件允许，可直接放置在沉降观测点上），在尺垫（或沉降观测点）上竖立水准尺作为前视。观测者将水准仪整平之后，设置仪器参数和沉降观测规范中相应的精度要求，新建一个文件名和一条新的水准路线，选择aBFFB观测模式，输入后视基准点高程，瞄准后视水准尺，用横丝对中条码尺，按仪器上的观测键，仪器将自动读取并记录后视读数。转动望远镜瞄准前视条码尺，读取前视读数，读取并记录两次前视读数后，再次转动望远镜瞄准后视条码尺，读取并记录后视条码尺读数。此为第一站也就是奇数站观测，其观测模式为后 B→ 前 F→前 F→后 B。

第一站结束之后，观测员招呼后标尺员向前转移，并将水准仪迁至第二测站。此时，第一测站的前视点便成为第二测站的后视点。按照“aBFFB”观测模式，第二测站也就是偶数站，其观测模式为前 F→后 B→后 B→前 F。应先观测一次前标尺方向，转动望远镜瞄准后视条码尺，读取并记录两次后视读数后，再次转动望远镜瞄准前视条码尺，读取并记录前视条码尺读数。依第一、二站奇偶站交替观测模式对第三、四站依次沿水准路线方向施测，直至全部路线观测完为止（图 9-22）。

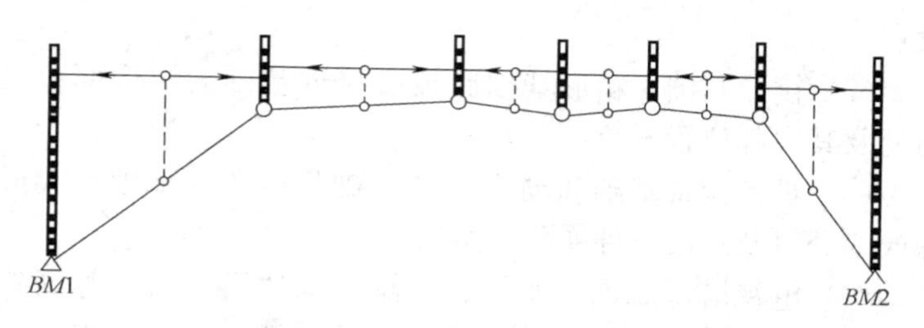

图 9-22　测量线路示意图

3. 沉降数据处理

测定观测点沉降的水准路线大多设成两个基准点之间的附合路线。因采用电子水准仪和条码水准尺进行施测，观测数据可以在仪器内自动进行平差计算，可直接通过传输电缆将仪器中的数据传输到电脑中，并打印存档（图 9-23）。

For M5 Adr	1	TO	249.dat								
For M5 Adr	2	TO	Start-Line	aBFFB+	01						
For M5 Adr	3	KD1	01		01					Z	40.00000 m
For M5 Adr	4	KD1	01	08:43:511	01	Rb	1.05649 m	HD	49.476 m		
For M5 Adr	5	KD1	00	08:44:091	01	Rf	1.95389 m	HD	49.266 m		
For M5 Adr	6	KD1	00	08:44:151	01	Rf	1.95398 m	HD	49.262 m		
For M5 Adr	7	KD1	01	08:44:321	01	Rb	1.05646 m	HD	49.476 m		
For M5 Adr	8	KD1	00	08:44:21	01					Z	39.10239 m
For M5 Adr	9	KD1	00	08:46:241	01	Rf	1.35248 m	HD	49.512 m		
For M5 Adr	10	KD1	00	08:46:401	01	Rb	1.76129 m	HD	49.132 m		
For M5 Adr	11	KD1	00	08:46:461	01	Rb	1.76139 m	HD	49.127 m		
For M5 Adr	12	KD1	00	08:47:041	01	Rf	1.35250 m	HD	49.507 m		
For M5 Adr	13	KD1	00	08:47:04	01					Z	39.51109 m
For M5 Adr	14	KD1	00	08:48:581	01	Rb	1.39136 m	HD	10.102 m		
For M5 Adr	15	KD1	00	08:49:171	01	Rf	1.39268 m	HD	10.463 m		
For M5 Adr	16	KD1	00	08:49:221	01	Rf	1.39278 m	HD	10.464 m		
For M5 Adr	17	KD1	00	08:49:401	01	Rb	1.39134 m	HD	10.097 m		
For M5 Adr	18	KD1	00	08:49:40	01					Z	39.50968 m
For M5 Adr	19	KD1	13	08:51:241	01	Rf	1.39944 m	HD	6.144 m		
For M5 Adr	20	KD1	00	08:51:441	01	Rb	1.48380 m	HD	6.712 m		
For M5 Adr	21	KD1	00	08:51:491	01	Rb	1.48389 m	HD	6.710 m		
For M5 Adr	22	KD1	13	08:52:051	01	Rf	1.39937 m	HD	6.143 m		
For M5 Adr	23	KD1	13	08:52:05	01					Z	39.59410 m
For M5 Adr	24	KD1	13	08:53:531	01	Rb	1.58853 m	HD	6.069 m		
For M5 Adr	25	KD1	14	08:54:121	01	Rf	1.49855 m	HD	6.351 m		
For M5 Adr	26	KD1	14	08:54:181	01	Rf	1.49864 m	HD	6.349 m		
For M5 Adr	27	KD1	13	08:54:341	01	Rb	1.58850 m	HD	6.068 m		
For M5 Adr	28	KD1	14	08:54:34	01					Z	39.68401 m
For M5 Adr	29	KD1	15	08:56:471	01	Rf	1.43585 m	HD	8.350 m		
For M5 Adr	30	KD1	14	08:57:051	01	Rb	1.46697 m	HD	7.629 m		
For M5 Adr	31	KD1	14	08:57:111	01	Rb	1.46706 m	HD	7.634 m		
For M5 Adr	32	KD1	15	08:57:291	01	Rf	1.43588 m	HD	8.351 m		
For M5 Adr	32	KD1	15	08:57:29	01					Z	39.71513 m

图 9-23　原始数据

根据编制的工程方案及确定的观测周期，首次观测应在观测点稳固后及时进行。一般高层建筑物有数层地下结构，首次观测应自基础开始。首次观测的沉降观测点高程值是以后各次沉降观测用以比较的基础，其精度要求非常高，要求同期观测不少于两次，取平均值作为初始值。以后每周期观测高程与初始高程比较，即可求得各观测点相对于本点首次观测的沉降量（下沉为正；上升为负）。计算各沉降观测点的本次沉降量：沉降观测点的本次沉降量＝本次观测所得的高程－上次观测所得的高程。计算累积沉降量：累积沉降量＝本次沉降量＋上次累积沉降量。

将计算出的沉降观测点本次沉降量、累积沉降量和观测日期、荷载情况等记入“沉降观测表”中（表 9-8）。

如图 9-25 所示为沉降曲线图。

4. 沉降观测注意事项

要遵循“五定”原则，即基准点、工作点、变形监测点，点位要固定；所用仪器设备要固定；观测人员要固定；观测时的环境条件要基本一致；观测路线、镜位、程序和方法要固定。

XX研究所—B实验楼工程—沉降数据汇总表　　表 9-8

观测日期期号	建筑物状态	监测点名	高程 (m)	本期沉降 (mm)(d)	累计沉降量 (mm)(d)	本期沉降速度 (mm/d)
2011.11.20(13)	封顶	1	41.3961	0.2(33d)	10.9(366d)	0.006
		2	41.5037	0.6(33d)	8.7(366d)	0.018
		3	41.4239	0.4(33d)	10.4(366d)	0.012
		4	41.5112	0.5(33d)	10.6(366d)	0.015
		5	41.3849	0.2(33d)	7.7(366d)	0.006
		6	40.7351	0.5(33d)	10.8(366d)	0.015
		7	41.5201	0.8(33d)	10.1(366d)	0.024
		8	41.4688	0.3(33d)	8.0(366d)	0.009
		9	41.4658	0.8(33d)	7.4(366d)	0.024
		10	41.5273	0.9(33d)	9.8(366d)	0.027
		11	41.4844	0.7(33d)	9.8(366d)	0.021
		12	41.2675	0.8(33d)	7.3(366d)	0.024
		13	41.5042	0.3(33d)	7.5(366d)	0.009
		14	41.4891	0.5(33d)	8.3(366d)	0.015
		15	40.9496	0.4(33d)	8.6(366d)	0.012

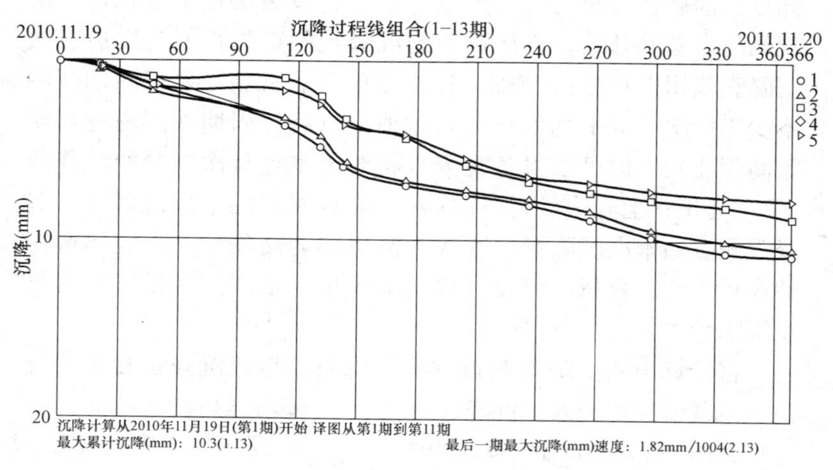

图 9-24　沉降曲线图

沉降观测时，在两个观测点中间位置做上记号，作为测站位置，有效地减少视距校正时间，既增加测量速度，减少仪器误差，全面保证测量精度。

调焦的准确性要求很高，当调焦不足时图像不够清晰，有时仪器无法识别不能进行测量，即使进行测量也会影响测量精度。

标尺影像亮度对仪器探测会有较大的影响，如果光线太暗或光线照明不均匀，仪器会停止测量。

工作过程中注意一些很细微的环节，如观测中是否有不稳定因素存在，是否逆光等。

为了作业顺利进行和精度的保证，要对仪器和标尺定期进行检校。

二、竣工测量

工程竣工测量是真实反映施工后建（构）筑物实际位置的最终表现，也是后续阶段设计和管理的重要依据，特别是地下管线因具有特殊性，如在施工过程中不及时测定其准确位置，将为今后的测量、管理带来困难和损失。

1. 竣工测量的主要任务

在新建或扩建工程时，为了检验设计的正确性，阐明工程竣工的最终成果，作为竣工后的技术资料，必须提交出竣工图。如为阶段施工，则每一阶段工程竣工后，应测制阶段工程竣工图，以便作为下一阶段工程设计的依据。

旧工程扩建和改建原有工程时，必须取得原有工程实际建（构）筑物的平面及高程位置，为设计提供依据（实测总平面图）。

为满足新建工程建成投产后进行生产管理和变形观测的需要，必须提供工程竣工图。

2. 施测竣工图的原则

控制测量系统应与原有系统保持一致；原有系统无法使用时，需重建新的控制系统，重测全部竣工图。

测量控制网必须有一定的精度指标。从工程勘察阶段开始，就要布设符合竣工图测量精度要求的控制网，并兼顾施工放样。

充分利用已有的测量和设计的资料。按需施测、适当取舍。

3. 竣工图的内容（以工业厂区竣工图为例）

工业厂区竣工图一般包括厂区现状图、辅助图、剖面图、专业分图、技术总结报告和成果表。

4. 施测竣工图的要求和方法

竣工图图幅一般为50cm×50cm。比例尺一般与设计总平面图比例尺一致，必须考虑图面负荷、视读方便及图解精度。坐标和高程系统尽量保持原控制系统，必要时重建。竣工图测量的精度要求须满足《工程测量规范（附条文说明）》GB 50026—2007规定。

竣工测量的施测方法可参照地形图测绘方法，测量内容主要应包括测量控制点、厂房辅助设施、生活福利设施、架空及地下管线、道路的转向点等建（构）筑物的坐标（或尺寸）和高程，以及留置空地区域的地形。

第八节　测设工作技能训练实例

一、训练1　红线桩校测与校算

1. 训练目的

（1）了解红线桩校测的内容与步骤。

（2）了解红线桩的校算方法。

（3）了解校测红线桩的允许误差。

2. 训练步骤

红线桩的检校其实就是重新测量已知点位的坐标及它们之间的相互关系，然后比较其实测值与给定值的差异，其允许误差若超限，认为该红线桩被碰动或移动，否则，认为其可靠，可以作为下一步测量工作的依据。

二、训练2　导线外业测量及内业计算

1. 实训目的

（1）掌握闭合导线外业选点及施测的方法。

（2）掌握闭合导线内业计算及检核的方法。

2. 实训仪器及工具

DJ2 型光学经纬仪 1 台，经纬仪脚架 1 个，长测钎 3 个，钢卷尺 1 把，罗盘仪 1 个，罗盘仪脚架 1 个，记录板 1 个，白备铅笔、计算器和记录本。

3. 实训内容

（1）实训课时为 4 学时，每一实训小组由 4～5 人组成。

（2）在测区内选取 5 个导线点构成一闭合导线，采用经纬仪测回法测量闭合导线的内角，用钢尺往返丈量导线边的边长口外业数据采集完成后，按照给定的已知条件，计算各导线点的坐标。

4. 实训方法和步骤

步骤 1　导线选点

根据测区的实际情况选择导线点，选择的点位应满足导线点选择的相关要求。导线点选定后，应在点位上制作临刚。性标志，并以测区西南角为起始点，按顺时针方向进行编号并绘制草图，如图 9-25 所示。

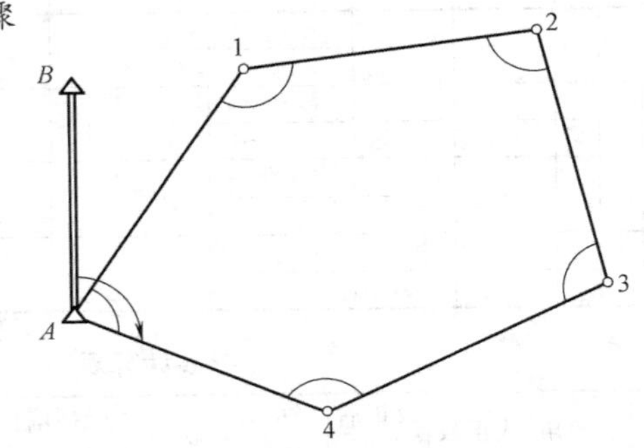

图 9-25　闭合导线测量示意图

步骤 2　闭合导线的角度测量

按照导线的前进方向，采用测回法测量闭合导线的内角(图中为右角)，要求一测回盘左与盘右两次测角的较差不大于 40"。导线角度闭合差不超过$\pm 40\sqrt{n}$。

步骤 3　闭合导线的边长测量

用钢尺往返丈量各导线边的边长，要求导线全长的相对闭合差不低于 1/′2000。

步骤 4　罗盘仪测定闭合导线起始边的磁方位角

要求正向与反向观测，起始边正向与反向的方位角较差在

180°±30" 内。将反方位角±180°后与正方位角取均值后作为起始边方位角值。

步骤 5　闭合导线外业数据填表、检核及内业坐标计算

表 9-9 为导线测量外业观测手簿，表 9-10 为导线计算表。

导线测量观测手簿　　　　**表 9-9**

日期：　　　天气：　　　仪器编号：　　　观测者：

记录者：

测站	测回数	目标	水平度盘读数		2C=左−右±180°	平均读数=1/2[左+(右±180°)]	归零方向值	各测回平均方向值	边长	备注
			盘左 (°′″)	盘右 (°′″)	(°)	(°′″)	(°′″)	(°′″)	(m)	

导线计算表　　　　**表 9-10**

点号	观测角	改正数	改正后角度	坐标方位角	距离	坐标增量 (m)		改正后增量 (m)		坐标值 (m)		点号
	(°′″)	(°)	(°′″)	(°′″)	(m)	$\Delta x'$	$\Delta y'$	Δx	Δy	x	y	
总和												
辅助计算												

5. 实训注意事项

（1）导线点位应选在稳固可靠、视野开阔的地方；相邻点间应通视良好；导线边长应大致相等，导线点的分布应均匀，以便控制整个测区。

（2）每个导线点观测完毕后，应立即计算结果，如不符合要求应立即重测。

（3）导线内角观测完毕后，应立即计算角度闭合差，若在限差范围之内，才可进行下一步计算，否则应找出原因并重测。

6. 实训记录及报告书

将原始测量记录填入导线测量外业观测手簿，填写并计算导线计算表，检核无误后作为实训成果上交。

三、训练 3　一般场地控制测量

1. 训练目的

（1）了解建筑方格网的布设方法。

（2）了解建筑方格网的测设方法。

2. 训练步骤

建筑方格网的布设和测设方法详见本章第四节。

四、实训 4　建筑物轴线放样

1. 实训目的

掌握建筑物轴线放样的基本方法。

2. 实训仪器及工具

DJ2 光学经纬仪 1 台，钢尺 1 把，测伞 1 把，白备铅笔、计算器和记录本。

3. 实训内容

（1）实训课时为 2 学时，每一实训小组由 4～5 人组成。

（2）按照给定的建筑施工图样进行轴线放样。

4. 实训方法和步骤

（1）熟悉设计图样。建筑物轴线放样依据的图样包括建筑总平面图、建筑平面图、放样略图。在测设前应从设计图样上了解施工建筑物与附近已有建筑物之间的相互关系，对各设计图样的有关尺寸进行仔细核对，以免出现差错，见图 9-26。

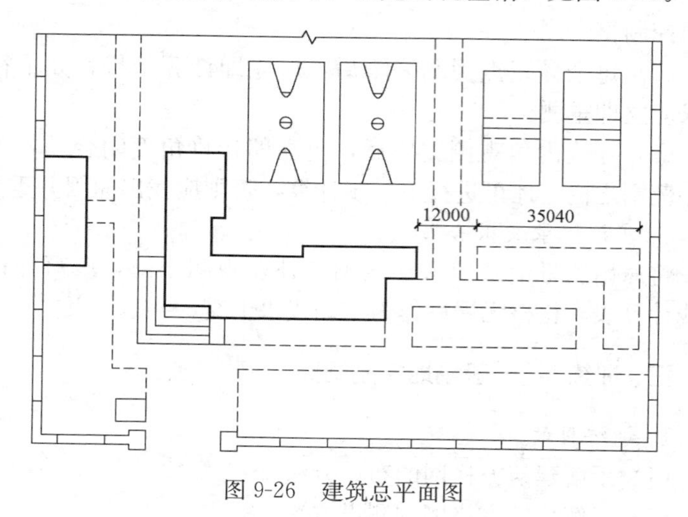

图 9-26　建筑总平面图

（2）现场踏勘。了解现场的地物、地貌和控制点的分布，对施工场地的平面和高程控制点的点位和坐标进行检核。

（3）制定测设方案。按照设计要求、定位条件、现场地形和施工方案等因素制定施工放样方案。常用的测设方法有极坐标法和直角坐标法。

（4）准备测设数据。除了计算必要的放样数据，还应从建筑总平面图和建筑平面图上查取房屋的平面尺寸和高程数据，见图 9-27。

（5）轴线放样。若施工现场有建筑基线或建筑方格网时，可采用直角坐标法进行定位。若有控制点，也可采用极坐标法进行测设。

5. 实训注意事项

（1）设计图样是施工测量的依据，应仔细核对图样上的各项尺寸。

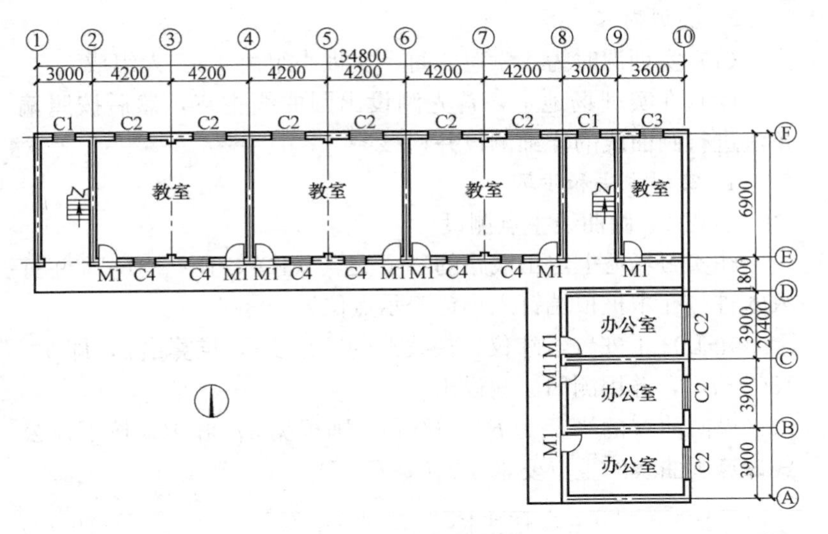

图 9-27　建筑平面图

（2）测设数据应事先计算，检查无误后方可放样。

（3）放样过程中，每一项都要检核，如未检核，不得进行下一步的操作。

（4）在实际放样过程中，各点均应编号，杜绝错误。

6. 实训记录及报告

根据教师给定的一套建筑施工图绘制建筑放样略图，计算相关放样数据，计算、检核后作为实训成果上交。

五、实训 5　圆曲线测设实训

1. 实训目的

（1）掌握圆曲线主点测设的方法。

（2）掌握偏角法详细测设圆曲线的计算和操作方法。

2. 实训仪器及工具

DJ2 型光学经纬仪 1 台，经纬仪脚架 1 个，花杆 3 个，测钎若干，木桩若干，小钉若干，锤子 1 个，钢尺 1 把，测伞 1 把，自备铅笔、计算器和记录本。

3. 实训内容

（1）实训课时为 4 学时，每一实训小组由 4～5 人组成。

（2）在实训场地上，首先测设出圆曲线主点，然后按照偏角法进行圆曲线的详细测设并检核。

4. 实训方法和步骤

步骤 1　圆曲线主点测设

在实习场地上定出线路的三个交点（JD_1、JD_2、JD_3）并打入木桩，在木桩顶端钉入小钉表示点位。

在 JD2 上安置经纬仪，按线路的转角 $\alpha_{右}$，推算出 β，即 $\beta = 180° - \alpha_{右}$，并用测回法测设出 β。

设圆曲线的半径为 $R = 100$ m，则根据 $\alpha_{右}$ 和 R，按下述公式计算圆曲线的主点要素 T、L、E、D：

$$切线长 \quad T = R\tan\frac{\alpha}{2} \tag{9-22}$$

$$曲线长 \quad L = R\alpha\frac{\pi}{180°} \tag{9-23}$$

$$外矢距 \quad E = R\left(\sec\frac{\alpha}{2} - 1\right) \tag{9-24}$$

$$切曲差 \quad D = 2T - L \tag{9-25}$$

由 JD2 的里程（假定为 K6＋518.800）推算圆曲线主点的里程，计算公式如下：

$$ZY 点里程 = JD_2 里程 - T \tag{9-26}$$

$$YZ 点里程 = ZY 点里程 + L \tag{9-27}$$

$$QZ 点里程 = YZ 点里程 - \frac{L}{2} \tag{9-28}$$

$$JD_2 里程 = QZ 点里程 + \frac{D}{2} \tag{9-29}$$

（1）测设 ZY 点。将经纬仪安置在 JD_2，后视 JD_1 方向，自 JD_2 沿经纬仪指示方向量取切线长 T，定出 ZY 点，并钉下木桩。

（2）测设 YZ 点。用经纬仪照准前视交点 JD_3 方向，自 JD_2

沿经纬仪指示方向量取切线长 T，定出 YZ 点，并钉下木桩。

（3）测设 QZ 点。自 JD_2 沿 $\frac{\beta}{2}$ 方向量取外矢距 E，定出 QZ 点，并钉下木桩。

步骤 2　圆曲线详细测设

将经纬仪安置在 ZY 点，盘左位置瞄准 JD_2，并将水平度盘读数调节为 $0°00'00''$，此时瞄准 QZ 点，其水平度盘读数应为 $\frac{\alpha}{4}$，瞄准 YZ 点，其水平度盘读数应为 $\frac{\alpha}{2}$，误差应在 $\pm 1'$ 以内。若超限，应重新测设圆曲线主点。

按整桩号法计算出圆曲线上各测设点位 Pi（$i=1, 2, \cdots, n$）的偏角 Δ_i（$i=1, 2, \cdots, n$）及弦长 d_i（$i=1, 2, \cdots, n$）。

转动照准部，使水平度盘的读数为 Δ_1，即 P_1 点的偏角方向，得到 $ZY—P_1$ 方向，沿此方向从 ZY 点量取弦长 $d_{起}$，可得整桩点 P_1，在 P_1 点上插一测钎。

转动照准部，使水平度盘读数为 P_2 点的偏角 Δ_2，得到 $ZY—P_2$ 方向，沿此方向从 P_1 点量出整弧段对应的弦长 d_0，得 P_2 点，并在 P_2 点上插一测钎。按照此方法依次定出圆曲线上的其他各点。

当转动照准部，使水平度盘读数为 Δ_n 时（Δ_n 为 YZ 点的偏角方向），从 P_n 点量出的弦长 d_n 与 $ZY—YZ$ 方向相交，其交点应为原先的 YZ 点。若两者不重合，限差应满足如下的规定，否则应查明原因，进行改正或重测。

纵向（切线方向）：± 0.1m

横向（法线方向）：$\pm \frac{L}{2000} \sim \pm \frac{L}{1000}$（$L$ 为曲线长）

5. 实训注意事项

（1）在实习之前应将算例中的测设数据全部计算出来，要求每人独立完成计算。

（2）本实习内容较多，小组成员在实习过程中应做好分工，并注意配合。

6. 实训记录及报告书

填写偏角法测设网曲线记录表（表 9-11），计算、检核后作为实训成果上交。

偏角法测设圆曲线记录表 **表 9-11**

日期： 班级： 组别： 姓名： 学号：

<table>
<tr><td rowspan="2">圆曲线元素</td><td colspan="2">半径 R：</td><td colspan="2">转角 α：</td><td colspan="2">曲线长 L：</td></tr>
<tr><td colspan="2">切线长 T：</td><td colspan="2">外矢距 E：</td><td colspan="2">切曲差 D：</td></tr>
<tr><td rowspan="3">主点桩号</td><td colspan="6">ZY 点桩号：</td></tr>
<tr><td colspan="6">QZ 点桩号：</td></tr>
<tr><td colspan="6">YZ 点桩号：</td></tr>
<tr><td rowspan="10">各整桩的
测设数据</td><td>桩号</td><td>曲线长</td><td>偏角</td><td>水平度盘读数</td><td>弦长</td><td>备注</td></tr>
<tr><td></td><td></td><td></td><td></td><td></td><td></td></tr>
<tr><td></td><td></td><td></td><td></td><td></td><td></td></tr>
<tr><td></td><td></td><td></td><td></td><td></td><td></td></tr>
<tr><td></td><td></td><td></td><td></td><td></td><td></td></tr>
<tr><td></td><td></td><td></td><td></td><td></td><td></td></tr>
<tr><td></td><td></td><td></td><td></td><td></td><td></td></tr>
<tr><td></td><td></td><td></td><td></td><td></td><td></td></tr>
<tr><td></td><td></td><td></td><td></td><td></td><td></td></tr>
<tr><td></td><td></td><td></td><td></td><td></td><td></td></tr>
<tr><td rowspan="2">主点测设</td><td colspan="4">测设方法</td><td colspan="2">测设草图</td></tr>
<tr><td colspan="4"></td><td colspan="2"></td></tr>
<tr><td rowspan="2">详细测设</td><td colspan="4">测设方法</td><td colspan="2">测设草图</td></tr>
<tr><td colspan="4"></td><td colspan="2"></td></tr>
</table>

六、训练6　竖向控制与标高传递

1. 实训目的

(1) 掌握竖向控制的操作方法。

(2) 掌握标高传递的操作方法。

2. 实训仪器及工具

水准仪1台，经纬仪1台，激光铅直仪1台，水准标尺1把，钢卷尺1把，油漆，排笔，墨线，太阳伞，铅笔，200mm×200mm×10mm预埋铁板。

3. 实训方法和步骤

(1) 竖向控制

步骤1

将激光铅直仪架设在首层楼面轴线交点处（内控点），经严格的仪器对中、整平后，接通电源，打开电源开关，发射出激光束。

步骤2

通过调焦，使激光束打在作业层激光靶上的激光点最小，最清晰。

步骤3

通过旋转仪器望远镜，使激光束在接受靶上成同心圆，检查激光束的误差轨迹。如轨迹在允许限差内，则轨迹圆心为所投轴线点。

步骤4

为消除误差，同方向旋转激光准直器0°、90°、180°、270°，激光点在投影面上留下圆形旋转轨迹，移动接收靶使其中心与旋转轨迹圆心同心，通过接收靶上的刻划线使全圆等分并取其中点作为控制点的垂影点。

(2) 标高传递

选择高程竖向传递的位置，应满足上下贯通，竖直量尺的条件。主要为结构外墙，边柱或楼梯间电梯井、塔吊的塔身等处。一般结构高程至少要由三处向上传递，以便于施工层校核、使用。

步骤 1

用水准仪根据统一的±0.000 水平线，在各传递点处准确地测出相同的起始高程线。

步骤 2

用钢尺沿竖直方向，向上量至施工层，并划出整数水平线，各层的高程线均应由起始高程线向上直接量取。

步骤 3

将水准仪安置在施工层，校测由下面传递上来的各水平线，校差应在±3mm 之内，并取其平均值，以确保误差控制在最低限度内。在各层抄平时，应后视两条水平线以作校核。

4. 实训注意事项

（1）测量前检查激光铅直仪激光管的亮度，如果明显下降，则需要更换电池。工作中可用对讲机作为通讯工具。

（2）由±0.000 水平线传递高程时，所用钢尺应经过检定，尺身铅直、拉力标准，并应进行尺身及温度改正（塑钢尺不加温度改正），且做到专尺专用。

七、训练 7　沉降观测

1. 训练目的

（1）掌握观测基准和沉降观测点的布设方法。

（2）掌握沉降观测的方法和精度要求。

（3）了解沉降观测的成果整理。

2. 训练步骤

选择一建筑物，在其周围布置变形监测点，并在附近选择一固定水准点，进行至少三期沉降观测，观测周期为两周或自行安排。计算出各期的沉降量，将成果填入表 9-12 中。

3. 注意事项

每次观测完成后，成果符合限差要求方可进行平差计算求出各沉降观测点的高程。

沉降观测表 表 9-12

观测次数	观测时间	观测点沉降情况						
		1			2			…
		本期下沉/mm	累计下沉/mm	高程/m	本期下沉/mm	累计下沉/mm	高程/m	…
1								
2								
3								
…								

第十章　测量技术质量标准

目前我国已初步建立了由法律、行政法规、地方性法规、部门规章、政府规章、重要规范文件等共同组成的测绘法律法规体系，为测绘管理提供了依据，为从事测绘作业提供了基本准则，本章对相关测绘法律法规进行了简要概述。

第一节　测绘相关法律法规

我国现行测绘法律是《中华人民共和国测绘法》，于 1993 年 7 月 1 日起实施，2002 年 8 月 29 日通过修订，2002 年 12 月 1 日起实施。《中华人民共和国测绘法》是我国从事测绘活动和进行测绘管理的基本准则和依据。

行政法规是由国务院根据宪法和法律，并且按照行政法规制定程序制定。它的地位和效力仅次于法律，服从于宪法和法律。目前，施工测量经常用到的主要有：

1.《中华人民共和国地图编制出版管理条例》，1995 年 10 月 1 日起施行。

2.《中华人民共和国测量标志保护条例》，1997 年 1 月 1 日起施行。

3.《中华人民共和国测绘成果管理条例》，2006 年 9 月 1 日起施行。

4.《基础测绘条例》，2009 年 8 月 1 日起施行。

部门规章由国务院各部、各委员会、审计署和具有行政管理职能的直属机构，根据法律和国务院的行政法规、决定、命令，在本部门的权限范围内制定。部门规章经部分会议或者委员会会议决定，由部门首长签署予以公布。规范性文件是各级党政机关、团体、组织颁发的各类文件中最重要的一类，因其内容具有约束和规范人们行为的性质，故称为规范性文件。我们经常涉及的部门规章和规范性文件主要有：《注册测绘师制度暂行规定》、《测绘作业证管理规定》、《测绘计量管理暂行办法》、《测绘质量监督管理办法》、《测绘生产质量管理规定》。另外，省、自治区、直辖市的人民代表大会及其常务委员会根据本行政区域的具体情况和实际要求，在不与宪法、法律、行政法规相抵触的前提下，可以制定地方性法规。如北京市自 2007 年 3 月 15 日执行的《建筑施工测量技术规程》DB11/T 446—2007 为北京市地方标准。

第二节　工程测量规范 GB 50026—2007

《工程测量规范》GB 50026—2007 的制定主要是为了统一工程测量的技术要求，做到技术先进、经济合理，使工程测量产品满足质量可靠、安全适用的原则。规范适用于工程建设领域的通用性测量工作，以中误差作为衡量测量精度的标准，以 2 倍中误差作为极限误差。规范主要从平面控制测量、高程控制测量、地形测量、线路测量、地下管线测量、施工测量、竣工总图的编绘与实测、变形监测 8 个方面作了一般性规定，本节只作简单概述。

一、平面控制测量

平面控制网的建立，可采用卫星定位测量、导线测量、三角形网测量等方法。平面控制网的精度按等级划分为：卫星定位测量控制网依次为二、三、四等和一、二级，导线及导线网依次为三、四等和一、二、三级，三角形网依次为二、三、四等和一、二级。其中导线和图根导线测量的主要技术要求见表 10-1 和表 10-2。

导线测量的主要技术要求 **表 10-1**

等级	导线长度(km)	平均边长(km)	测角中误差(″)	测距中误差(mm)	测距相对中误差	测回数			方位角闭合差(″)	导线全长相对闭合差
						1″级仪器	2″级仪器	6″级仪器		
三等	14	3	1.8	20	1/150000	6	10	—	$3.6\sqrt{n}$	≤1/55000
四等	9	1.5	2.5	18	1/80000	4	6	—	$5\sqrt{n}$	≤1/35000
一级	4	0.5	5	15	1/30000	—	2	4	$10\sqrt{n}$	≤1/15000
二级	2.4	0.25	8	15	1/14000	—	1	3	$16\sqrt{n}$	≤1/0000
三级	1.2	0.1	12	15	1/7000	—	1	2	$24\sqrt{n}$	≤1/5000

注：1. 表中 n 为测站数。

2. 当测区测图的最大比例尺为 1∶1000 时，一、二、三级导线的导线长度、平均边长可适当放长，但最大长度不应大于表中规定长度的 2 倍。

3. 测角的 1″、2″、6″级仪器分别包括全站仪、电子经纬仪和光学经纬仪。

图根导线测量的主要技术要求表 **表 10-2**

导线长度/m	相对闭合差	测角中误差/(")		方位角闭合差/(")	
		一般	首级控制	一般	首级控制
≤aM	≤1/(2000α)	30	20	$60\sqrt{n}$	$40\sqrt{n}$

注：1. a 为比例系数，取值宜为 1，当采用 1∶500、1∶1000 比例尺测图时，其值可在±2 之间选取。

2. M 为测图比例尺的分母；但对于工矿区现状图测量，不论测图比例尺大小，M 均应取 5000。

3. 隐蔽或施测困难地区导线相对闭合差可放宽，但不应大于 1/(1000a)。

二、高程控制测量

高程控制测量精度等级依次为二、三、四、五等，各等级高程控制宜采用水准测量，四等及以下等级可采用电磁波测距三角高程测量。高程系统宜采用 1985 国家高程基准。在已有高程控制网地区测量时，可沿用原有高程系统。高程控制点间的距离，一般地区应为 1～3km，工业厂区、城镇建筑区宜小于 1km，但一个测区及周围至少应有 3 个高程控制点。水准测量和电磁波测距三角高程的主要技术要求见表 10-3 和表 10-4。

水准测量的主要技术要求　　表 10-3

等级	每千米高差中数偶然中误差（mm）	仪器型号	水准标尺	观测次数		往返较差、附合线路或环线闭合差（mm）		检测已测测段高差之差（mm）
				与已知点联测	附合线路或环线	平地	山地	
三等	±3	DS1 DS3	因瓦 双面	往、返 往、返	往一次 往、返	$\pm 12\sqrt{L}$	$\pm 4\sqrt{n}$	$\pm 20\sqrt{L}$
四等	±5	DS3	双面	往、返	往一次	$\pm 20\sqrt{L}$	$\pm 6\sqrt{n}$	$\pm 30\sqrt{n}$
			单面	两次仪器高测往返	变仪器高测两次			

注：1. 结点之间或结点与高级点之间，其路线的长度，不应大于表中规定的 0.7 倍。
2. L 为往返测段，附合或环线的水准路线长度（km）；n 为测站数。
3. 数字水准仪测量的技术要求和同等级的光学水准仪相同。

电磁波测距三角高程观测的主要技术要求　　表 10-4

等级	每千米高差全中误差（mm）	边长（km）	观测次数	对向观测高差较差（mm）	附合或环形闭合差（mm）
四等	10	≤1	对向观测	$40\sqrt{D}$	$20\sqrt{\sum D}$
五等	15	≤1	对向观测	$60\sqrt{D}$	$30\sqrt{\sum D}$

注：1. D 为电磁波测距边长度（km）。
2. 起讫点的精度等级，四等应起讫于不低于三等水准的高程点上，雾灯应起讫于不低于四等的高程点上。
3. 线路长度不应超过相应等级水准路线的总长度。

三、地形测量

地形图测图比例尺，要根据工程设计、规模大小和运营管理的需要，灵活选用。地形测量的区域类型，可划分为一般地区、城镇建筑区、工矿区和水域。地形测量的基本精度要求，应符合下列规定：

1. 地形图上地物点相对于邻近图根点的点位中误差，一般地区不超过 0.8mm，城镇建筑区、工矿区不超过 0.6mm，水域不超过 1.5mm。

2. 地形图上高程点的注记，当基本等高距为0.5m时，应精确至0.01m；当基本等高距大于0.5m时，可保留一位小数。

四、线路测量

线路的平面控制宜采用导线或GPS测量方法；线路的高程控制宜采用水准测量或电磁波测距三角高程测量方法，并靠近线路布设。平面和高程控制点宜选在土质坚实、便于观测、易于保存且在施工干扰区之外的地方。当线路与已有的道路或管线等交叉时，应根据需要测量交叉角、交叉点的平面位置和高程及净空高或负高。线路施工前应对定测线路进行复测，满足要求后方可放样。

五、地下管线测量

地下管线测量包括给水、排水、燃气、热力管道，各类工业管道，电力、通信电缆。地下管线测量的坐标系统和高程基准应与原有基础资料相一致。地下管线测量成图比例尺一般选用1∶500或1∶1000。地下管线的测量精度应满足实际线位与邻近地上建（构）筑物、道路中心线或相邻管线的间距中误差不超过图上0.6mm。

六、施工测量

施工测量前，应收集有关测量资料，熟悉施工图，明确施工要求，制订施工测量方案。根据需要建立场区首级控制网或直接建立施工控制网。场区控制网，应充分利用已有成果，原有平面控制网的边长，应投影到测区的主施工高程面上，并进行复测检查，精度满足施工要求时，方可使用，否则，应重新建立场区控制网。控制网的观测数据，不宜进行高斯投影改化，可将观测边长归算到测区的主施工高程面上。新建场区控制网，可利用原控制网中点组（由三个或三个以上的点组成）进行定位。建筑物施工控制网，应根据场区控制网进行定位、定向和起算；控制网的坐标轴，应与工程设计所采用的主副轴线一致；建筑物的±0.000m 高程面，应根据场区水准点测设。控制网点，应根据设计总平面图和施工总布置图布设，并满足建筑物施工测设的需要。建筑物施工放样的允许偏差见表 10-5。

建筑施工放样的允许误差　　表 10-5

项目	内容		允许误差（mm）
基础桩位放样	单排桩活群桩中的边桩		±10
	群桩		±20
各施工层上放线	外廓主轴线长度 L(m)	$L\leqslant30$	±5
		$30<L\leqslant60$	±10
		$60<L\leqslant90$	±15
		$90<L\leqslant120$	±20
		$120<L\leqslant150$	±25
		$150<L$	±30
	细部轴线		±2
	承重墙、梁、柱边线		±3
	非承重墙边线		±3
	门窗洞口线		±3
轴线竖向投测	每层		3
	总高 H(m)	$H\leqslant30$	5
		$30<H\leqslant60$	10
		$60<H\leqslant90$	15
		$90<H\leqslant120$	20
		$120<H\leqslant150$	25
		$150<H$	30
标高竖向传递	每 层		±3
	总高 H(m)	$H\leqslant30$	±5
		$30<H\leqslant60$	±10
		$60<H\leqslant90$	±15
		$90<H\leqslant120$	±20
		$120<H\leqslant150$	±25
		$150<H$	±30

七、竣工总图的编绘与实测

建筑工程项目施工完成后，应根据工程需要编绘或实测竣工总图，宜采用数字竣工图。竣工总图的比例尺宜选用 1∶500，坐标系统、高程基准、图幅大小、图上注记、线条规格，应与原设计图一致，图例符号应采用现行国家标准。竣工总图应根据设计和施工资料进行编绘，当资料不全无法编绘时，应进行实测。

八、变形监测

重要的工程建（构）筑物，在工程设计时，应对变形监测的内容和范围做出统筹安排，并由监测单位制订详细的监测方案。变形监测网的网点，宜分为基准点、工作基点和变形观测点。其布设应符合下列要求：

1. 基准点：应选在变形影响区域之外稳固可靠的位置，每个工程至少要有 3 个基准点。大型的工程项目，其水平位移基准点应采用带有强制归心装置的观测墩，垂直位移基准点宜采用双金属标或钢管标。

2. 工作基点：应选在比较稳定且方便使用的位置。设立在大型工程施工区域内的水平位移监测工作基点宜采用带有强制归心装置的观测墩，垂直位移监测工作基点可采用钢管标。对通视条件较好的小型工程，可不设立工作基点。

3. 变形观测点：应设立在能反映监测体变形特征的位置或监测断面上。监测断面一般分为：关键断面、重要断面和一般断面，有时还应埋设一定数量的应力、应变传感器。监测基准网由基准点和部分工作基点构成，应每半年复测一次，当对变形监测成果产生怀疑时，要随时检核监测基准网。变形监测网由部分基准点、工作基点和变形观测点构成，监测周期应根据监测体的变形特征、变形速率、观测精度和工程地质条件等因素综合确定。各期的变形监测，要满足下列要求：

（1）在较短的时间内完成。

（2）采用相同的图形（观测路线）和观测方法。

（3）使用同一仪器和设备。

（4）观测人员相对固定。

（5）记录相关的环境因素，包括荷载、温度、降水、水位等。

（6）采用统一基准处理数据。

变形监测作业前，应收集相关水文地质、岩土工程资料和设计图样，并根据岩土工程地质条件、工程类型、工程规模、基础埋深、建筑结构和施工方法等因素，进行变形监测方案设计。方案设计包括监测的目的、精度等级、监测方法、监测基准网的精度估算和布设、观测周期、项目预警值、使用的仪器设备等内容。每期观测前，应对所使用的仪器和设备进行检查、校正，并做好记录。每期观测结束后，应及时处理观测数据，当数据处理结果出现变形量达到预警值或接近允许值、变形量出现异常变化、建（构）筑物的裂缝或地表的裂缝快速扩大等情况时，必须立即通知建设单位和施工单位采取相应措施。

第三节 《建筑施工测量技术规程》DB11/T 446—2007

北京市建设委员会于2007年2月9日发布了批准《建筑施工测量技术规程》DB11/T 446—2007为北京市地方标准，自2007年3月15日执行的通知。全文共十三章、九项附录，适用于北京地区工业与民用建筑工程、建筑设备安装与建筑小区内市政工程等施工、竣工阶段的测量工作。对建筑工程施工测量中各项工艺的技术要求做了规定，同时，也是工程质量验收的标准。作为在北京市所有建筑施工测量的从业人员（包括操作人员及管理人员），均应认真学习、贯彻《规程》的内容，确保工程质量达到验收标准。本规范以中误差作为衡量测量精度的标准，以2倍中误差作为允许误差（极限误差）。主要从：平面控制测量、高程控制测量、建筑物定位放线和基础施工测量、结构施工测量、工业建筑施工测量、建筑装饰与设备安装施工测量、特殊工程施工测量、建筑小区市政工程施工测量、变形测量、竣工测量与竣工图的编绘等方面作了一般性规定，本节只作简单概述。

一、平面控制测量

平面控制测量包括场区平面控制网和建筑物平面控制网的测量。平面控制测量前，应收集场区及附近城市平面控制点、建筑红线桩点等资料，当点位稳定和成果可靠时，可作为平面控制测量的起始依据。平面控制测量的坐标系统宜采用北京市地方坐标系统，亦可选用建筑工程设计所采用的坐标系统。采用后者时应提供两种坐标系统的换算关系。场区平面控制网可根据场区地形条件与建筑物总体布置情况，布设成建筑方格网、导线网、三角网、边角网或 GPS 网。场地大于 1km 或重要建筑区，应按一级网的技术要求布设场区平面控制网；场地小于 1km 或一般建筑区，宜按二、三级网的技术要求布设场区平面控制网。其中建筑方格网、导线网测量、建筑物平面控制网的主要技术要求见表 10-6～表 10-8。

建筑方格网的主要技术要求　　表 10-6

等级	边长(m)	测角中误差(″)	边长相对中误差
一级	100～300	±5	1/4000
二级	100～300	±10	1/2000
三级	50～300	±20	1/10000

导线网量的主要技术要求　　表 10-7

等级	导线长度(km)	平均边长(m)	测角中误差(″)	边长相对中误差	导线全长相对闭合差	方位角闭合差(″)
一级	2.0	200	±5	1/40000	1/20000	$\pm 10\sqrt{n}$
二级	1.0	100	±10	1/20000	1/10000	$\pm 20\sqrt{n}$

注：1. n 为测站数。

2. 档导线边长小于 100m 时，边长相对中误差计算按 100m 推算。

3. 导线边长应大致相等，相邻边长之比不宜超过 1∶3。

建筑物平面控制网主要技术要求　　　　表 10-8

等级	适用范围	测角中误差(″)	边长相对中误差
一级	钢结构、超高层、连续程度高的建筑	±8	1/24000
二级	框架、高层、连续程度一般的建筑	±12	1/15000
三级	一般建筑	±24	1/8000

二、高程控制测量

高程控制网可采用水准测量和光电测距三角高程测量的方法建立。高程控制测量前应收集场区及附近城市高程控制点、建筑区域内的临时水准点等资料，当点位稳定、符合精度要求和成果可靠时，可作为高程控制测量的起始依据。当起始数据的精度不能满足场区高程控制网的精度要求时，经委托方和监理单位同意，可选定一个水准点作为起始数据进行布网。水准测量的等级依次分为二、三、四等与等外；光电测距三角高程测量可用于四等和等外的高程控制。高程控制网应布设成附合路线、结点网或闭合环。建筑场区高程控制点布设应在每一幢建筑物附近设置两个，主要建筑物附近不应少于三个。当建筑物相距较远时，控制点间距不宜大于 100m。高程控制点应选在土质坚实，便于施测、使用并易于长期保存的地方，距基坑边缘不应小于基坑深度的两倍。水准测量和电磁波测距三角高程的主要技术要求见表 10-9 和表 10-10。

水准测量的主要技术要求　　　　表 10-9

等级	每千米高差中数偶然中误差(mm)	仪器型号	水准标尺	观测次数		往返较差、附合线路或环线闭合差(mm)		检测已测测段高差之差(mm)
				与已知点联测	附合线路或环线	平地	山地	
三等	±3	DS1 DS3	因瓦 双面	往、返 往、返	往一次 往、返	$\pm 12\sqrt{L}$	$\pm 4\sqrt{n}$	$\pm 20\sqrt{L}$

续表

等级	每千米高差中数偶然中误差(mm)	仪器型号	水准标尺	观测次数		往返较差、附合线路或环线闭合差(mm)		检测已测测段高差之差(mm)
				与已知点联测	附合线路或环线	平地	山地	
四等	±5	DS3	双面	往、返	往一次	$\pm 20\sqrt{L}$	$\pm 6\sqrt{n}$	$\pm 30\sqrt{n}$
			单面	两次仪器高测往返	变仪器高测两次			

注：1. L 为附合路线或闭合路线长度，L_i 为检测测段长度（均以 km 计），n 为测站数。

2. 电子水准仪按标称精度比照表中相应等级的规定执行。

光电测距三角高程观测的主要技术要求　　表 10-10

等级	测角仪器类型	边长测回数	垂直角测回数	指标差较差(″)	垂直角较差(″)	对向观测高差较差(mm)	附合或环线闭合差(mm)
四等	DJ2	往、返各 1	中丝法 3	±7	±7	$\pm 40\sqrt{D}$	$\pm 20\sqrt{\Sigma D}$
等外	DJ2	1	中丝法 2	±10	±10	$\pm 60\sqrt{D}$	$\pm 30\sqrt{\Sigma D}$

三、建筑物定位放线和基础施工测量

建筑物定位放线和基础施工测量的主要内容包括：建筑物的定位放线、桩基施工测量、基槽（坑）开挖中的放线与抄平、建筑物的基础放线、±0.000 以下的测量放线与抄平等。建筑物定位放线和基础施工测量前应收集以下测量成果资料：城市规划单位提供的城市测量平面控制点或建筑红线桩点、高程控制点；建筑场区平面控制网和高程控制网；原有建（构）筑物或道路中线。建筑物定位放线，当以城市测量控制点或场区平面控制点定位时，应选择精度较高的点位和方向为依据；当以建筑红线桩点定位时，应选择沿主要街道且较长的建筑红线边为依据；当以原有建（构）筑物或道路中线定位时，应选择外廓规整且较大的永久性建（构）筑物的长边（或中线）或较长的道路中线为依据。建筑物定位的方法选择：建筑物轴线平行定位依据，且为矩形时，宜选用直角坐标法；建筑物轴线不平行定位依据，或为任意形状时，宜选用极坐标法；建筑物距定位依据较远，且量距困难时，宜选用角度（方向）交会法；建筑物距定位依据不超过所用钢尺长度，且场地量距条件较好时，宜选用距离交会法；使用全站仪定位时，宜选用坐标放样法。

四、结构施工测量

结构施工测量的主要内容包括：主轴线内控基准点的设置、施工层的放线与抄平、建筑物主轴线的竖向投测、施工层标高的竖向传递、大型预制构件的弹线与结构安装测量等。建筑物轴线投测、各部位允许偏差、标高传递的允许偏差见表 10-11～表 10-13。

轴线竖向投测允许误差　　表 10-11

项　目		允许误差（mm）
每　层		3
总高 H/m	$H \leqslant 30$	5
	$30 < H \leqslant 60$	10
	$60 < H \leqslant 90$	15
	$90 < H \leqslant 120$	20
	$120 < H \leqslant 150$	25
	$150 < H$	30

各部位放线允许误差　　表 10-12

项　目		允许误差（mm）
外廓主轴线长度 L/m	$L \leqslant 30$	±5
	$30 < L \leqslant 60$	±10
	$60 < L \leqslant 90$	±15
	$90 < L \leqslant 120$	±20
	$120 < L \leqslant 150$	±25
	$150 < L$	±30
细部轴线		± 2
承重墙、梁、柱边线		±3
非承重墙边线		±3
门窗洞口线		±3

标高竖向传递允许误差　　表 10-13

项　目		允许误差(mm)
每　层		±3
总高 H (m)	$H \leqslant 30$	±5
	$30 < H \leqslant 60$	±10
	$60 < H \leqslant 90$	±15
	$90 < H \leqslant 120$	±20
	$120 < H \leqslant 150$	±25
	$150 < H$	±30

五、工业建筑施工测量

工业建筑施工测量的主要内容包括：$1km^2$ 以内的中、小型工业建筑的新建与改、扩建工程的施工测量。工业建筑施工测量平面控制网的坐标系统应与设计坐标系统一致，厂区控制网宜选一级或二级建筑方格网，控制网的主轴线应与主要建筑物的轴线平行。厂区高程控制网应以设计给定的高程依据点为准进行布网与联测网，宜选三等或四等水准测量。厂区进行改、扩建施工测量，应以原厂区控制点为依据，恢复厂区平面控制网，其精度不应低于原控制网精度；无法恢复原厂区平面控制网时，可在改、扩建区布设导线网作为平面控制；若原厂房无平面控制点，可根据有行车轨道的厂房，以现有行车轨道中线为依据；厂房内主要设备与改、扩建后的设备有联动或衔接关系时，以现有设备中线为依据；厂房内若无行车轨道及联动或衔接设备时，应以厂房柱中线为依据。

六、建筑装饰与设备安装施工测量

建筑装饰与设备安装施工测量的主要内容包括：室内地面面层施工、吊顶与屋面施工、墙面装饰施工、玻璃幕墙和门窗安装、电梯和管道安装等工程的施工测量。建筑装饰与设备安装施工测量的技术要求应符合下列规定：

1. 室内外水平线测设每 3m 距离的两端高差应小于 1mm，同一条水平线的标高允许误差为±3mm。

2. 室外铅垂线，采用经纬仪投测两次结果较差应小于 2mm，当垂直角超过 40°时，可采用陡角棱镜或弯管目镜投测。

3. 室内铅垂线，可采用线锤、激光铅垂仪或经纬仪投测，其相对误差应小于 $H/3000$。

七、特殊工程施工测量

特殊工程施工测量的主要内容包括：运动场馆、影剧院、形体复杂的建（构）筑物、高耸塔型建（构）筑物及钢结构高层、超高层建筑等建筑工程的施工测量。特殊工程施工测量，在开工前应由施测单位预先编制施工测量方案，并由测量、施工、设计、建设与监理等单位共同审定、批准后方可实施。特殊工程施工测量的平面控制网，应根据建筑群体的整体布局以及工程的特点与精度要求，进行优化设计，选择测量方法、测量仪器与测量等级，并设计能满足工程要求的专用测量标志。宜布设为平高控制网。

八、建筑小区市政工程施工测量

建筑小区市政工程施工测量的主要内容包括：小区内的给水、排水、燃气、供热、电力、电信、工业等管线工程和道路工程等的施工测量。建筑小区市政工程的中线定位应依据定线图或设计平面图，按图纸给定的定位条件，采用建筑小区内施工平面控制网点进行测设，或依据与附近主要建（构）筑物之间相互关系测设，或以城市测量控制点测设。建筑小区市政工程的高程与坡度控制，应使用建筑小区内设计给定的水准点与以上述水准点为基点统一布设的施工水准点。建筑小区市政工程定位后，其平面位置、高程均应在施工前与已建成的市政工程相衔接并进行检测。

管线定位测量允许误差　　表 10-14

类　　型	点位允许误差(mm)
敷设在沟槽内与架空管线	10
地下管线	25

道路定位测量的允许误差表　　表 10-15

测量项目	允许误差(mm)
道路直线中线定位	±25
道路曲线横向闭合差	±50

高程控制桩测量的允许误差　　表 10-16

纵、横断断面测量(mm)	施工边桩(mm)	竣工检测(mm)
±20	±5	±10

九、变形测量

变形测量主要内容包括：施工阶段中建（构）筑物的地基基础、上部结构及其场地的各种沉降（包括上升）测量、水平位移测量以及其他各种位移测量等。变形测量应能真实反映建（构）筑物及施工场地的实际变形程度及变形趋势，检查地基基础及结构设计是否符合预期要求，检验工程质量以保证安全施工。

变形测量点可分为基准点、工作基点与变形观测点。其布置宜符合下列规定：

1. 基准点应选设在变形影响范围以外便于长期保存的位置，每项独立工程至少应有三个稳固可靠的基准点，宜每半年检测一次。

2. 工作基点应选设在靠近观测目标，便于联测且比较稳定的位置。对工程较小、观测条件较好的工程，可以不设工作基点，而直接依据基准点测定变形观测点。

3. 变形观测点应选设在变形体上能反映变形特征的位置，

并可从工作基点或邻近基准点对其进行观测。

变形测量应符合下列规定：

1. 每次观测时宜采用相同的观测网形和观测方法，使用同一仪器和设备，固定观测人员，在基本相同的环境和条件下观测。

2. 对所使用的仪器设备，应定期进行检验校正。

3. 每项观测的首次观测应在同期至少进行两次，无异常时取其平均值，以提高初始值的可靠性。

4. 周期性观测中，若与上次相比出现异常或测区受到地震、爆破等外界因素影响时，应及时复测或增加观测次数。

变形测量资料整理工作的主要内容：

1. 对已取得的资料进行校核，检查外业观测项目是否齐全，成果是否符合精度要求，舍去不合理的数据。

2. 进行内业计算，并将变形点观测结果绘制成各种需要的图表，沉降观测成果统计应符合。

3. 根据已获得的成果分析建筑物变形原因及变形规律，作出今后变形趋势预报，提出今后观测建议。

十、竣工测量与竣工图的编绘

竣工测量与竣工图编绘的主要内容包括：竣工图的编绘与实测，地下管线工程竣工测量与综合地下管线图的展绘。竣工图应在收集汇总、整理现有图纸资料的基础上进行编绘与实测，将竣工地区内的地上、地下建（构）筑物和管线的平面位置与高程及其他地物、周围地形如实反映出来，并加上相应的文字说明竣工测量应充分利用原有场区控制网点成果资料，如原控制点被破坏，应予以恢复或重新建立，恢复后的控制点点位精度，应能满足施测细部点的精度要求。竣工图的坐标和高程系统应采用北京市地方坐标与高程系统，否则应进行联测与换算。竣工图的编绘范围与比例尺应与施工总图相同，其比例尺宜为1∶500。竣工测量成果资料和竣工图是验收与评价工程施工质量的基本依据，同时是运营管理、维修、改扩建的依据，是城市基本建设工程的重要技术档案，应按现行有关规定进行审核、会签、归档和保存。

第四节 《建筑工程资料管理规程》DB11/T 695—2009

北京市住房和城乡建设委员会于2010年2月21日发布了批准《建筑工程资料管理规程》（DB11/T 695—2009）为北京市地方标准，自2010年4月1日起实施的通知。全文共十章、八项附录，适用于北京市行政区域内新建、改建、扩建建筑工程资料的管理。工程资料按照其特性和形成、收集、整理的单位不同分为：基建文件（A类）、监理资料（B类）、施工资料（C类）和竣工图。其中，类别编号C3为施工测量资料。施工测量资料是在施工过程中形成的确保建筑物位置、尺寸、标高和变形量等满足设计要求和规范规定的各种测量成果记录的统称。主要内容有：工程定位测量记录（C3－1）、基槽平面及标高实测记录（C3－2）、楼层平面及标高实测记录（C3－3）、楼层平面标高抄测记录（C3－4）、建筑物垂直度、标高测量记录（C3－5）。测量人员应依据由建设单位提供的有相应测绘资质等级部门出具的测绘成果、单位工程楼座桩及场地控制网（或建筑物控制网），测定建筑物平面位置、主控轴线及建筑物±0.000标高的绝对高程，填写工程定位测量记录（C3－1）。测量人员在未做基础垫层前，应依据主控轴线和基底平面图，对建筑物基底外轮廓线、集水坑、电梯井坑、垫层标高（高程）、基槽断面尺寸和坡度等进行抄测并填写基槽平面及标高实测记录（C3－2）。测量人员应依据主控轴线和基础平面图在基础垫层防水保护层上进行墙柱轴线及边线、4坑、电梯井边线的测量放线及标高实测；在结构楼层上进行墙柱轴线及边线、门窗洞口线等测量放线，填写楼层平面及标高实测记录（C3－3）。测量人员应在本层结构实体完成后抄测本楼层＋0.500m（或＋1.000m）标高线，填写楼层标高抄测记录（C3－4）。测量人员应在结构工程完成后和工程竣工时，对建筑物外轮廓垂直度和全高进行实测，填写建筑物外轮廓垂直度及标高测量记录(C3－5)。

第五节　ISO 9000族群质量管理体系

一、ISO 9000族质量管理体系基本内容

1. 概述

ISO是“International Organization for Standardization”的英文缩写，意为“国际标准化组织”。因此，综合起来讲，ISO 9000是国际标准化组织质量管理和质量保证技术委员会制定的国际标准，是一套指导文件，其本质是一套阐述质量体系的管理标准。

2. 质量管理的8项原则

(1) 原则1　以顾客为关注焦点——组织依存于顾客。因此，组织应理解顾客当前的和未来的需求，满足顾客要求并争取超越顾客的期望。

(2) 原则2　领导作用——领导者将本组织的宗旨、方向和内部环境统一起来，并创造使员工能够充分参与实现组织目标的环境。以下是组织领导在质量管理体系中的职责和所起的作用。

(3) 原则3　全员参与——各级人员是组织之本，只有他们的充分参与，才能使他们的才干为组织带来最大的收益。

(4) 原则4　过程方法——将相关的资源和活动作为过程进行管理，可以更高效地得到期望的结果。

(5) 原则5　管理的系统方法——针对设定的目标，识别、理解并管理一个由相互关联的过程所组成的体系，有助于提高

组织的有效性和效率。组织本身就是一个大系统，组织的质量管理体系是组织这个大系统的一个子系统。

（6）原则 6　持续改进——持续改进是组织的一个永恒的目标。

（7）原则 7　基于事实的决策方法——对数据和信息的逻辑分析或直觉判断是有效决策的基础。

（8）原则 8　互利的供方关系——通过互利的关系，增强组织及其供方创造价值的能力。

二、ISO 9000 质量体系对施工测量的要求

贯彻 ISO 9000 标准是为了适应国际化的大趋势，与国际接轨的需要，随着测绘法律法规的不断完善，测绘产品的市场不断形成。提高质量管理水平，增强自身的竞争能力，适应市场变化需求，发展外向型经济，增强测绘产品国际市场竞争力。由于测绘行业的生产方式、方法变化，测绘产品数字化精度的提高，测绘服务领域的拓宽，对于用户的利益保护，测绘单位知名度的提高，应系统、规范管理测绘产品各个生产环节，建立国际通行的质量管理体系，以增强测绘单位参与市场竞争的能力。施工测量是建筑企业质量管理的重要活动，是建筑施工的第一道工序，是保证施工结果符合设计要求的关键工序。因此，施工测量也必须按照质量管理体系标准的要求进行管理工作。

1. 质量管理体系文件的划分

（1）质量方针——组织在质量上的追求、宗旨和方向。质量方针体现了组织的质量管理水准，通过组织的产品实现与质量管理体系的各个过程和结果，反映质量方针的实现程度。质量方针由最高管理者批准颁布，形成文件。

（2）质量目标——组织在质量上所追求的目的。质量目标应与质量方针保持一致，它是质量方针在阶段性的要求，是明确地可测量考核的指标和目标，质量目标通常以文件的形式下

达到组织的各个有关职能和层次，分别予以实施。

（3）质量手册——向组织的内部和外部提供质量管理体系的一致信息的文件。质量手册是描述组织质量管理体系的纲领性文件，其详略程度由组织自行决定。

（4）程序文件——提供如何一致地完成活动和过程的信息文件。程序文件是根据标准和组织的要求，站在组织管理部门的角度制定和实施的文件。程序文件需具有操作性，是策划和管理质量活动的基本文件，是质量手册的支持性文件。

（5）作业文件——与程序文件相同类型的文件。作业文件是针对某种岗位或某个具体工作过程的管理控制的文件。作业文件是详细的操作性文件，是策划和管理质量活动的基础性文件。作业文件通常包括作业标准、作业指导书、工艺文件等。

（6）规范——阐明要求的文件。规范涉及面较广。涉及管理活动的可称为程序文件、作业文件、章程、规定和细则等；涉及产品活动和要求的可称为产品规范、工艺规范或规程、图样和技术标准等。规范是质量管理和产品实现的基础和准则。规范的要求应清晰明确。

（7）记录——为完成的活动或达到的结果提供客观证据的文件。记录是反映质量管理和产品实现活动的状况与结果的信息，是客观证据。记录具有重复性和可追溯性，形成后不可更改。记录有格式化和非格式化两种形式。

（8）质量计划——针对特定的项目、产品、过程或合同所规定的质量管理、资源提供、作业控制和工作顺序等内容的文件。质量计划可以引用质量管理体系文件的内容，但不能与其原则相矛盾。

2. 质量管理体系文件的编写原则

（1）系统协调原则——质量管理体系文件应表述、规定和证实质量管理体系的全部结构和质量活动，并具有系统性和协调性。

（2）整体优化原则——质量管理体系文件编写过程也是对质量管理体系的优化过程。

(3) 采用过程方法原则——系统地识别和管理组织所应用的过程，包括管理活动、资源提供、产品实现和测量、分析和改进有关的过程，特别是这些过程之间的相互作用。

3. 施工测量质量管理体系的建立的基本要求

(1) 明确施工测量必需的过程、活动及其合理的顺序，明确对过程的控制所需的准则和方法，明确为保证过程实现所应投入的资源（人力、设备、资金、信息等），明确对过程进行监视、测量和分析的方法，如果有协作单位还应规定对协作单位的控制和协调方法等。

(2) 收集与施工测量有关的法规、标准、规程等工作中应依据的文件的有效版本；明确应管理的主要文件，如施工图、放线依据、工程变更以及记录等。

(3) 明确施工测量应形成和保留的各种质量类型和数量，明确记录人、校核人，明确质量记录的记录要求和保存要求等。

(4) 建立制度做好文件的管理，如规定专人管理、建立档案、建立文件目录、及时清理无效文件等。

(5) 对外发放文件如有审批要求时应明确审批的责任人、审批的时间和审批的方式等。

第六节 质量检查

一、测绘成果质量检查与验收

依据《测绘成果质量检查与验收》GB/T 24356—2009 规范要求，测绘成果质量通过二级检查一级验收方式进行控制。测绘成果应依次通过作业部门的过程检查、质量管理管理部门的最终检查、任务委托单位组织的验收，或由该单位委托具有验收资格的检验机构验收。

过程检查采用全数检查；最终检查一般采用全数检查，涉及外业检查项的可抽样检查，内业全数检查；内部验收一般采用抽样检查。

各级检查、验收工作必须独立进行，按顺序进行，不得省略代替或颠倒顺序。

二、施工测量检查主要内容

1. 工程定位测量复核

检查规划部门提供的建筑红线数据、平面控制坐标和高程控制的正确性。

核算设计总图坐标数据的正确性，校对有无相互矛盾的地方。

审查测设施工轴线控制网（或建筑施工方格网）技术方案。

检查验收施工轴线控制网（或施工建筑施工网格）的测量资料。

根据规划红线坐标审核检查测量员测设的建筑物周边外控点是否符合规划部门的要求，协助规划部门验收建筑红线，与测绘部门办好文字交接手续。

检查护坡桩、降水井位置是否符合设计要求。

检查高程引测数据是否正确，校核高程控制测量是否符合规范要求。

2. 验槽测量复核

基槽开挖边线，根据土方开挖方案确定的坡度进行复核。

基槽底部标高，根据有关部门给定的水准点进行复核。

根据轴线控制线复核基础垫层的控制线。

3. 楼层轴线、标高复核

检查施工轴线，既要依据施工测量检查每层轴线控制线位置的正确性又要抽查墙边线的正确性。

根据轴线控制线、墙体模板控制线、墙体边线检查墙体位置、外墙是否倾斜。

检查墙边线的同时也要检查墙体钢筋位置是否正确。

检查电梯井内壁的垂直度及内口尺寸。

检查每层钢筋上测设的500mm线标高，检查墙体、墙柱上的1m线或500mm线是否正确。

检查每层楼板浇灌后混凝土面的结构标高。

4. 装修测量复核

检查每层各户进户线的放线。

检查外墙体及电梯井的垂直度。

检查每层楼板面的结构标高和墙体建筑1m控制线标高。

检查窗洞中心位置线是否正确。

检查抹灰后走廊、房间内净空尺寸是否符合设计要求。

5. 室外道路、管线测量复核

查室外道路及各种管网（包括水、电、气电讯）的定位放线、标高测定是否正确。

检查配套工程（建、构筑物）如化粪池、隔油池、小防水泵房、地下人防通道及出口等定位放线、标高数据是否符合设计要求。

检查室外道路及各种管网是否符合设计要求，有无完整的记录（符合实际的）。

检查室外道路结构管网是否符合设计（包括设计修改通知单）要求。

6. 测量依据

应以由建设单位提供的城市导线点，红线桩、拨地桩、道路中线桩、拟建筑物角点、原有建筑物高程控制点、临时水准点等作为测量起始依据。

第七节　质量检查技能实训

1. 实训目的

掌握《工程测量规范》建筑施工放样允许偏差内容及质量检查方法。

2. 实训仪器及工具

全站仪1套，单棱镜及三脚架各2套，对讲机2个，钢卷尺2把，自备铅笔、计算器和记录本。

3. 实训内容

（1）实训课时为2学时，每一实训小组由4～5人组成。

（2）练习楼层轴线及结构边线等细部线的基本检查方法。

4. 实训方法和步骤

（1）选择一片空地，根据结构施工图在场地上进行结构施工放样，放样内容包括：建筑轴线、墙柱边线、门窗洞口线等内容。

（2）建筑轴线检查，首先检查主轴线，再检查细部轴线。

（3）细部结构线检查，依据轴线检查墙柱边线、门窗洞口线等细部线。

（4）施工层放线检查应符合表10-17的要求，对超限部位进行标示，并记录。

建筑施工放样的允许误差　　表10-17

项目	内　容		允许误差(mm)
各施工层上放线	外廓主轴线长度 L(m)	$L \leqslant 30$	±5
		$30 < L \leqslant 60$	±10
		$60 < L \leqslant 90$	±15
		$90 < L \leqslant 120$	±20
		$120 < L \leqslant 150$	±25
		$150 < L$	±30
	细部轴线		± 2
	承重墙、梁、柱边线		± 3
	非承重墙边线		± 3
	门窗洞口线		± 3

5. 实训注意事项

（1）在搬用仪器时，应尽可能减轻振动，剧烈振动可能导致测量功能受损。

（2）使用三脚架时应检查其各部件，各螺旋应能活动自如，无滑丝现象。

（3）使用钢尺检查时应保证钢尺平直。

（4）检查中应按步骤依次检查，避免漏项。

6. 实训记录及报告书

将现场检查过程进行整理，对超限部位进行统计后作为实训成果上交。

第十一章　班组管理

第一节　班组管理工作及相关工种协调

一、班组的性质、特点和组合方式

班组的性质特点“班组”是工作班，生产作业小组的统称。由于行业差别，各行各业的班组名称不同。工业企业中，一般叫生产班，建筑施工企业叫作业班等等。放线工班组就属于作业班组一类。

虽然它们名称不一，形式和规模不尽相同，但它们的性质和功能基本相同，都是按社会化大生产分工协作的客观需要和企业生产经营活动的基本要求而划分的劳动组织。其特点如下：

1. 小：组是企业中不可再分解的最小劳动群体。

2. 细：组任务分工、指标考核、工作管理细。

3. 全：各项工作都要落实到班组，其工作无所不包，无所不管。例如：安全管理、生产管理、经营管理等。

4. 实：组工作最具体实在，完成具体工作任务。

5. 快：落实到班组的工作，班组都必须立即行动，不能拖延时间。

二、放线工工作的特点

1. 分工协作性强：完成任务需要全组人员紧密配合，否则，将难以完成工作任务。

2. 服务性强：为施工服务。

3. 具有间断性：施工需要时才作业。

4. 责任重大：测量放线的结果既是施工的标准，又是检查、监督施工的依据，而且如果测量放线失误，损失重大，因而要求放线工细心认真，责任感强。

5. 依赖性强：工作质量的优劣依赖于仪器、工具的合理配备和精度是否符合要求。

6. 工作量难确定：放线工工作量和复杂程度与施工对象相关，因而变化较大。故要求放线工具体问题具体分析，具体对待。

三、测量班组与其他班组协调

施工测量放线工作是工程施工总体的全局性工序，是工程施工各环节之初的先导性工序，也是该环节终了时的验收性工序。根据施工进度的需要，及时准确地进行测量放线、抄平，为施工挖槽、支模提供依据是保证施工进度和工程质量的基本环节。在正常作业情况中，测量工往往被人们认为是不创造产值的辅助工种。可一旦测量出了问题，会出现诸如定位错了，造成整个建筑物位移；标高引错了，造成整个建筑抬高或降低；竖向失控，造成建筑整体倾斜；护坡桩监测不到位，造成基坑倒塌等问题。总之，由于测量工作的失误，造成的损失有时是严重的、是全局性的。故有经验的施工负责人对施工测量工作都较为重视，因而选派业务精良、工作上认真负责的测量专业人员负责组建施工测量班组。其管理工作的基本内容有以下4项：

1. *认真贯彻全面质量管理方针，确保测量放线工作质量*

（1）进行全员质量教育，强化质量意识。主要是根据国家法令、规范、规程要求与《追求组织的持续成功质量管理方法》GB/T 19004—2011规定，把好质量关，做到测量班组所交出的测量成果正确、精度合格，这是测量班组管理工作的核心，也是荣誉所在。要做到人人从内心理解：观测中产生误差是不可避免的，工作中出现错误也是难以杜绝的客观现实。因此要自觉地做到：作业前要严格审核起始依据的正确性，在作业中坚持测量、计算工作步步有校核的工作方法。以真正达到：错误在我手中发现并剔除，精度合格的成果由我手中交出，测量放线工作的质量由我保证的要求。

（2）充分做好准备工作，进行技术交底与有关规范学习。主要是按“三校核”要求，即校核设计图、校测测量依据点位与数据、检定与检校仪器与钢尺，以取得正确的测量起始依据，这是准备工作的核心。要针对工程特点进行技术交底与学习有关规范、规章，以适应工程的需要。

（3）制定测量放线方案，采取相应的质量保证措施。主要是按“互了解”要求做好制定测量放线方案前的准备工作，按要求制定好切实可行又能预控质量的测量放线方案；按工程实际进度要求，执行好测量放线方案，并根据工程现场情况不断修改、完善测量放线方案；针对工程需要，制定保证质量的相应措施。

（4）安排工程阶段检查与工序管理。主要是建立班组内部自检、互检的工作制度与工程阶段检查制度，强化工序管理。严格执行测量验线工作的基本准则，防止不合格成果进入下一道工序。

（5）及时总结经验，不断完善班组管理制度与提高班组工作质量。主要是注意及时总结经验，累积资料。每天记好工作日志，做到班组生产与管理等工作均有原始记载，要记简要过程与经验教训，以发扬成绩、克服缺点、改进工作，使班组工作质量不断提高。

2. 班组的图样与资料管理

设计图样与洽商资料不但是测量放线的基本依据，而且是绘制竣工图的依据，有一定的保密性。施工中设计图样的修改与变更是正常的现象，为防止按过期的无效图样放线与明确责任，一定要管好用好图样资料。

（1）按要求做好图样的审核、会审与签收工作。

（2）做好日常的图样借阅、收回与整理等日常工作，防止损坏与丢失。

（3）按资料管理规程要求，及时做好归案工作。

（4）日常的测量外业记录与内业计算资料也必须按不同类别管好。

3. 班组的仪器设备管理

测量仪器设备价格昂贵，是测量放线工作必不可少的，其精度状况又是保证测量精度的基本条件。因此，管好用好测量仪器是班组管理中的重要内容。

（1）要按计量法规定，做好定期检定工作。

（2）在检定周期内，应按要求做好必要项目的检校工作，每台仪器要建有详细的技术档案。

（3）班组内要设人专门管理，负责账物核实、仪器检定、检校与日常收发检查工作。高精度仪器要由专人使用与保养。一般仪器要人人按要求进行精心使用与保养。

（4）仪器应放在铁皮柜中保存，并做好防潮、防火与防盗措施。

4. 班组的安全生产与场地控制桩的管理

（1）班组内要有人专门管理安全生产，要严格执行有关规定，防止思想麻痹造成人身与仪器的安全事故。

（2）场地内各种控制桩是整个测量放线工作的依据，除在现场采取妥善的保护措施外，要有专人经常巡视检查，防止车轧、人毁，并提请有关施工人员和施工队员共同给予保护。

四、放线工班组管理的方法

班组管理的方法要做到标准化、规格化、制度化，这是实现班组管理科学化、现代化的基础。

班组管理的标准化有以下几方面内容：

1. 日工作标准化

把班组组长和成员每天的工作编成一定的程序，使各项活动按程序进行。如班前会安排成员工作，检查仪器、工具，准备资料、记录簿等。班后检查记录簿、校核计算小结工作等。

2. 周工作标准化

每周召开一次班组会总结上周工作，落实本周工作计划，提出工作重点，拟定完成各项工作的方法、措施等。

3. 月工作标准化

每月三次班组会，月初布置，月中检查，月末总结；开展两次工作质量分析会；两次安全活动；开展一次岗位练兵等。

4. 原始记录标准化

原始记录包括测量记录簿、考勤、考核等记录，都以图、表、卡的形式固定下来。

5. 作业标准化

观测、记录、计算按标准进行，并实行三检，即自检、互检、交接检。

第二节　测量班组工作质量控制

测量放线是施工的前提，因而及时组织好测量放线工作是保证按时完成施工任务的前提，测量工作者的放线与验线工作应符合以下规定。

一、施工测量放线工作的基本准则

1. 认真学习与执行国家法令、政策与规范，明确为工程服务，达到按图施工与对工程进度负责的工作目的。

2. 遵守先整体后局部、高精度控制低精度的工作程序。即先测设精度较高的场地整体控制网，再以控制网为依据进行各局部建筑物的定位、放线和测图。

3. 必须严格审核测量起始依据（设计图纸、文件、测量起始点位、数据等）的正确性，坚持测量作业与计算工作步步有校核的工作方法。

4. 遵循测法科学、简捷、精度合理、相称的工作原则。仪器选择要适当，使用要精细。在满足工程需要的前提下，力争做到省工、省时、省费用。

5. 定位、放线工作必须执行经自检、互检合格后，由有关主管部门验线的工作制度。此外，还应执行安全、保密等有关规定，用好、管好设计图纸与有关资料。实测时要当场做好原始记录，测后要及时保护好桩位。

6. 紧密配合施工，发扬团结协作，不畏艰难、实事求是，认真负责的工作作风。

7. 虚心学习，及时总结经验，努力开创新局面，以适应建筑业不断发展的需要。

二、施工测量验线工作的基本准则

1. 验线工作应主动及时，验线工作要从审核施工测量方案开始，在施工的各主要阶段前，均应对施工测量工作提出预防性的要求，以做到防患于未然。

2. 验线的依据必须原始、正确、有效。主要是设计图纸、变更洽商记录与起始点位（如红线桩点、水准点等）及其已知数据（如坐标、高程等），要最后定案有效且是正确的原始资料。

3. 仪器与钢尺必须按计量法有关规定进行检验和校正。

4. 验线的精度应符合规范要求，主要包括：（1）仪器的精度应适应验线要求，并校正完好；（2）必须按规程作业，观测误差必须小于限差，观测中的系统误差应采取措施进行改正；（3）验线本身应进行附合（或闭合）校核。

5. 必须独立验线，验线工作应尽量与放线工作不相关，主要包括：观测人员、仪器、测法及观测路线等。

6. 验线的关键环节与最弱部位，主要包括：（1）定位依据桩位及定位条件；（2）场区平面控制网、主轴线及其控制桩（引桩）；（3）场区高程控制网及±0.000 高程线；（4）控制网及定位放线中的最弱部位。

7. 场区平面控制网与建筑物定位，应在平差计算中评定其最弱部位的精度，并实地验测，精度不符合要求时应重测。

8. 细部测量，可用不低于原测量放线的精度进行验测，验线成果与原放线成果之间的误差处理如下：（1）两者之差若小于 $1/\sqrt{2}$限差时，对放线工作评为优良；（2）两者之差略小于或等于$\sqrt{2}$限差时，对放线工作评为合格（可不必改正放线成果，或取两者的平均值）；（3）两者之差超过$\sqrt{2}$限差时，原则上不予验收，尤其是要害部位。若次要部位可令其局部返工。

第十二章　测量工具设备的使用和维护

测绘仪器设备，简单讲就是为测绘作业设计制造的数据采集、处理、输出等仪器和装置。在工程建设中规划设计、施工及经营管理阶段进行测量工作所需用的各种定向、测距、测角、测高、测图以及摄影测量等方面的仪器。

测量仪器是测量工作者完成各种测量任务的重要工具。在施工现场，从定位、放线到测平等无处不体现着测量仪器的重要作用。科学的管理、正确的使用，是保证仪器完好状态下，提供准确、可靠测量数据的关键。如不按要求定期检查将会给测量工作的可靠性带来隐患，一旦造成返工事故。即费了工时，又会增加成本。管好使用好测量仪器，是提高工程质量的一个重要环节。因此，为了保证测量精度，延长仪器的使用寿命，测绘工作者不仅要学会仪器的使用操作，了解仪器的结构原理，掌握仪器拆卸和清洁保养的基本知识，更要熟悉测绘仪器的管理制度。

第一节　测量仪器的常规保养与维护

测量仪器是复杂而又精密的设备，在户外进行作业时，经常遭受风雨、日晒、灰尘和湿气等有害因素的侵蚀。因此，除了要正确使用测量仪器，更应妥善地保养，对于保证仪器精度，延长其使用年限具有极其重要的意义。下面分别介绍仪器各重要部件的日常保养。

一、测量仪器的常规保养

1. 主机和基座的保养

望远镜与机身支架的连接处应经常用干净的布清理，如果灰尘等堆积过多，会造成望远镜的转动困难或卡死现象；基座的角螺旋处应保持干净、清洁，有灰尘应及时清理，以免出现卡死。

2. 物镜、目镜和棱镜的保养

物镜、目镜和棱镜等沾染上灰尘，将会影响到观测时的清晰度，所以日常必须进行保养。首先选用干净柔软的布或毛刷，切记不要用手直接触摸透镜，如果有需要可用纯酒精蘸湿由透镜中心向外一圈圈的轻轻擦拭，不要使用其他液体，以免损坏仪器零部件。

3. 数据线和插头的保养

数据线是测量内业传输数据时必备的工具，但因为体积较小，经常被随意乱放造成丢失或破损，因此在存放时一定要将其捆绑好，放置在仪器箱内的相应位置，不要被利器或重物压到。插头或数据线接口处要保持插头清洁、干燥，及时吹去连接上面的灰尘。

4. 使用干电池仪器的保养

激光类仪器短期使用时一般采用 5 号电池供电，电池更换时，下面一节可用吸棒取出，仪器一旦使用完毕请将电池取出，以免腐蚀损坏仪器。长期使用时应用电压为 3V 的蓄电池供电。接线时请认准导线红色为“+”极，切勿接反。反接将对激光器造成损坏。

请勿使用网电，即勿使用通过变压和整流输出的直流电供电，因为建筑工地上的网电受到电焊机和大型施工电动机的影响，会出现大的浪涌，经变压和整流后的直流电也会存在浪涌，它们将会严重缩短激光器的使用寿命。

5. 测量辅助设备保养

测量辅助设备是辅助仪器主机完成测量工作的设备，包括三脚架、塔尺、钢卷尺、盒尺等，由于这些设备成本较低经常被人们所忽视。但是它们的破损程度同样决定着测量的精度和效率，所以平时应将三脚架拧紧、活动腿缩回并将腿收拢，应平放或者竖直放置，不应随便斜靠，以防扰曲变形；塔尺、钢卷尺和盒尺也应在使用完后，对尺身进行擦拭，注意不要折压。

二、仪器的维护

1. 仪器在室内的保存

（1）存放仪器的房间，应清洁、干燥、明亮且通风良好，室温不宜剧烈的变化，最适宜的温度是10～16℃左右。在冬季，仪器不能存放在暖气设备附近。室内应有消防设备，但不能用一般酸碱式灭火器，宜用液体二氧化碳及四氯化碳及新的安全消防器。室内也不要存放具有酸、碱类气味的物品，以防腐蚀仪器。

（2）存放仪器的库房，要采取严格防潮措施。库房相对湿度要求在60%以下，特别是南方的梅雨季节，更应采取专门的防潮措施。有条件的可装空气调节器，以控制湿度和温度。一般可用氯化钙吸潮，也可用块状石灰吸潮。

（3）对存放在一般室内的常用仪器，必须保存仪器箱内的干燥，可在箱内放1～2袋“防潮剂”。这种“防潮剂”的主要成分是硅胶（硅酸钠）和少量钴盐，即将钴盐溶于水（按5%浓度），洒在硅胶上加热烘干即可。钴盐主要用作指示剂，因干燥的钴盐呈深蓝色，吸潮后则变为粉红色。变红后的硅胶失去了吸潮能力，必须加热烘烤或烈日暴晒，使水分蒸发复呈紫色以致深蓝色，才能继续使用。将硅胶装入小布袋内（每袋40～80g），放入仪器箱中使用。

（4）仪器应放在木柜内或柜架上，不要直接放在地上。三脚架应平放或者竖直放置，不应随便斜靠，以防扰曲变形。存放三脚架时，应先把活动腿缩回并将腿收拢。

2. 仪器的安全运送

仪器受震后会使机械或光学零件松动、移位或损坏，以致造成仪器各轴线的几何关系变化，光学系统成像不清或像差增大，机械部分转动失灵或卡死。轻则使用不便，影响观测精度；重则不能使用甚至报废。测量仪器越精密越是要注意防震。在运送仪器的过程中更是如此。

（1）仪器长途搬运时，应装入特制的木箱中。箱内垫以刨花、纸卷、泡沫塑料等弹性的物品，箱外标明“光学仪器，不许倒置，小心轻放，怕潮怕压”等字样。

（2）短途运送仪器时，可以不装运输箱，但要有专人护送。在乘坐汽车或外出作业时，仪器要背在身上；路途稍远的，要坐着抱在身上，切忌将仪器放在机动车、畜力车，以防受震。条件不具备的，必须装入运输箱内，并在运送车上放置柔软的垫子或垫上一层厚厚的干草等减震物品，有专人护送。

仪器在运输途中，均要注意防止日晒、雨淋。放置的地方要安全稳妥、干燥和清洁。

3. 仪器受潮后处理

仪器被雨水淋湿或受潮后，应将其从仪器箱取出，在温度不超过 40℃的条件下干燥仪器、仪器箱、箱内的其他附件。取出仪器后切勿开机，应用干净软布擦拭并在通风处存放一段时间，直到所有设备完全干燥后再放入仪器箱内。

4. 仪器的存放

仪器不使用时，务必置于仪器的包装箱中。并除去仪器箱上的灰尘，切不可使用任何稀释剂或汽油，而应用干净的布块沾中性洗涤剂擦拭。并放置于清洁、干燥、通风良好的室内。室内不要存放具有酸、碱类气味的物品，以防腐蚀仪器。在冬天，仪器不能存放在暖气设备附近。

第二节　电子仪器的保养与维护要求

随着社会经济和科学技术不断发展，测绘技术水平也相应地得到了迅速地提高。测绘作业手段也有了一个质的飞越，测绘仪器设备由过去的光学经纬仪等普通仪器，逐渐地发展推出了全站仪、电子水准仪，一直到现在发展到了静（动）态 GNSS，由此可见，电子仪器在测量中的应用越来越普遍。它们不仅精度高，而且速度快、操作简便，还带有丰富的内置软件，具有常规测量仪器无法比拟的优点，在测绘领域应用日渐广泛。所以对电子仪器的正确使用，精心爱护和科学保养，是测量人员必备的素质，也是保证测量成果的质量、提高工作效率的必要条件。

一、电子仪器设备使用过程中的安全

与普通测量仪器不同，电子测量仪器有电池、充电器、电缆线、数据线等，这些配件是电子仪器重要的部件，所以，在使用过程中一定要先进行检查，主要是各种连接电缆是否接触良好，以便在仪器设备运行之前消除这方面的故障隐患。最主要是电池的使用，现在所配备的电池一般为 Ni－MH（镍氢电池）、Ni－Cd（镍镉电池）和锂电池，电池的好坏、电量的多少决定了外业时间的长短。所以在使用过程中要注意以下几点：

1. 在使用前应先检查，如果电池有损坏的迹象，包括变色、扭曲变形、漏液等现象，请停止使用。

2. 在现场使用时，避免电池接触水、火焰、高温以及阳光直射。

3. 在电源打开期间不要将电池取出，因为此时存储数据可能会丢失，因此在电源关闭后再装入或取出电池。

4. 电池可以反复充电使用，但是如果在电池还存有剩余电量的状态下充电，则会缩短电池的工作时间，此时，电池的电压可通过刷新予以复原，从而改善作业时间，充足电的电池放电时间约需 8h。

5. 不要连续进行充电或放电，否则会损坏电池和充电器，如有必要进行充电或放电，则应在停止充电约 30 分钟后再使用充电器。

6. 不要在电池刚充电后就进行充电或放电，有时这样会造成电池损坏。

7. 电池剩余容量显示级别与当前的测量模式有关，在角度测量的模式下，电池剩余容量够用，并不能够保证电池在距离测量模式下也能用，因为距离测量模式耗电高于角度测量模式，当从角度模式转换为距离模式时，由于电池容量不足，不时会终止测距。

8. 在常温下充电效果最好，充电时房间内的温度应在10～40℃。随着温度的升高充电效率会降低。因此，每次充电均宜在常温下进行，会使电池能达到最大容量并可使用最长时间。如果使用电池时经常过量充电或在高温下充电会缩短电池的使用寿命。

二、电子仪器的日常维护保养

电子仪器在不使用的情况下，同样应该注重其维护保养。在很多情况下，认为仪器设备没有发生故障，不用的时候就搁置一边，不闻不问。这样做不但影响仪器设备的性能，如果长期下去，将会使仪器设备报废造成严重损失。所以，为了保证仪器设备的性能，技术指标良好，对平时不使用的仪器应定期进行维护保养。所有仪器在连接外部设备时，应注意相对应的接口、电极连接是否正确，确认无误后方可开启主机和外围设备。拔插接线时不要抓住线就往外拔。应握住接头顺方向拔插.也不要边摇晃插头边拔插，以免损坏接头。数据传输线、GPS（监控器）天线等在收线时不要弯折，应盘成圈收藏，以免各类连接线被折断而影响工作。

在实际工作中会发现，有些仪器设备刚开机时性能不是很稳定，这就是由于长期闲置造成的，通过暖机一段时间后，才可基本恢复正常。一般认为这是仪器的正常情况，但实际上这种情况说明仪器设备已经受到了影响，只有通过日常维护和保养避免这些事故的发生。首先，仪器设备要保持清洁，以减少灰尘的影响。在清洁过程中，要严格按照仪器设备说明书中的要求进行，尤其是不能用导电的溶液或水来擦拭仪器设备。其次是仪器设备的外观不要随意改变，以免会影响到仪器设备的散热和绝缘效果，要保证仪器设备的各种标志不被破坏。最后还要定期通电维护保养，应定期进行干燥处理，这样可以起到除湿的作用，否则，有可能造成仪器设备的短路。

在电子仪器长期存放时，对电池的维护保养同样重要：电池存放时间增长或存放时温度的升高会使电池的电量丢失，但是，这并不意味着电池的性能受到了损害；电池电量减少，一旦再次充电即可恢复其容量。在使用电池前一般都需要先充电，如果电池存放时间较长或在高温环境下存放时要对电池充、放电 3～4 次，在高温下存放可能会对电池的使用寿命有较大的影响。仪器设备在不使用时，应将仪器上的电池卸下分开存放，最好在常温存放，这有助于延长电池的使用寿命。电池在不使用时会自动放电，如果长时间不用，电池应每月充电一次，不要使用坏的电源电缆、插头和插座进行充电；不要在充电时将充电器盖住。在充电前确认电池内电量已全部放掉。不要连续进行充电或放电，否则会损坏电池和充电器，如有必要进行充电或放电，则应在停止充电约 30min 后再使用充电器。在天气炎热时不要将电池放在车内储存。不要将仪器电池靠近燃烧的气体、液体使用。不要将电池放进火里或者高温环境中。

现在许多仪器设备的自身保护已相当完善，可以对短路、超温和过流等作出故障报警，使仪器设备本身得到保护。但是，这些仪器设备往往对周围环境包括温度、湿度等都有严格要求。因此，仪器设备在运行中的防尘和散热也是相当重要的。目前很多仪器设备中使用最大的缺点就是对静电和灰尘特别敏感，如果不小心用户在不经意间造成损坏。灰尘也是产生静电和造成短路的原因，经常导致仪器设备故障。有时仪器设备在调试时是正常的，当投入使用后一段时间，温度或灰尘等会对仪器设备产生影响，这时还要注意对仪器设备散热和除尘。

总之，只有在日常的工作中，注意仪器的使用和维护，注意电池的充放电，才能延长电子仪器的使用寿命，使仪器设备的功效发挥到最大。

第三节　现场作业仪器安全与操作规定

一、仪器在作业过程中的安全事项

1. 架设仪器时的注意事项

观测前30min，将仪器置于露天阴影处，使仪器与外界气温趋于一致，并进行仪器预热。测量中避免望远镜直接对着太阳；尽量避免视线被遮挡，观测时可用伞遮蔽阳光。待到仪器基本适应工作环境的气温一致时，选择坚固地面架设三脚架，若条件允许，应尽量使用木脚架。这样可以减少工作中的震动，更好的保证测量精度。在打开三脚架时，应检查其各部件是否牢固，以免在工作过程中滑动。三脚架一定要架设稳当，其关键在于三条腿不能分的太窄也不能分的太宽，一般与地面大致60°即可。在山坡或下井架设时，必须两条腿在下坡方向均匀地踩入地内，不要顺铅垂方向踩，也不能用冲力往下猛踩。确保三脚架架设稳固后，从设备箱中取出仪器，仪器开箱前，应将仪器箱平放在地上．严禁手提或怀抱着仪器开箱，以免仪器在开箱时落地损坏。开箱后应注意看清楚仪器在箱中安放的状态以便在用完后按原样入箱。取仪器时不能用一只手将仪器提出，应一手握住仪器支架，另一只手托住仪器基座慢慢取出。取出后，随即将仪器竖立抱起并安放在三脚架上，再旋上中心螺旋。然后关上仪器箱并放置在不易碰撞的安全地点。开始测量前应仔细全面检查仪器，确信仪器各项指标、功能、电源、初始设置和改正参数均符合要求再进行作业。

2. 仪器在施测过程中的注意事项

在整个施测过程中，观测人员不得离开仪器。如因工作需要而离开时，应委托旁人看管或者将仪器装入箱内带走，以防止发生意外事故。

仪器在野外作业时，如日照强烈，必须用伞遮住太阳。使用全站仪、光电测距仪，禁止将望远镜直接对准太阳，以免伤害眼睛和损害测距部分发光二级管。

在坑内作业时要注意避开仪器上方的淋水或可能掉下来的石块等，以免影响观测精度和保护仪器安全。

仪器箱上不能坐人，防止箱子承受压力过大以致压坏箱子，甚至会压坏仪器。

当旋转仪器的照准部时，应用手握住其支架部分，而不要握住望远镜，更不能用手抓住目镜来转动。

仪器的任一转动部分发生旋转困难时，不可强行旋转，必须检查并找出所发生困难的原因，并消除解决此问题。

仪器发生故障以后，不应勉强继续使用，否则会使仪器的损坏程度加剧。但不要在野外或坑道内任意拆卸仪器，必须带回室内，由专业人员进行维修。

不能用手指触及望远镜物镜或其他光学零件的抛光面。对于物镜外表面的灰尘，可轻轻擦拭；而对于较脏的污秽，最好在室内的条件下处理。

在室外作业遇到雨、雪时，应将仪器立即装入箱内。不要擦拭落在仪器上的雨滴，以免损伤涂漆。须将仪器搬到干燥的地方让它自行晾干，然后用软布擦拭仪器，再放入箱内。

3. 仪器在搬站时的注意事项

仪器在搬站时是否要装箱，可根据仪器的性质、大小、重量和搬站的远近，以及道路情况，周围环境情况等具体因素具体情况而决定。当搬站距离较远、道路复杂，要通过小河、沟渠、围墙等障碍物时，仪器最好装入箱内。在进行地面或坑内测量时，一般距离比较近，可不装箱搬站，但必须从三脚架架头上卸下来，由一人抱在身上携带；当通过沟渠、围墙等障碍物时，仪器必须由一人传给另一个人，不要直接携带仪器跳跃，以免震坏或摔坏仪器。

二、测绘仪器的三防措施

生霉、生雾、生锈是测绘仪器的“三害”，直接影响测绘仪器的质量和使用寿命，影响观测使用。因此需按不同仪器的性能要求，采取必要的防霉、防雾、防锈措施，确保仪器处于良好状态。

1. 测绘仪器防霉措施

（1）每日收装仪器前，应将仪器光学零件外露表面清刷干净后再盖镜头盖，并使仪器外表清洁后方能装箱密封保管。

（2）仪器外壳有通孔的，用完后须将通孔盖住。

（3）仪器箱内放入适当的防霉剂。

（4）外业仪器一般情况下 6 个月（湿热季节或湿热地区 1～3 个月）应对仪器的光学零件外露表面进行一次全面的擦拭，内业仪器一般一年（湿热季节或湿热地区 6 个月）须对仪器未密封的部分进行一次全面的擦拭。

（5）每台内业仪器必须配备仪器罩，每次操作完毕，应将仪器罩罩上。

（6）检修时，对所修理的仪器外表和内部必须进行一次彻底的擦拭，注意不应用有机溶剂和粗糙擦布用力擦仪器的密封部位，以免破坏仪器的密封性，对产生霉斑的光学零件表面必须彻底除霉，使仪器的性能恢复到良好状态。

（7）修复的仪器装配时须对仪器内部的零件进行干燥处理，并更换或补放仪器内腔的防霉药片，修复装配后，仪器必须密封的部位，应恢复密封状态。

（8）仪器在运输过程中，必须有防震设施，以免因震动剧烈引起仪器的密封性能下降，密封性能下降的部位，应重新采取密封措施，使仪器恢复为良好的密封状态。

（9）作业中暂时停用的电子仪器，每周至少通电 1h，同时使各个功能正常运转。

2. 测绘仪器防雾措施

（1）每次清擦完零件表面后，再用干棉球擦拭一遍，以便除去表面潮气，每次测区作业终结后，应对仪器的光学零件外露表面进行擦拭。

（2）调整或操作仪器时，勿用手心对准零件表面，并在仪器运转时避免将油脂挤压或拖粘于光学零件表面上。

(3) 外业仪器一般情况下6个月（湿热季节或湿热地区3个月）须对仪器的光学零件外露表面进行一次全面擦拭，内业仪器一般在1年（温热季节或湿热地区3～6个月）成对仪器外表进行一次全面清擦，并用电吹风机烘烤光学零件外露表面（温度升高不得超道60℃）。

(4) 防止人为破坏仪器密封造成湿气进入仪器内腔和浸润零件表面。

(5) 除雾后或新配置的零件表面须用防雾剂进行处理，一旦发现水性雾，应用烘烤或吸潮的方法清除；发现油性雾应用清洗剂擦拭干净并进行干燥处理。

(6) 严禁使用吸潮后的干燥剂。

(7) 保管室内应配备适当的除湿装置，长期不用的仪器的外露零件，经干燥后垫一层干燥脱脂棉，再盖镜头盖。

3. 测绘仪器防锈措施

(1) 凡测区作业终结收测时，将金属外露面的临时保护油脂全部清除干净，涂上新的防锈油脂。

(2) 外业仪器防锈用油脂，除了具有良好的防锈性能，还应具有优良的置换性，并应符合挥发性低、流散性小的要求，要根据仪器的润滑防锈要求和说明书用油的规定适当选用不同配合间隙、不同运转速度和不同轴线方向所用的油脂。

(3) 外业仪器一般情况下6个月（湿热季节或湿热地区1～3个月）须对仪器外露表面的润滑防锈油脂进行一次更换，内业仪器一般应在1年（湿热季节或湿热地区6个月）须将仪器所用临时性防锈油脂全部更换一次，如发现锈蚀现象，必须立即除锈。并分析锈蚀原因，及时改进防锈措施。

(4) 仪器进行检修时，对长锈部位必须除锈，除锈时应保持原表面粗糙度数值或降低不超过相邻的粗糙度值。并且在对金属裸露表面清洗或除锈后，必须进行干燥处理。

(5) 必须将原用油脂彻底清除，通过干燥处理后，涂抹新的油脂进行防锈。

（6）对有运动配合的部位涂防锈油脂后必须来回运动几次，并除去挤压出来的多余油脂。

（7）对非成保护膜型防锈油脂涂抹后应用电容器纸或防锈纸等加封盖。

（8）保管室在不能保证恒温恒湿的要求时，须做到通风、干燥、防尘。

第四节 测量工具设备的使用与维护技能训练

一、水准仪 i 角的检校

1. 训练目的

掌握 DS3 水准仪 i 角的检校。

2. 训练步骤

（1）选定一段平坦的距离，长度约为 60～80m。

（2）按二段法进行仪器 i 角的检校。

（3）操作步骤：

1）在平坦地面上选定相距 60～80m 的 A、B 两点（打木桩或安放尺垫），并在 A、B 两点中间选择一点 C，且使 $S_1=S_2$，如图11-1所示。

2）将水准仪安置于 C 点，分别在 A、B 曲点上竖立水准标尺，读数为 a_1 和 b_1。

3）改变水准仪高度 10cm 以上，再次读取两水准标尺上的读数 a_1' 和 b_1'。

4）计算两次测量的高差。对于 DS3 水准仪，若其差值不大于 5mm，则取其平均值，作为 A、B 两点间不受 i 角影响的正确高差。公式为：

$$h_1=\frac{1}{2}[(a_1-b_1)+(a'-b_1')] \tag{11-1}$$

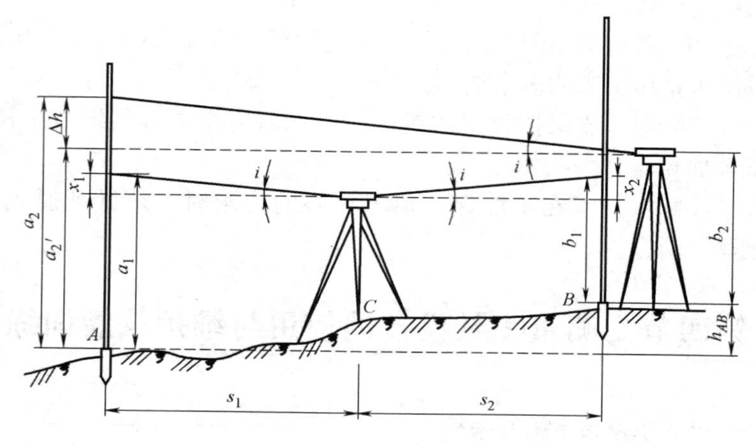

图 11-1　水准仪 i 角检校示意图

5）将水准仪搬到 B 点附近，距 B 点标尺约 2m 处，精平后分别读取 A、B 两点的水准标尺读数 a_2、b_2，测得高差 $h_2=a_2-b_2$，对于 DS3 水准仪，如果 h_1 与 h_2 的差值不大于 3mm，则可以认为水准管轴平行于视准轴；否则，应按下列公式计算 A 尺在视准线水平时应有读数 a'_1 和视准轴与水准管轴在竖直面内的交角（视线的倾角）i。

$$a'_2=h_1+b_2 \qquad i=\frac{|a_2-a'_2|}{s_1+s_2}\rho \tag{11-2}$$

对于 DS3 水准仪，当 $i>20''$时，需要校正。

校正方法：转动微倾螺旋，使横丝在 A 点尺上的读数从 a_2 移动到 a'_2。此时，视准轴已水平，但管水准气泡不居中，用校正针拨动水准管上、下两个校正螺钉，使管水准气泡恢复居中（水准管轴水平），如图 11-2 所示。

二、经纬仪轴系误差检校

1. 训练目的

掌握光学经纬仪检校的方法。

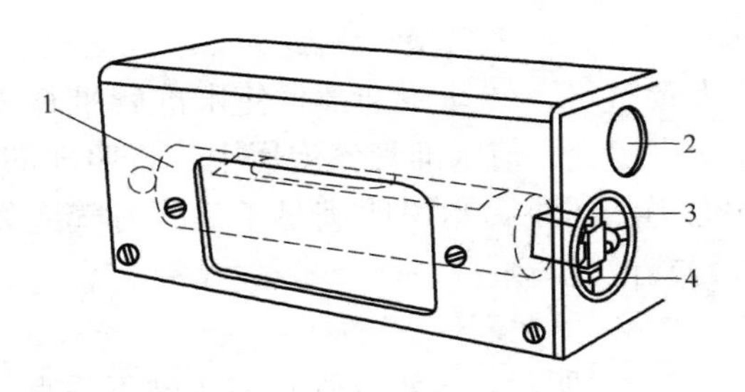

图 11-2　校正管水准器

1—水准管；2—气泡观察窗；3—上校正螺钉；4—下校正螺钉

2. 检校要点

如图 11-3 所示，经纬仪各部件主要轴线有：竖轴 VV、横轴 HH、望远镜视准轴 CC 和照准部水准管轴 LL。

根据角度测量原理并保证角度观测的精度，经纬仪的主要轴线之间应满足以下条件：

（1）照准部水准管轴 LL 应垂直于竖轴 VV。

（2）十字丝竖丝应垂直于横轴 HH。

（3）视准轴 CC 应垂直于横轴 HH。

（4）横轴 HH 应垂直于竖轴 VV。

（5）竖盘指标差应为零。

（6）圆水准管轴 $H'H'$ 应平行于竖轴 VV。

（7）光学对点器应正确。

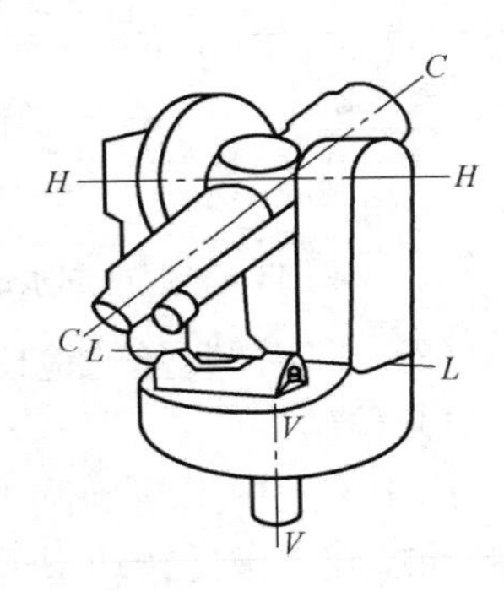

图 11-3　经纬仪轴线

在使用光经纬仪测量角度前需查明仪器各部件主要轴线之间是否满足上述条件，此项工作称为检验。如果检验不满足这些条件，则需要进行校正。

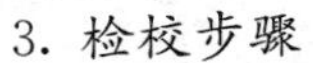

3. 检校步骤

（1）照准部管水准器的检校

1）检验

将仪器大致整平，转动照准部，使水准管平行于任一对脚螺旋。调节两脚螺旋，使水准管气泡居中。将照准部旋转180°，此时，若气泡仍然居中，则说明满足条件。若气泡偏离量超过一格，应进行校正。

2）校正

如图11-4（a）所示，若水准管轴与竖轴不垂直，之间误差角为α。当水准管轴水平时竖轴倾斜，竖轴与铅垂线夹角为α。当照准部旋转180°，如图11-4（b）所示，基座和竖轴位置不变，但气泡不居中，水准管轴与水平面夹角为2α，这个夹角将反映在气泡中心偏离的格值。校正时，可用校正针调整水准管校正螺丝，使气泡退回偏移量的一半（即α），见图11-4（c），再调整脚螺旋使水准管气泡居中，如图11-4（d）所示。这时，水准管轴水平，竖轴处于竖直位置。这项工作要反复检验直到满足要求。

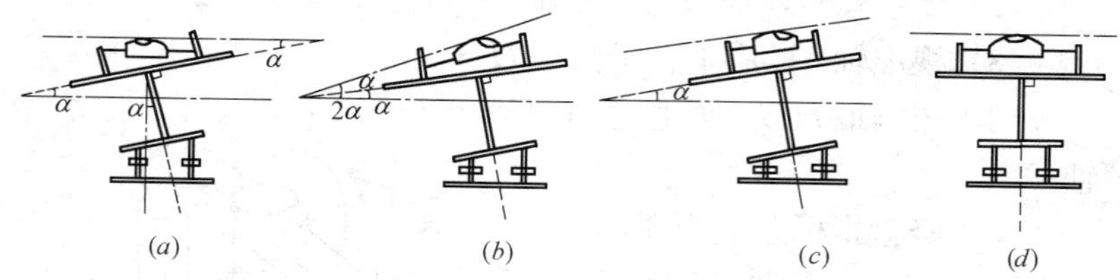

图11-4　照准部水准管轴垂直于竖轴的检验与校正

（2）十字丝竖丝的检校

1）检验

用十字丝中点精确瞄准一个清晰目标点P，然后锁紧望远镜制动螺旋。慢慢转动望远镜微动螺旋，使望远镜上、下移动。如P点沿竖丝移动，则满足条件，否则需校正，见图11-5。

2）校正

微松十字丝的四个压环螺丝，转动十字丝环，使目标点始终在竖丝上移动。

（3）视准轴的检校

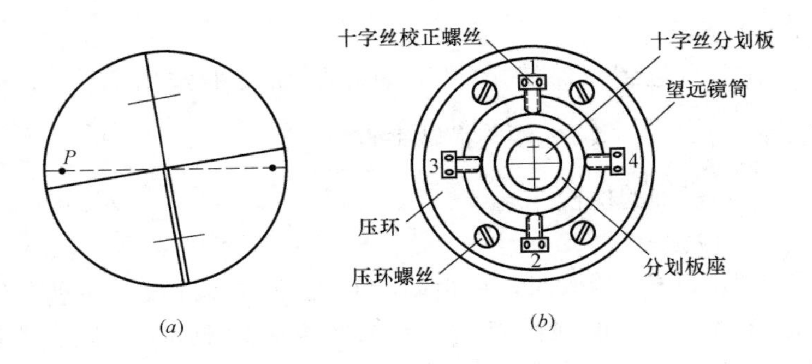

图 11-5　十字丝竖丝的检校

1）检验

见图 11-6，在平坦地区选择距离 60m 的 A、B 两点。在中点 O 安置经纬仪。A 点设标志。B 点横放一根刻有毫米分划的直尺。尺与 OB 垂直，并使 A 点、B 尺和仪器的高度大致相同。盘左位置瞄准 A 点，固定照准部，旋转望远镜，在 B 尺上读数为 B_1。然后用盘右位置照准 A 点，再旋转望远镜，在 B 尺上读数为 B_2。若 B_1 和 B_2 重合，表示视准轴垂直于横轴，否则需要校正。$\angle B_1OB_2 = 4C$ 为 4 倍照准差。由此算得：

$$C = \frac{\overline{B_1B_2}}{4D}\rho \tag{11-3}$$

式中：D——O 点到 B 尺之间的水平距离；

ρ——以秒计。

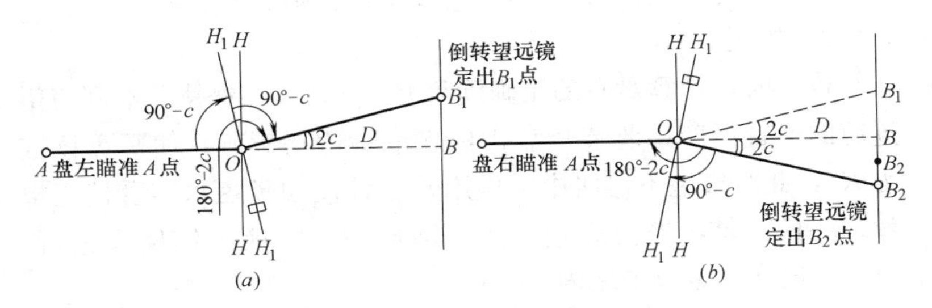

图 11-6　视准轴垂直于横轴的检验与校正

2）校正

在盘右位置，保持 B 尺不动，在 B 尺上定出 B_3 点，使 $\overline{B_2B_3}=\frac{1}{4}\overline{B_1B_2}$，$OB_3$ 便与横轴垂直。

（4）横轴的检校

1）检验

见图 11-7，检验时，在距墙 30m 处安置经纬仪，在盘左位置瞄准墙上一个明显高点 P。要求仰角应大于 30°。固定照准部，将望远镜大致放平。在墙上标出十字丝中点所对位置 P_1。再用盘右瞄准 P 点，同法在墙上标出 P_2 点。若 P_1 与 P_2 重合，表示横轴垂直于竖轴。P_1 与 P_2 不重合，则需要校正。

2）校正

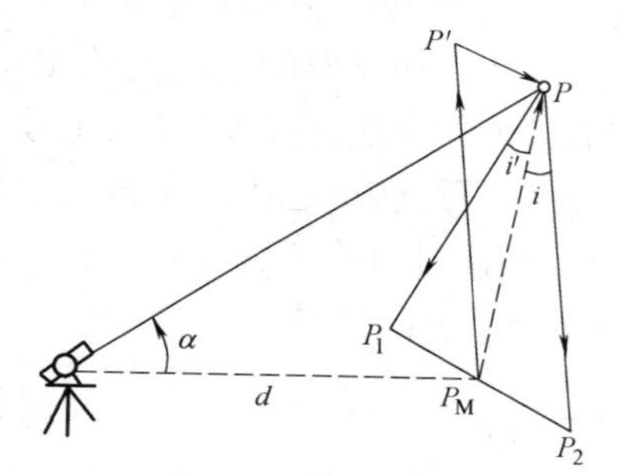

图 11-7　横轴垂直于竖轴的检验与校正

由于经纬仪横轴密封在支架内，该项校正应由专业维修人员进行。

（5）竖盘指标差的检校

1）检验

用盘左、盘右先后瞄准同一目标，计算指标差 $\delta=(L'+R''-360°)/2$，对于 J2 经纬仪，当 $\delta \leqslant 30''$ 时可不校正，否则需要校正。

2）校正

校正时，计算盘右的正确读数 $R_0=\alpha_R-\delta$，保持照准部与望远镜的位置不变，调节竖盘指标水准管微动螺旋，使竖盘读数为 R_0，此时气泡不再居中，再用校正针拨动竖盘水准管校正螺丝，一松一紧，先松后紧，使气泡居中。此项工作反复进行，直至 δ 值在规定范围之内。

（6）光学对点器的检校

1）检验

先架好仪器，整平后在仪器正下方地面上安置一块白色纸板。将光学对点器分划圈中心（或十字丝中心）投影到纸板上，见图 11-8（a），并绘制标志点 P。然后将照准部旋转 180°，如果 P 点仍在分划圈内表示条件满足，否则应校正。

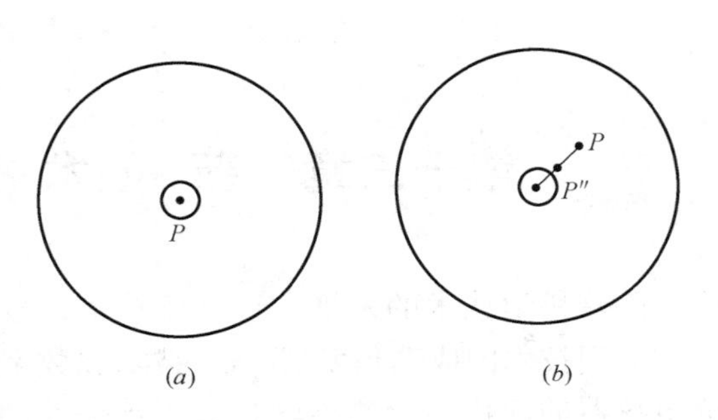

图 11-8　光学对点器检验校正

（a）光学对点器的检验；（b）光学对点器的校正

2）校正

在纸板上画出分划圈中心与 P 点之间连线中点 P''。调节光学对点器校正螺钉，使 P 点移至 P'' 点，见图 11-8（b）。

三、反射棱镜的检校

1. 训练目的

掌握棱镜常数的检校。

2. 训练步骤

（1）在较为平坦的地面上选距离 100m 的 A、B 两点。见图 11-9。

（2）在 A、B 连线上定出一点 C。

（3）将全站仪置于 A 点测平距 AB；置于 B 点测平距 BA；置于 C 点测平距 CA 和 CB（每段距离测量多次取平均值）。

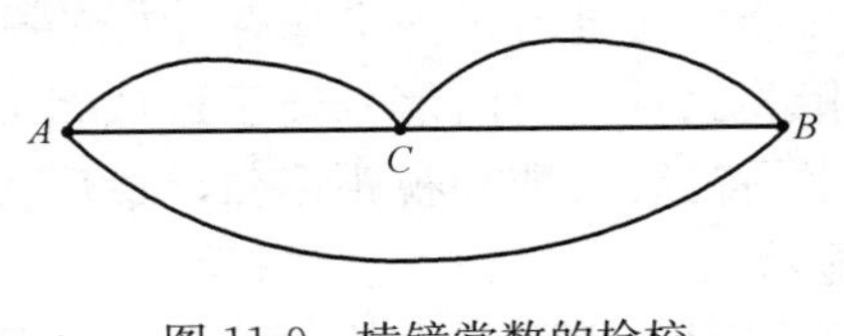

图 11-9　棱镜常数的检校

（4）真实的棱镜常数与全站仪设置棱镜常数的差值为：$C=[(AB+BA)/2-(CA+CB)]\times 1000$。

（5）全站仪设置的棱镜常数加上 C 即得到真实的棱镜常数。

第十三章　新 技 术 推 广

随着科学技术的发展，计算机技术、微电子技术、激光技术和空间技术的成熟与发展，3S 技术和数字测绘技术以及先进光电仪器的应用，给测绘学带来了革命性的变革，新理论、新技术、新工艺不断充实着现代测绘技术。

第一节　测量新技术、新设备的发展

一、电子水准仪

光学精密水准仪随着微电子技术和传感器工艺的发展，逐步被电子水准仪所代替，电子水准仪以其精度高、速度快、性能稳定被当前普遍应用。

1. 电子水准仪测量系统基本原理

电子水准仪的关键技术是自动电子读数及数据处理，当用望远镜照准标尺并调焦后，标尺上的条形码影像入射到分光镜上，分光镜将其分为可见光和红外光两部分，可见光影像成像在分划板上，供目视观测；红外光影像成像在 CCD 线阵光电探测器上，探测器将收到的光图像先转换成模拟信号，再转换为数字信号传送给仪器的处理器，通过与机内事先存储好的标尺条形码本源数字信息进行相关比较，当两信号处于最佳相关位置时，即获得水准尺上的水平视线读数和视距读数，最后将处理结果存储并输出到屏幕显示。

当前电子水准仪采用了原理上相距较大的三种自动电子读数方法：

（1）相关法（徕卡 NA3002/3003）

（2）几何法（Trimble DiNi03）

（3）相位法（拓普康 DL101C/102C）

2. DiNi03 电子水准仪

（1）仪器构造

电子水准仪的结构主要有显示器、键盘、底座等部分组成，见图 13-1。

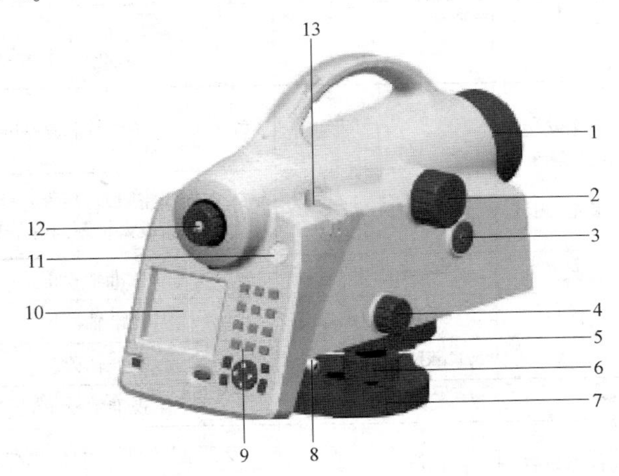

图 13-1　Trimble DiNi 电子水准仪

1—望远镜遮阳板；2—望远镜调焦旋钮；3—触发键；4—水平微调；5—刻度盘；6—脚螺旋；7—底座；8—电源/通讯口；9—键盘；10—显示器；11—圆水准气泡；12—十字丝；13—圆水准气泡调节器

（2）仪器软件功能（表 13-1）

仪器主菜单功能　　　　**表 13-1**

主菜单	子菜单	子菜单	描述
1. 文件	工程菜单	选择工程	选择已有工程
		新建工程	新建一个工程
		工程重命名	改变工程名称
		删除工程	删除已有工程
		工程间文件复制	在两个工程间复制信息
	编辑器		编辑已存数据、输入、查看数据、输入改变代码列表

续表

主菜单	子菜单	子菜单	描述
1. 文件	数据输入/输出	DINI 到 USB	将 DINI 数据传输到数据棒
		USB 到 DINI	将数据棒数据传入 DINI
	存储器	USB 格式化	记忆棒格式化，注意警告信息
			内/外存储器，总存储空间，未占用空间，格式化内/外存储器
2. 配置	输入		输入大气折射、加常数、日期、时间
	限差/测试		输入水准线路限差（最大视距、最小视距高、最大视距高等信息）
	校正	Forstner 模式	视准轴校正
		Nabauer 模式	视准轴校正
		Kukkamaki 模式	视准轴校正
		日本模式	视准轴校正
	仪器设置		设置单位、显示信息、自动关机、声音、语言、时间
	记录设置		数据记录、记录附加数据、线路测量单点测量、中间点测量
3. 测量	单点测量		单点测量
	水准线路		水准线路测量
	中间点测量		基准输入
	放样		放样
	断续测量		断续测量
4. 计算	线路平差		线路平差

二、全球导航卫星系统 GNSS

GNSS 是 Global Navigation Satellite System 的缩写。中文

译名应为全球导航卫星系统。GNSS是以人造卫星组网为基础的无线电导航定位系统。利用设置在地面或运动载体上的卫星接收机，接收卫星发射的无线电信号，经技术处理，实现导航定位。目前，GNSS包含了美国的GPS、俄罗斯的GLONASS、欧盟的Galileo系统、中国的Compass（北斗），全部建成后其可用的卫星数目达到100颗以上。目前最为成熟的是美国GPS。

GNSS技术与传统的测量方法相比，具有观测时间短，操作简便，可全天候作业等优点，尤其GNSS技术的测量精度只于仪器类型和作业模式有关，而与传统控制网的“逐级控制”“分级实测”没有关系，GNSS网可用相同的精度一次扩展达到所需要的精度设计要求。GNSS网没有误差积累，而且误差分布比较均匀，各边的方位和边长的相对精度基本上是相同的。因此GNSS技术已广泛应用到测量领域，是现在测绘工程中一项非常重要的技术进步。

1. GNSS定位原理

卫星定位的基本原理是根据高速运动的卫星瞬间位置作为已知的起算数据，采用空间距离后方交会的方法，确定待测点的位置。如图13-2所示，假设t时刻在地面待测点上安置GNSS接收机，可以测定GNSS信号到达接收机的时间Δt，再加上接收机所接收到的卫星星历等其他数据可以确定以下四个方程式：

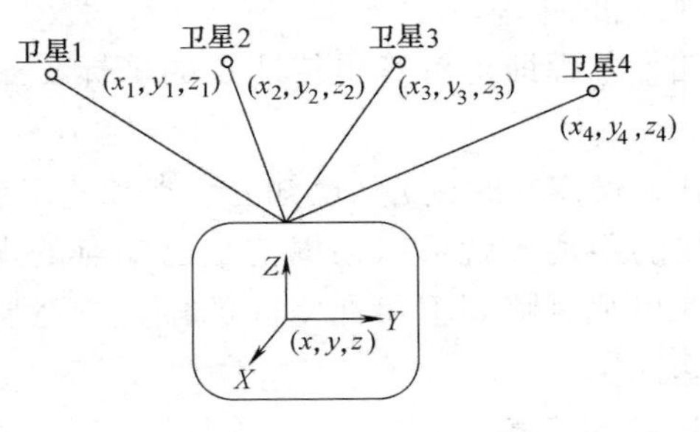

图13-2　GNSS定位示意图

$$d_1=\sqrt{(x_1-x)^2+(y_1-y)^2+(z_1-z)^2}+c(v_{t1}-v_{t0}) \tag{13-1}$$

$$d_2=\sqrt{(x_2-x)^2+(y_2-y)^2+(z_2-z)^2}+c(v_{t2}-v_{t0}) \tag{13-2}$$

$$d_3=\sqrt{(x_3-x)^2+(y_3-y)^2+(z_3-z)^2}+c(v_{t3}-v_{t0}) \tag{13-3}$$

$$d_4=\sqrt{(x_4-x)^2-(y_4-y)^2+(z_4-z)^4}=c(v_{t4}-v_{t0}) \tag{13-4}$$

上述四个方程式中待测点坐标 x、y、z 和 V_{to} 为未知参数，其中 $d_i=c\Delta t_i$（i=1、2、3、4）。

d_i 分别为卫星1、卫星2、卫星3、卫星4到接收机之间的距离。Δt_i 分别为卫星1、卫星2、卫星3、卫星4的信号到达接收机所经历的时间。

c 为信号的传播速度（即光速）。

四个方程式中各个参数意义如下：

x、y、z 为待测点坐标的空间直角坐标。

x_i、y_i、z_i（i=1、2、3、4）分别为卫星1、卫星2、卫星3、卫星4在 t 时刻的空间直角坐标，可由卫星导航电文求得。

V_{ti}（i=1、2、3、4）分别为卫星1、卫星2、卫星3、卫星4的卫星钟的钟差，由卫星星历提供。

V_{to} 为接收机的钟差。

由以上四个方程即可解算出待测点的坐标 x、y、z 和接收机的钟差 V_{to}。

根据公式，设定在时刻 t 从已知三个点和待定点上同时测定从测站到卫星的距离，就可以根据三个已知点的坐标采用距离交会的方法求出观测瞬间卫星在空间的位置，然后根据公式求出待定点的坐标。

2. GNSS技术优点

（1）测站点无需保持通视

根据空间定位原理，不需要在已知点上对待定点进行直接观测，因而自然也不需要保持通视。

（2）提供三维坐标。

GNSS测量在精确测定观测站平面位置的同时，可以精确测定观测站的大地高程。

（3）易于全天候作业

目前卫星导航定位系统广泛采用微波作为测距信号。这些无线电信号在风雪雨雾中照样可以正常传播和接收，从而实现全天候观测。

（4）在长距离上仍能获得高精度的定位结果

采用空间定位技术进行相对定位时，其观测值精度与两站间的间距无关。因此只要数据处理的模型足够精确，只要设法尽可能完善地消除观测值中所含的各种误差，那么即使在数千公里的长边上也仍能获得厘米级甚至毫米级的定位精度。

3. GNSS定位分类

（1）静态定位和动态定位

按照用户接收机在定位过程中所处的运动状态，分为静态定位和动态定位两类。

静态定位：在定位过程中，接收机的位置是固定的，处于静止状态。这种静止状态是相对的。在卫星大地测量学中，所谓静止状态，通常是指待定点的位置，相对其周围的点位没有发生变化，或变化极其缓慢，以致在观测期内（数天或数星期）可以忽略。静态定位主要应用于测定板块运动、监测地壳形变、大地测量、精密工程测量、地球动力学及地震监测等领域。

动态定位：在定位过程中，接收机天线处于运动状态。主要用于施工前期地形图测量、施工放样、坐标校核。

（2）绝对定位和相对定位

按照参考点的不同位置，分为绝对定位和相对定位两类。

绝对定位（或单点定位）：独立确定待定点在坐标系中的绝对位置。由于目前GNSS系统采用WGS—84坐标系统，因而单点定位的结果也属该坐标系统。绝对定位的优点是一台接收机即可独立定位，但定位精度较差。该定位模式在船舶、飞机的导航，地质矿产勘探，暗礁定位，建立浮标，海洋捕鱼及低精度测量领域应用广泛。

相对定位：确定同步跟踪相同的GNSS信号的若干台接收机之间的相对位置的方法。可以消除许多相同或相近的误差（如卫星钟、卫星星历、卫星信号传播误差等），定位精度较高。在大地测量、工程测量、地壳形变监测等精密定位领域内得到广泛的应用。

在绝对定位和相对定位中，又都包含静态定位和动态定位两种方式。为缩短观测时间，提供作业效率，近年来发展了一些快速定位方法，如准动态相对定位法和快速静态相对定位法等。

（3）差分定位

差分技术很早就被人们所应用。它实际上是在一个测站对两个目标的观测量、两个测站对一个目标的两次观测量之间进行求差。其目的在于消除公共项，包括公共误差和公共参数。在以前的无线电定位系统中已被广泛地应用。差分定位采用单点定位的数学模型，具有相对定位的特性（使用多台接收机、基准站与流动站同步观测）。

目前除了GPS系统已经建成外，其他几个系统仍然处于建设阶段，本章主要介绍GPS系统，对GLONASS、Galileo、Compass（北斗）进行简单的介绍。

4. *GNSS主要系统介绍*

（1）美国全球定位系统

美国全球定位系统（GPS）主要由空间星座部分、地面监控部分和用户部分组成。GPS定位系统的空间卫星星座，由24颗卫星组成，其中包括3颗备用卫星，如图13-3所示，轨道与赤道面的倾角约为55°，每个轨道在经度上相隔60°，轨道高度为20200km，卫星的运行周期为11h58min。因此，每天出现的卫星分布图形相同，只是时间提前约 4min。每颗卫星每天约有 5h 在地平线以上，同时位于地平线以上的卫星个数，随时间和地域而不同，最少有 4 颗，最多可达 11 颗。GPS 卫星的主体呈圆柱形，如图 13-4 所示，直径约为 1.5m，质量约为 774kg，两侧设有两块双叶太阳能板，能自动对日定向，以保证卫星正常工作用电。GPS 卫星的主要功能是：接收和储存地面监控站发来的导航信息，接收并执行监控站的控制命令；进行部分必要的数据处理；通过星载高精度原子钟提供精密的时间标准；向用户发送定位信息；在地面检控站的指令下，通过推进器调整卫星的姿态和启用备用卫星。

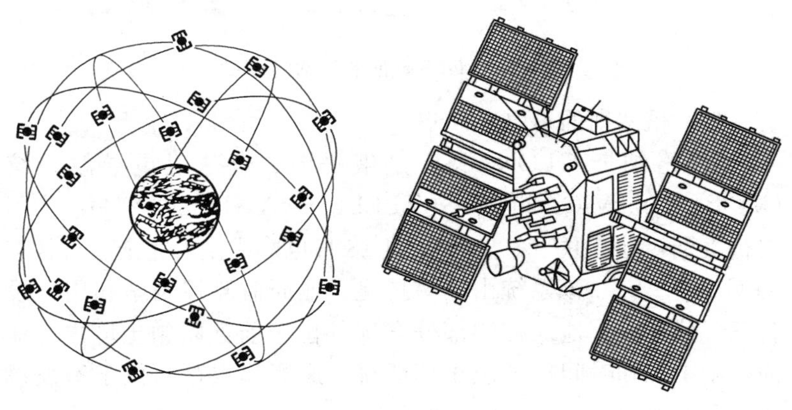

图 13-3　GPS 卫星星座　　　　图 13-4　GPS 卫星

GPS 定位系统的地面监控部分，主要由分布在全球的 5 个地面站组成，包括 5 个监控站、1 个主控站和 3 个信息注入站。其分布如图 13-5 所示。

全球定位系统的空间部分和地面监控部分，是用户应用该系统进行定位的基础，而用户只有通过用户设备才能实现定位的目的。用户设备主要由 GPS 接收机硬件和数据处理软件和微处理机及其终端设备组成。用户设备接收 GPS 卫星发射的无线电信号，获得必要的定位信息和观测量，经过数据处理而完成定位工作。

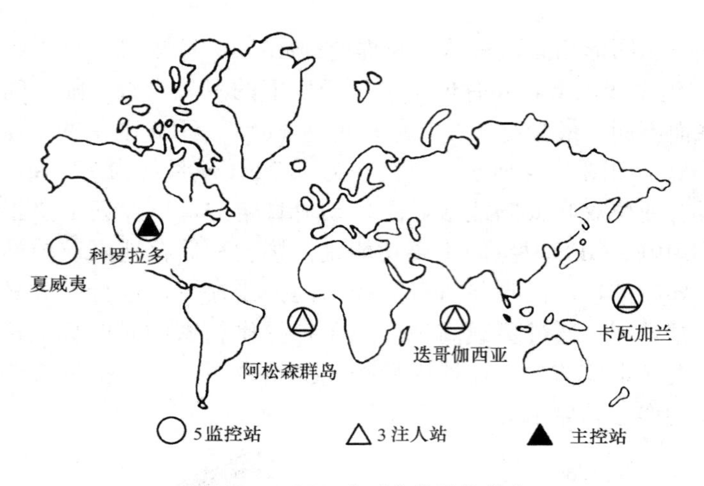

图 13-5　GPS 地面监控站的分布

（2）俄罗斯的 GLONASS

"格洛纳斯 GLONASS"是俄语中"全球卫星导航系统 GLOBAL NAVIGATION SATELLITE SYSTE"的缩写。为了对抗美国，前苏联于 1996 年 1 月 18 日也建成投入完全运行状态的 GLONASS。该系统由卫星星座、地面监测控制站和用户设备三部分组成。地面控制部分全部都位于前苏联领土境内，地面控制中心和时间标准位于莫斯科，遥测和跟踪站位于圣彼得堡、Ternopol、Eniseisk 和共青城。

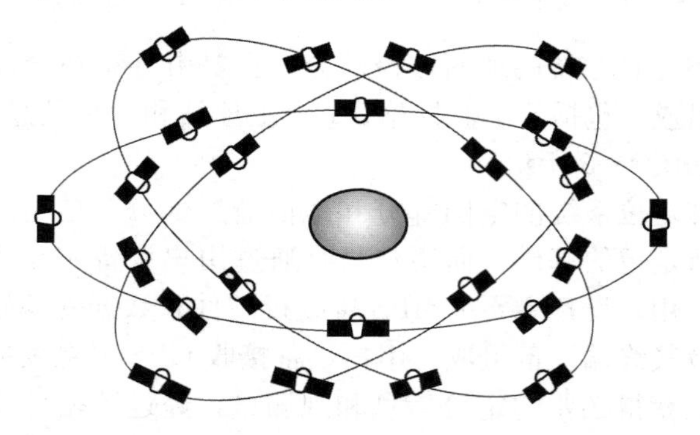

图 13-6　GLONASS 系统导航卫星工作示意图

GLONASS 星座由 21 颗工作星和 3 颗备份星组成，所以 GLONASS 星座共由 24 颗卫星组成。24 颗星均匀地分布在 3 个近圆形的轨道平面上，这三个轨道平面两两相隔 120°，每个轨道面有 8 颗卫星，同平面内的卫星之间相隔 45°，轨道高度 1.91 万 km，运行周期 11h15min，轨道倾角 64.8°，如图 13-6 所示。

地面支持系统由系统控制中心、中央同步器、遥测遥控站（含激光跟踪站）和外场导航控制设备组成。地面支持系统的功能由前苏联境内的许多场地来完成。随着苏联的解体，GLONASS 系统由俄罗斯航天局管理。

GLONASS 用户设备（即接收机）能接收卫星发射的导航信号，并测量其伪距和伪距变化率，同时从卫星信号中提取并处理导航电文。接收机处理器对上述数据进行处理并计算出用户所在的位置、速度和时间信息。GLONASS 系统提供军用和民用两种服务。GLONASS 系统绝对定位精度水平方向为 16m，垂直方向为 25m。目前，GLONASS 系统的主要用途是导航定位，当然与 GPS 系统一样，也可以应用于各种等级和种类的定位、导航和时频领域等。

（3）欧盟的 Galileo

Galileo（伽利略）系统是欧洲自己的全球导航卫星系统，是一个提供民用控制的高精度、有承诺的全球定位服务，并能与 GPS 和 GLONASS 全球导航定位系统实现互操作的系统。该星座共有 30 颗卫星，分布在 3 个轨道面上，目前只发射了 3 颗试用卫星。

（4）北斗卫星导航系统 BeiDou（COMPASS）

1）北斗系统简介

卫星导航系统是重要的空间信息基础设施。我国高度重视卫星导航系统的建设，一直在努力探索和发展拥有自主知识产权的卫星导航系统。2000 年，首先建成北斗导航试验系统，使我国成为继美、俄之后的世界上第三个拥有自主卫星导航系统的国家。北斗卫星导航系统是我国正在实施的自主发展、独立运行的全球卫星导航系统。

北斗卫星导航系统由空间段、地面段和用户段三部分组成，空间段包括 5 颗静止轨道卫星和 30 颗非静止轨道卫星，地面段包括主控站、注入站和监测站等若干个地面站，用户段包括北斗用户终端以及与其他卫星导航系统兼容的终端。

2）建设原则

北斗卫星导航系统的建设与发展，以应用推广和产业发展为根本目标，建设过程中遵循以下原则：

开放性。北斗卫星导航系统的建设、发展和应用将对全世界开放，为全球用户提供高质量的免费服务，积极与世界各国开展广泛而深入的交流与合作，促进各卫星导航系统间的兼容与互操作，推动卫星导航技术与产业的发展。

自主性。我国将自主建设和运行北斗卫星导航系统，北斗卫星导航系统可独立为全球用户提供服务。

兼容性。在全球卫星导航系统国际委员会（ICG）和国际电联（ITU）框架下，使北斗卫星导航系统与世界各卫星导航系统实现兼容与互操作，使所有用户都能享受到卫星导航发展的成果。

渐进性。我国将积极稳妥地推进北斗卫星导航系统的建设与发展，不断完善服务质量，并实现各阶段的无缝衔接。

3）发展计划

2011 年 12 月，我国已成功发射十颗北斗导航卫星。根据系统建设总体规划，2012 年，系统具备覆盖亚太地区的定位、导航和授时以及短报文通信服务能力；2020 年左右，建成覆盖全球的北斗卫星导航系统。

4）北斗系统信号特性

北斗卫星导航系统将向全球用户提供高质量的定位、导航和授时服务，包括开放服务和授权服务两种方式。开放服务是向全球免费提供定位、测速和授时服务，定位精度 10m，测速精度 0.2m/s，授时精度 10ns。授权服务是为有高精度、高可靠卫星导航需求的用户，提供定位、测速、授时和通信服务以及系统完好性信息。另外北斗卫星采用 5 颗地球同步轨道的 GEO 卫星，它在空中位置基本不变，因此对于固定在结构物上的监测机来说，接收 GEO 卫星信号的方向变化不大。这对于分析多路径影响和提高结构物位移监测精度是十分有利的。

第二节　自动化技术

一、测量机器人

随着科技水平的不断发展，高精度全站仪测角精度 0.5″，测距精度达到 1mm＋1ppm・D，广泛用于大地测量、精密建筑施工测量、超长隧道施工等精密工程测量或变形监测区域，最具代表性的有 Leica 公司 TCA2003 全站仪、SOKKIA 公司 SRX、TOPCON 公司发 GPT－9000A 全站仪，自动化程度越来越高，下面以瑞士 Leica 公司的 TCA2003 为例，介绍高精度全自动全站仪（测量机器人）。

1. 仪器构造

TCA2003 全站仪的特点是精度高，角度测量精度（一测回方向标准偏差）为 0.5s，距离测量精度为 1mm＋1ppm・D，主要应用于高精度的变形观测、大地控制测量等精密工程测量领域。

图 13-7　TCA2003 全站仪

具备 ATR 功能，可以全天候工作；配备 RCS 遥控器可组成单人测量系统；可通过 GeoBasic 工具，用户可自开发机载应用软件；GeoCOM 模式下，通过计算机软件的控制，可组成各种自动化测量系统。

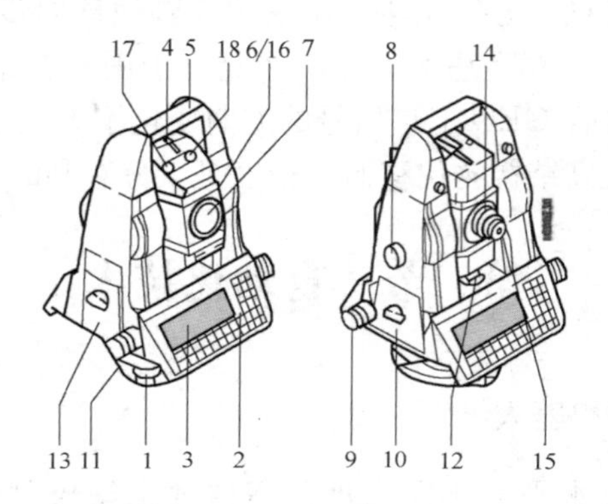

图 13-8　TCA2003 结构图

1—脚螺旋；2—键盘；3—显示屏；4—光学瞄准器；5—提把；6—望远镜（内置 EDM）；7—测角测距同轴光学部件；8—垂直微动螺旋；9—水平微动螺旋；10—电池槽；11—基座固定螺旋；12—圆气泡；13—存储卡槽；14—调焦环；15—可变更目镜；16—EGL1 导向光；17—左闪烁灯（黄灯）；18—右闪烁灯（红灯）

2. 应用程序

打开仪器的主界面（图 13-9），仪器含有自由设站、定向和高程传递、后方交会、放样、联测距离、监测等应用程序。

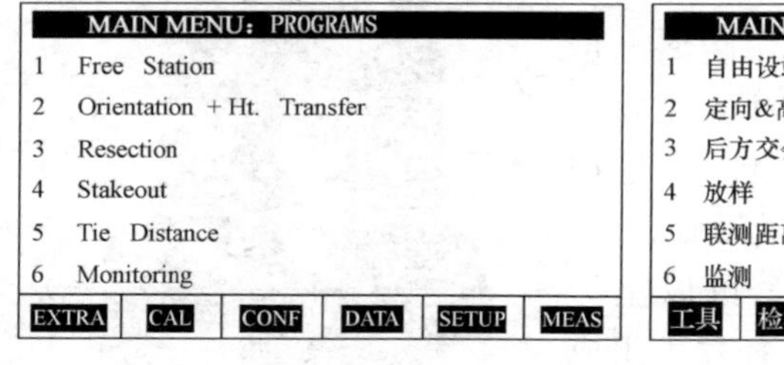

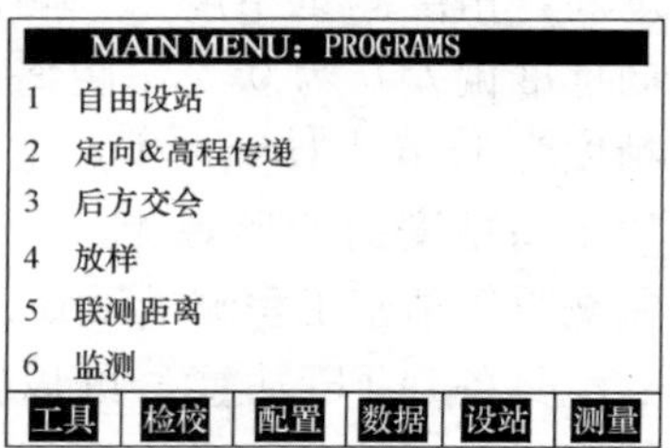

图 13-9　主界面

3. TCA 特殊技术介绍

（1）智能型目标自动识别与照准技术

TCA2003 仪器有马达驱动，在望远镜中安有同轴度的自动目标识别（ATR）装置。全站仪发射ATR红外照准光束，利用自准直原理和CCD图像处理功能，无论白天还是黑夜，都能实现目标的自动识别、照准与跟踪（图13-10）。ATR目标识别和照准可分为三个过程：目标搜索过程、目标照准过程和测量过程。

仪器测距轴和视准轴同轴，可很方便地实现正镜或倒镜测量。

（2）超高频测距频率与动态校准技术

TCA2003 采用动态测距频率校准技术，保持测距信号频率的稳定性。根据相位法测距原理，测距信号提供的“电尺”自动丈量测站与镜站之间的距离。测距频率越高，“电尺”的刻度分划越系，自然测距精度也越高。TCA2003使用较高的测距信号频率(100MHz)，所以可以得到最好的测距精度。

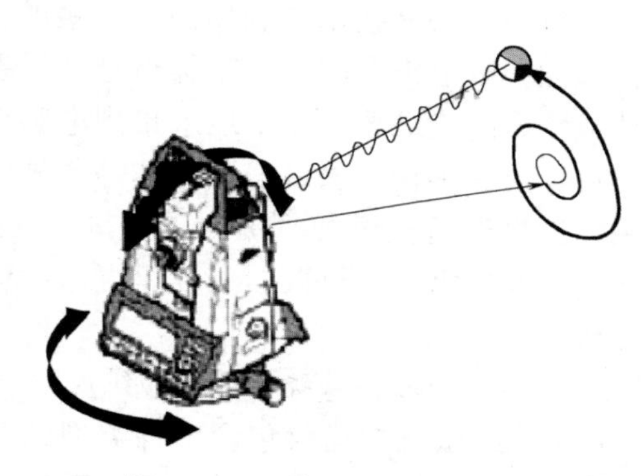

图13-10　目标自动识别与照准

（3）友好开放的MMI技术

采用MMI（人机界面）技术，用户可根据自己的需要实现“可定制显示”和“可定制输出”，充分体现了以人为本的理念，对用户具有友好的开放特性。用户可实现定义好数据下载格式（如AutoCAD数据格式、其他型号全站仪的格式等）并把这些格式上传到仪器，仪器将按指定格式输出数据，并直接被相关后处理软件所调用。

（4）限差设置灵活

可实现各项限差的设置（包括读数差、归零差、2C互差、测回互差等）、实时检查与超限自动处理，能完全避免因外业观测数据不合格造成的复测和人为造假。

（5）各期原始观测数据采用 SQL Server 数据库进行管理，安全可靠，用户可以方便的查询、比较各期观测数据，并进一步进行被监测点的变形趋势预报。

二、三维激光扫描技术

三维激光扫描技术是利用激光测距的原理，通过记录被测物体表面大量密集点的三维坐标信息和反射率信息。将各种大实体或实景的三维数据完整地采集到电脑中，进而快速复建出被测目标的三维模型及线、面、体等各种图件数据，结合专业应用软件可进行点云数据编辑、拼接、数据点三维空间量测、点云数据可视化、空间数据三维建模、纹理分析处理和数据转换等功能。

1. 三维激光扫描系统的原理和组成

目前三维激光扫描仪包含两种类型的产品：脉冲式与相位式。脉冲式扫描仪在扫描时激光器发射出单点的激光。记录激光的回波信号。通过计算激光的传播时间，来计算目标点与扫描仪之间的距离。相位式扫描仪是发射出一束不间断的整数波长的激光。通过计算从物体反射回来的激光波的相位差。来计算和记录目标物体的距离。这样连续地对空间以一定的取样密度进行扫描测量，就能得到被测目标物体的密集的三维彩色散点数据，称作点云。

三维激光扫描系统包括扫描仪和一体化的处理软件。一体化的处理软件包含了数据采集、拼接、建模、纹理贴图和数据发布几大功能模块。

2. 三维激光扫描成果形式

（1）原始点云数据

点云数据是实际物体的真实尺寸的复原，是目前最完整、最精细和最快捷的对物体现状进行档案保存的手段。点云数据不但包含了对象物体的空间尺寸信息和反射率信息，结合高分辨率的外置数码相机，可以逼真地保留对象物体的纹理色彩信息；结合其他测量仪器诸如全站仪、GPS，可以将整个扫描数据放置在一定的空间坐标系内。通过软件。可以在点云中实现漫游、浏览和对物体尺寸、角度、面积、体积等的量测，直接将对象物体移到电脑中，利用点云在电脑中完成传统的数据测绘工作。

（2）线画图

作为传统建筑测绘圈件，包括平面图，立面图和剖面图等。这些图件可以表示建筑物内部的结构或构造形式、分层情况，说明建筑物的长、宽、高的尺寸，门窗洞口的位置和形式，装饰的设计形式和各部位的联系和材料等。利用点云数据。在CAD中使用插件，可以方便地做出所需相应图件。

（3）发布在网络上的点云数据

利用软件中的发布模块和软件，扫描的点云可以发布在互联网上，让远端用户通过互联网有如置身于真实的现场环境之中。发布的点云不但可以网上浏览，还可以实现基于互联网的量测、标注等。

（4）模型

三维激光扫描仪扫描的数据可以利用Cyclone或其他第三方软件进行建模，构建mesh格网模型，再通过纹理映射或是导入到其他三维软件中进行纹理贴图。最终得到数字他的模型。

3. 三维激光扫描技术应用领域

作为高新技术，三维激光扫描已经成功地在文物保护、城市建筑测量、地形测绘、采矿业、变形监测、工厂、大型结构、管道设计、飞机船舶制造、公路铁路建设、隧道工程、桥梁改建等领域里应用。

参考文献

[1] GB 50026—2007 工程测量规范．北京：中国计划出版社，2007.
[2] DB11/T 446—2007 建筑施工测量技术规程.
[3] DB11/T 339—2006 北京市工程测量技术规程.
[4] DB11/T 695—2009 建筑工程资料管理规程．北京：中国建筑工业出版社，2009.
[5] 梁玉成．建筑识图．北京：中国环境科学出版社，2004.
[6] 张正禄等．工程测量学．武汉：武汉大学出版社，2005.
[7] 武汉测绘科技大学《测量学》编写组．测量学．北京：测绘出版社，1991.